U0322123

粒计算研究丛书

动态知识发现与三支决策——基于优势粗糙集视角

陈红梅　李少勇　罗　川　李天瑞　著

科学出版社

北　京

内 容 简 介

本书针对大数据的动态性，面向三支决策的知识维护，运用粒计算的思想，以经典优势粗糙集及其扩展模型为研究对象，借助增量学习方式和多核并行计算策略，构建大数据分析与挖掘的方法，力图展现优势粗糙集和三支决策视角下大数据分析处理与知识发现的最新进展。

本书可供计算机科学与技术、智能科学与技术、软件工程、自动化、控制科学与工程、管理科学与工程和应用数学等专业的教师、研究生、高年级本科生阅读，也可供科研和工程技术人员参考。

图书在版编目(CIP)数据

动态知识发现与三支决策：基于优势粗糙集视角/陈红梅等著. —北京：科学出版社, 2017.6

(粒计算研究丛书)

ISBN 978-7-03-053058-5

Ⅰ. ①动… Ⅱ. ①陈… Ⅲ. ①人工智能—计算方法 Ⅳ. ①TP18

中国版本图书馆 CIP 数据核字(2017) 第 125412 号

责任编辑：任 静 / 责任校对：郭瑞芝
责任印制：张 倩 / 封面设计：华路天然

科学出版社 出版
北京东黄城根北街 16 号
邮政编码：100717
http://www.sciencep.com

三河市骏杰印刷有限公司 印刷
科学出版社发行 各地新华书店经销
*
2017 年 6 月第 一 版 开本：720×1000 1/16
2017 年 6 月第一次印刷 印张：9 3/4
字数：175 000

定价：60.00 元

(如有印装质量问题，我社负责调换)

《粒计算研究丛书》编委会

丛 书 序

粒计算是一个新兴的、多学科交叉的研究领域。它既融入了经典的智慧，也包括了信息时代的创新。通过十多年的研究，粒计算逐渐形成了自己的哲学、理论、方法和工具，并产生了粒思维、粒逻辑、粒推理、粒分析、粒处理、粒问题求解等诸多研究课题。值得骄傲的是，中国科学工作者为粒计算研究发挥了奠基性的作用，并引导了粒计算研究的发展趋势。

在过去几年里，科学出版社出版了一系列具有广泛影响的粒计算著作，包括《粒计算：过去、现在与展望》、《商空间与粒计算———结构化问题求解理论与方法》、《不确定性与粒计算》等。为了更系统、全面地介绍粒计算的最新研究成果，推动粒计算研究的发展，科学出版社推出了《粒计算研究丛书》。该丛书的基本编辑方式为：以粒计算为中心，每年选择该领域的一个突出热点为主题，邀请国内外粒计算和该主题方面的知名专家、学者就此主题撰文，来介绍近期相关研究成果及对未来的展望。此外，其他相关研究者对该主题撰写的稿件，经丛书编委会评审通过后，也可以列入该系列丛书。该丛书与每年的粒计算研讨会建立长期合作关系，丛书的作者将捐献稿费购书，赠给研讨会的参会者。

中国有句老话，“星星之火，可以燎原”，还有句谚语，“众人拾柴火焰高”。该丛书就是基于这样的理念和信念出版发行的。粒计算还处于婴儿时期，是星星之火，在我们每个人的爱心呵护下，一定能够燃烧成燎原大火。粒计算的成长，要靠大家不断地提供营养，靠大家的集体智慧，靠每一个人的独特贡献。该丛书为大家提供了一个平台，让我们可以相互探讨和交流，共同创新和建树，推广粒计算的研究与发展。该丛书受益于粒计算研究每一位同仁的热心参与，也必将服务于从事粒计算研究的每一位科学工作者、老师和同学。

该丛书的出版得到了众多学者的支持和鼓励，同时也得到了科学出版社的大力帮助。没有这些支持，也就没有该丛书。我们衷心地感谢所有给予我们支持和帮助的朋友们！

《粒计算研究丛书》编委会

2015年7月

序

2015 年 11 月，在天津举办的 2015 国际粗糙集联合会议上，作为新当选的首批国际粗糙集学会会士，李天瑞教授做了一个精彩的特邀报告，题目为《PICKT：A Solution for Big Data Analysis》。该报告的主要内容是一个新颖的大数据处理 PICKT 方案。PICKT 一词来源于德语，对应英语的 peck，即啄食之意。李天瑞教授非常形象地将从大数据中获得有价值的知识比喻为啄木鸟在森林里觅食。针对大数据的五个特征，采用相对应的策略：P（Parallel/Cloud Computing），运用并行计算或云计算应对数据大容量（Volume）；I (Incremental Learning)，运用增量学习的方法解决数据高速率（Velocity）；C (Composite Rough Set Models)，运用复合粗糙集处理数据多种类（Variety）；K (Knowledge Discovery)，运用知识发现方法实现数据高价值（Value）；T (Three-way Decisions)，运用三支决策处理数据的不确定性以获得最优决策。这个框架让我们对大数据分析和处理有了深度的认识。我个人非常喜欢 PICKT 方案，关于其中的 T，同李天瑞教授有过数次交流，得知他们准备出版一本专著，没想到这么快就面世了。

我有幸多次访问西南交通大学和四川省云计算与智能技术高校重点实验室，与本书的作者陈红梅教授、李天瑞教授、罗川博士和李少勇博士成为朋友。他们的科研态度、团队精神、学术成果及热情好客给我留下了深刻的印象。我很高兴在该书中看到他们在动态知识发现、大数据分析和三支决策等方面的进展和成果。

三支决策起源于经典粗糙集和决策粗糙集中正域、边界域和负域的语义解释和分析，运用贝叶斯理论的损失函数对于区间的划分进行有效的指导。最新研究显示，三支决策有更广泛的前景和意义，它给出了三元思维模式，并提供三分而治的复杂问题求解理论和方法。三支决策可以理解为基于三个粒的粒计算，反映粗糙集、区间集、阴影集和模糊集等不同领域的基本思想。在认识和解决很多实际问题时，我们常常采用三分而治的方式和方法。在新的认知时代，三支决策将会扮演一个重要角色。

该专著系统地探讨大数据处理、知识发现、粗糙集和动态三支决策的关系，给出实用的、有效的理论和方法。数据中各因素的时变性为决策有效性提出了挑战，对决策进行动态的维护以确保其有效势在必行。粗糙集中的上下近似集将论域空间划分为三个区域，从三个区域中分别诱导出三支决策中的正域、边界域和负域。近似集的动态维护本质上是对三支决策的动态维护。近似集的动态维护为三支决策理论注入了新的活力，成为其研究内容中一个分支。该书以优势关系粗糙集模型为研究对象，以近似集动态维护和并行计算为目标，以增量学习为方法，精心选取优势关系粗糙集模型下近似集动态更新有特色的内容进行介绍，反映了优势关系粗糙集模型下近似集动态更新的最新研究成果。主要贡献包括三个方面：①全面刻画了近似集在论域、属性、属性值等不同因素变化下，动态性质的分析、数据的动态表示、算法设计、实验设计、性能的分析与测试；②选取了集值信息系统、不完备信息系统、多元关系融合的信息系统中扩展优势关系粗糙集模型，给出了对应的近似集动态更新方法的不同构建框架；③分析了优势关系粗糙集模型下，粒度、概念、近似集等的并行计算原理，设计了近似集更新的并行算法，并通过实验验证了其可行性。

该专著清晰地阐述了粗糙集和三支决策的重要概念、定理和实用算法，为大数据分析、处理与挖掘提供了理论支撑和技术支持。特别值得一提的是，作者用大量的图解和实例，突出基于粒计算和粗糙集理论应用于大数据分析与挖掘的直观性，让读者能够充分理解书中的知识点。该书的出版充分展示了利用粒计算、粗糙集和三支决策理论解决大数据复杂问题的优势，同时对于推动大数据产业的快速发展具有重要的现实意义和应用价值。这是一本关于大数据、粗糙集和三支决策研究的必备参考书。我很高兴将这本优秀的著作推荐给每一位朋友和读者。

最后，我衷心地祝贺这本专著出版！

姚一豫
2017 年 5 月

前　　言

随着计算机、互联网等信息技术的迅猛发展，数据的产生和应用无处不在，渗透到社会生活的方方面面，如国家政策调控、医疗诊断、灾难预测与控制、教育娱乐资讯、商业运营与管理、人际交往环境与交流方式等。一方面，计算机提供了更好的数据分析和决策分析支持；另一方面，数据的产生呈指数级增长。计算能力的增强和数据的增长相辅相成。大数据成为又一鲜明的时代特征，它是极其宝贵的社会资源之一。大数据的复杂性、不确定性、随机性、动态性、体量巨大等特性对传统的数据存储、数据分析、统计学习和机器学习等都是一个严峻的挑战和机遇。精确和近似、全量（完备）和缺失、整体和部分等的衡量和取舍在大数据下需要重新考量。全面的数据分析需要新的智能信息处理技术的支撑。粗糙集理论是一个新兴的计算范式，它运用粒化的方法和近似的原理对不确定性概念进行定性近似描述，已经成功运用于数据挖掘、决策支持、图像处理等领域。以简驭繁的思想，层次化粒度空间的构造，近似区间的构建，对于大数据的处理和分析是大有裨益的。选择合适的粒度层次，摒弃微观层面的精度，提升宏观层面的洞察力，是粗糙集理论的思想精髓所在。近年来，粗糙集理论与方法得到了迅猛发展，特别是针对特定应用环境和复杂数据对象的特点，在模型构建、算法优化、方法融合等方面都得到了长足发展。

优势关系粗糙集是粗糙集理论的一个重要扩展，该方法着眼于数据值之间的偏序关系，由偏序关系诱导的粒对目标概念进行近似描述和推理。优势关系粗糙集方法能有效地应用于多属性多准则决策问题中。分析、权衡、审时度势、决策，是多属性多准则决策中的核心内容。优势关系粗糙集方法充分考虑了决策理论中属性值序关系的重要性，在粒度构建、特征选择、近似刻画、规则逻辑等各个方面将序的信息融入其中，是粗糙集理论中最为重要的扩展模型之一，并得到了很好的应用。条件属性值的优劣和粒度之间的优劣比较，以及最终决策方案的优劣比较是优势关系粗糙集方法对多属性多准则决策有效的支持。三支决策理论是不确定性数据处理和分析的重要理论范式，它将任意的论域空间根据实体评价函数划分为三个子空间，在不同子空间中分别做出接受、延迟和拒绝三种决策，给不确定性信息决策提供了有力而简洁的解决方案。在优势关系粗糙集中，通过优势粒（劣势粒）对决策的向上向下合集进行近似刻画，形成了下近似、边界域和上近似三个区间，从这三个区间中诱导出三种特性决策规则，是三支决策理论的一个具体体现和实施方案之一。

数据的动态性和体量巨大是大数据的重要特征。数据的产生、收集、更改、删除无时无刻不在悄无声息地进行着，与之密切相关的数据分析和处理亟需相应发展并完善以更好地支持决策演化。大数据的“1 秒定律”，更是为数据的实时分析处理提出更高的要求。数据的体量巨大限制了批量处理的响应时间和成本，数据的动态性要求数据分析能够及时给予反馈。增量学习技术在大数据下尤为重要，成为实时处理的首选方案之一。本书从优势关系粗糙集模型中近似集的动态演化和实时维护入手，研究适应动态决策环境的数据表示、粒度变化、概念迁移、算法设计、实验分析、模型推广等内容，丰富和发展了粗糙集理论与方法，推动了粗糙集在决策领域的应用。书中选择了优势关系粗糙集方法中有特色的研究成果进行介绍，主要包括不同数据特征下不同粒度变化下基于经典优势关系粗糙集模型及其扩展模型（集值优势关系粗糙集模型、复合优势关系粗糙集模型、不完备优势关系粗糙集模型）的近似集增量更新方法研究，以及优势关系粗糙集下近似集的并行计算。这些成果不仅为动态环境下三支决策的动态维护提供了理论与实践支撑，而且为不确定性信息的分析和处理提供了新的视角和方法，为三支决策和粗糙集理论的发展拓宽了思路，同时为粗糙集理论在决策领域中应用给出了可行的方案。

全书共分七章，第 1 章综述了基于粗糙集的大数据分析、三支决策及优势关系粗糙集的研究现状；第 2 章给出了本书的预备知识，包括经典粗糙集理论，优势关系粗糙集及其扩展模型，以及粒度度量等；第 3 章介绍了经典优势关系粗糙集模型下对象集变化时近似集动态更新方法；第 4 章介绍了集值优势关系粗糙集模型下属性集变化时近似集动态更新方法；第 5 章介绍了不完备信息系统中属性值粗化细化时近似集动态更新方法；第 6 章介绍了基于容差和优势关系的复合粗糙集模型下的近似集动态维护方法；第 7 章介绍了基于优势关系粗糙集模型的近似集并行计算技术。

本书的工作得到了很多专家和同行的帮助，包括比利时国家核能研究中心阮达研究员，加拿大里贾那大学姚一豫教授和姚静涛教授，美国佐治亚州立大学潘毅教授，台湾科技大学洪西进教授，西南交通大学徐扬教授，秦克云教授和刘盾教授，重庆邮电大学王国胤教授，同济大学苗夺谦教授，山西大学梁吉业教授，李德玉教授和钱宇华教授，南京大学周献忠教授和商琳副教授，天津大学胡清华教授和代建华教授，浙江海洋学院吴伟志教授，河北师范大学米据生教授，河南师范大学徐久成教授，闽南师范大学李进金教授，电子科技大学祝峰教授等。

本书的出版受到国家自然科学基金项目（No. 61572406, 61573292, 61602327）的资助，在此表示衷心感谢。另外，由于水平有限，书中不足之处在所难免，敬请读者指正（联系方式：hmchen@swjtu.edu.cn）。

目　　录

第1章　绪　　论

1.1　基于粗糙集的大数据分析

近年来，随着信息技术的迅猛发展，计算机应用融入人们生活的方方面面，数据采集的可能性和驱动性不断攀升，大数据应运而生。大数据具有 Volume（海量）、Velocity（高速）、Variety（多样）、Value（低价值密度）、Veracity（真实性）等特点。一方面，信息不确定性的激增，使得智能信息分析处理的方法和原理的有效性变得尤为重要；另一方面，如何将智能信息处理的方法应用于大数据环境，是一个新的挑战。粗糙集理论是进行不确定信息分析的重要数学方法之一，它采用近似的原理，基于粒化的思想，对不确定信息进行分析，从而对决策分析与知识发现提供支持。粒化的思想、近似的原理在处理大数据中具有独特的优势，学者们对如何有效地将粗糙集理论应用于大数据的知识挖掘进行了有益的探索和研究，给出了可行的解决方案，为大数据的分析提供了行之有效的方案。针对大数据的动态性，构建增量学习模型，充分利用已有信息，是解决大数据动态特征的可行思路。针对大数据的体量大，采用分而治之、并行计算的方法，是现代计算分析的必由之路。针对大数据数据类型复杂、关系类型多等特点，研究复杂数据的分析处理模型迫在眉睫。大数据的出现，不仅是挑战，也是不确定信息分析理论发展的重要机遇，两者的发展相辅相成。在粗糙集理论中，针对大数据的动态性、多样性、体量大等特征，学者们进行了大量的研究，取得了丰硕的成果 [1]。

分布式计算、并行计算在一定程度上满足了人们对大规模数据处理的技术需求，是解决大数据挖掘问题的重要途径。如何对基于粗糙集理论的数据挖掘和知识发现算法进行并行优化引起了许多学者的研究兴趣。杨明等提出了一种基于水平分布的多决策表全局属性核求解方法，为分布式环境下的多决策表属性核求解提供了一条有效途径 [2]。Yang 等设计了一种基于 MapReduce 的属性约简并行算法 [3]。基于分辨矩阵，Liu 等设计了一种并行化决策规则挖掘的增量算法 [4]。Zhang 等提出了基于粗糙集理论的并行知识发现方法 [5]，结合 Hadoop 云计算平台中 MapReduce 并行计算框架，分析了信息系统中条件划分和决策分类的并行计算方法，提出了一种基于 MapReduce 的粗糙近似集并行求解算法 [6]，并在 Twister、Phoenix、Hadoop 等不同 MapReduce 平台下比较了它的性能 [7]。考虑到大数据的动态性特征，Zhang 等进一步将增量学习方法和并行计算策略相结合，提出了一种云计算环境中粗糙近似集的并行增量求解算法 [8] 和不完备决策信息系统中并行增量计算近似集的

算法 [9]。钱进等通过引入信息系统中可辨识和不可辨识对象对的概念，设计了一种基于 MapReduce 计算框架的等价类并行求解算法，并提出了基于数据并行的知识约简算法 [10]。通过分析基于正域、差别矩阵和信息熵的启发式知识约简中的可并行化操作，钱进等进一步利用 MapReduce 并行计算框架提出了一种新的知识约简算法 [11]。Qian 等讨论了不同粒度层次下分层决策表之间的关系，并分别提出了 MapReduce 并行计算环境下基于属性重要度和不可辨识矩阵的属性约简并行求解算法 [12, 13]。徐菲菲等针对大数据环境中数据的分布式存储架构，将近似约简概念引入到基于属性依赖度和基于互信息的区间值启发式约简方法中，并提出了基于多决策表的区间值全局近似约简方法，极大地降低了大数据分析的难度 [14]。Li 等进一步在多核集群计算环境中提出了优势粗糙集模型中近似集的并行计算方法 [15]。Zhang 等提出了复合关系粗糙集中基于 GPU 的近似集并行计算方法 [16]。

在粗糙集中构建增量学习的方法以有效地解决动态数据的维护问题得到了学者们的关注 [17]。李天瑞等指出动态数据主要有三种更新方式，分别为：①数据对象的动态插入和删除；②属性特征的动态增加和移除；③数据取值的动态更新和修改，并给出了动态维护知识的系列方法 [1]。Liang 等研究了当对象集加入论域中信息熵的动态更新原理，进而给出了动态更新约简的算法 [18]。Wang 等分别研究了对象集增加和属性集增加时信息熵增量更新原理，进而给出了约简动态维护算法 [19, 20]。Shu 等研究了不完备决策信息系统中当增加一个对象时约简的更新方法 [21, 22]。Yang 等研究了当对象增加时模糊粗糙集、变精度粗糙集模型中约简的动态维护 [23, 24]。Sang 等提出了基于局部粗糙集和动态粒度的原理动态维护决策粗糙集模型下属性约简的方法 [25–27]。Raza 等提出了在粗糙集中运用增量依赖类来更新属性约简 [28]。Fan 等提出了增加对象时规则的动态诱导算法 [29]。

从上述分析可以看出，寻找有效的途径来改善基于粒计算与粗糙集理论的知识获取模型及算法，使之可以更好地解决大数据环境中数据的体量大、动态性问题，已成为当前一项紧迫而又重要的课题。

1.2　三支决策及其动态知识发现

在大数据中，数据的时变性变大，信息的不确定性激增，有意义的精确描述与决策难度增加，非此即彼的二支决策对于不确定信息不能给出有效的决策。在管理科学、决策理论以及日常生活中，人们常常用到三支决策的方法而不是非此即彼的二支决策，如医疗诊断、论文及项目评审、风险评估、垃圾网页判断、分类聚类等领域。基于决策粗糙集模型，Yao 提出了三支决策理论，并将三支决策推广为一般化理论 [30, 31]。在不同应用中，通过不同的准则对对象进行评价，确定其是否属于接受、拒绝或延迟区域，从而给出不同的决策 [32, 33]。

三支决策的理论一经提出就得到了众多学者的广泛关注，在三支决策应用和三支决策模型推广方面都取得了很多成果。Li 等在决策粗糙集模型下将三支决策应用于风险决策中 [33]。Savchenko 等将序列三支决策理论和粒计算应用于物体识别 [34]。Zhang 等将三支决策方法应用于推荐算法 [35]。Qi 等研究了经典三支决策和概念格之间的联系 [36]。Peters 等提出了近似三支决策并应用于社会网络研究中 [37]。Li 等将三支决策应用于软件缺陷的检测 [38]。Liang 等在决策粗糙集中运用语言评价建立三支决策理论并应用于群决策 [39]。Dutta 等将三支决策应用于闭合供应链中的供应及反馈 [40]。Chen 等在邻域粗糙集的约简中考虑三支决策 [41]。Yu 等将三支决策理论应用于增量聚类 [42]。Li 等在不完备的形式背景的约简和近似概念构造中运用三支决策理论 [43]。Hu 等研究了三支决策中的三个基本要素：决策度量、决策条件和评价函数，并建立了多粒度下的三支决策空间和三支决策 [44]，进一步研究了三支决策空间的集成 [45]。Deng 等提出了模糊集下的决策三支近似集 [46]。Zhao 等提出了四种基于不同参数概率的模糊粗糙集模型和概率区间模糊粗糙集模型，并基于贝叶斯理论将三支决策理论应用于不同概率模糊粗糙集的参数确定 [47]。Liang 等探讨了如何从直觉模糊粗糙集中诱导三支决策的方法 [48,49]。Li 等提出通过不同粒度构建三支认知概念格的方法 [50]。

粗糙集理论是不确定信息分析的一种有效理论，它运用近似的原理，用确定的信息去描述不确定的概念。上、下近似算子是粗糙集理论的主要算子。基于上、下近似算子将论域划分为三个区域：正域、负域和边界域。姚一豫教授提出的三支决策理论，对粗糙集中的正域、负域和边界域的决策语义给出了合理解释：即从正域中诱导出接受规则，从负域中诱导出拒绝规则，而从边界域中诱导出延迟规则。这些规则集能有效地指导决策，即三支决策。随着数据的动态演化，构成信息系统的各个因素亦随之变化，即属性集变化、对象集变化和属性值变化，因而信息系统的粒度结构将发生变化，进而导致近似集发生变化。近似集的变化和信息系统中三个区域的变化，以及三支决策的变化是对应的。近似集的动态维护实际上是对三支决策的动态维护。近年来，近似集的动态维护得到了更多人们的重视，涌现出许多成果。

Chen 等分析了对象增加和属性值变化时粒度的变化对近似集的影响，并给出了高效更新近似集的方法 [51]。Zhang 等提出了邻域粗糙集模型中对象增加时近似集动态更新的方法 [52]，并利用云计算中的 MapReduce 技术，提出了对象集变化时动态更新经典粗糙集模型中近似集的并行算法 [6]。Luo 等讨论了在集值有序信息系统中近似集动态更新的增量方法 [53]。Liu 等在变精度粗糙集模型中定义了覆盖矩阵和精度矩阵，提出了随着对象迁入移出时获取感兴趣知识的增量算法 [54]。Li 等分析了属性变化时上边界和下边界的变化，提出了增加多个属性时近似集动态更

新的有效方法 [55]。Cheng 提出了在粗糙模糊集中当多个属性增加和删除时增量更新近似集的方法，有效地利用边界域增量更新近似集和利用截集近似集和粗糙模糊集近似集的关系来增量更新近似集 [56]。在集值信息系统中，Zhang 等提出了基于矩阵方法的近似集计算，并通过矩阵的增量更新完成近似集的动态维护 [57]。Li 等研究了优势关系粗糙集模型中泛化决策在属性动态变化时的更新原理，从而提出了基于优势关系矩阵的更新近似集方法 [58]。Cui 针对不完备信息系统中的非对称相似关系粗糙集，提出了基于上下边界的近似集更新原理和方法 [59]。在集值序信息系统中，Luo 等研究了属性集泛化时，基于矩阵的近似集快速更新算法 [60]。Chen 等研究了当属性值粗化细化时，粒度的动态变化，提出了经典粗糙集模型、不完备信息系统和优势关系粗糙集模型中动态更新近似集的方法 [61−63]。王磊研究了信息系统中等价类和近似集的布尔矩阵表示和计算方法，提出了对象集、属性集和属性值分别动态变化时变精度粗糙集模型中上、下近似集的增量更新矩阵方法 [64]。

以上研究成果表明，针对数据动态变化情形，考虑不同粗糙集模型的特点，借助多粒度多层次学习的框架，构建不同的数据表示方法和增量学习策略，人们在不同粗糙集模型下近似集增量更新算法的研究工作中已取得了众多成果，但还有待于在实际应用中进一步验证和推广。同时，可以看出近似集动态维护为三支决策理论及应用发展提供了有力的支持。

1.3 优势关系粗糙集及其知识发现

在多属性多准则决策中属性值具有偏序关系，如信用评价、风险估计和可行性学习等决策问题 [65−69]。经典粗糙集模型中对象之间的等价关系没有考虑属性值之间的偏序关系，因此 Greco 等提出了基于优势关系的粗糙集模型（Dominance-based Rough Set Approach，DRSA）以适应多属性多准则决策中的应用 [69]，并将其推广到模糊粗糙集中，提出了基于优势关系的模糊粗糙集 [70]。近年来，优势关系粗糙集模型的扩展、应用和动态知识发现等方面的研究都得到了广泛的关注。

Chakhar 等将优势关系粗糙集模型应用于群决策中 [65]。Inuiguchi 等提出了变精度优势关系粗糙集模型 [71]。Qian 等研究了区间值信息系统和集值信息系统中的偏序关系，建立了这两种信息系统中基于偏序关系的粗糙集模型 [72, 73]。针对优势关系粗糙集模型中数据的缺失，Yang 等定义了相似优势关系，随之给出了保持两种不同定义的相似优势关系的约简方法 [74]。Yang 等将偏序关系推广到区间值信息系统中，讨论了区间值系统中的三种数据丢失情况和数据补齐的方法，在此基础上进行规则的抽取 [75]。Hu 等提出了模糊优势关系粗糙集模型 [76]。Kotlowski 等研究了随机优势关系粗糙集模型 [77]。Huang 等在区间模糊信息系统中定义了梯度优势区间值关系，并研究了该模型下的两种约简方法 [78]。骆公志和杨晓江定义了不完备信息系统中的限制优势关系 [79]。Zhang 等通过直觉模糊加法算子定义了广义优势关系和广义优势粗糙集模型 [27]，并研究了该广义优势粗糙集模型下的启发式约简方法。Du 等研究了条件准则具有偏序关系而决策类不仅是模糊而且具有偏序的有序模糊决策系统中优势关系粗糙集模型 [26]。

综上所述，人们在优势粗糙集模型及其知识发现方面的研究工作中已取得了一定的成果 [80−82]。但在实际大数据环境中如何有效地应用优势关系粗糙集模型进行科学的三支决策是值得未来继续探讨的重要课题。

1.4 本章小结

大数据体量大、动态性强、不确定性和多源异构等特点使得传统数据挖掘技术从大数据中获取有价值知识面临着一系列的巨大挑战。粒计算是一种基于信息粒化的大规模复杂问题求解范式，粗糙集是不确定信息近似处理的一种重要粒计算模型，而三支决策是基于符合人类认知的一种决策模式。本章综述了当前大数据挖掘的研究现状，回顾了粒计算、粗糙集和三支决策理论发展动态，并系统分析、归纳了粒计算和粗糙集以及三支决策应用于海量、动态、复杂数据挖掘与分析的相关研究工作。

第2章 预备知识

本章将介绍本书涉及的经典粗糙集模型、扩展粗糙集模型、属性约简以及粒度度量等基本概念。

2.1 经典粗糙集模型

知识的定义在认识论中依然是一个争论不止的问题。粗糙集理论的观点认为"知识就是一种对对象进行分类的能力"，也就是说，知识是与真实或抽象世界的不同分类模式密切相关的。为了便于理解本书的研究工作，在本节中简要介绍粗糙集理论的基本概念[83, 84]。

2.1.1 信息系统

定义 2.1.1 一个信息系统可以表示为 $S=(U,A,V,f)$。其中:

(1) $U=\{x_1,x_2,\cdots,x_{|U|}\}$ 是一个非空有限对象集，称为论域。

(2) $A=C\cup D=\{a_1,a_2,\cdots,a_{|A|}\}$ 是一个非空有限属性集，C 表示包含的所有条件属性组成的集合，称为条件属性集；D 是决策属性集。

(3) $V=\{V_{a_1},V_{a_2},\cdots,V_{a_{|A|}}\}$ 是属性的值域集，V_{a_i} 是属性 a_i 的值域。

(4) f_a 是属性 a_i 的信息函数，$f_a:U\rightarrow V_{a_i}$。

论域 U 中任何一个子集 $X\subseteq U$，称为 U 的一个概念。空集也是一个概念，称为空概念。论域 U 中的任何子集族（概念族）称为关于 U 的抽象知识，简称知识。论域中的每一个概念（子集）是一个知识粒。

例 2.1.1 给出一套玩具积木的论域 $U=\{x_1,x_2,\cdots,x_6\}$，设这些积木有不同的颜色（红色、黄色和蓝色）、不同的形状（方形、圆形和三角形）以及不同的体积（大和小），具体信息见表 2-1。

根据颜色分类: 红色 $=\{x_1,x_3\}$；黄色 $=\{x_5,x_6\}$；蓝色 $=\{x_2,x_4\}$。

根据形状分类: 方形 $=\{x_2,x_6\}$；圆形 $=\{x_1,x_5\}$；三角形 $=\{x_3,x_4\}$。

根据体积分类: 大 $=\{x_2,x_3,x_5\}$；小 $=\{x_1,x_4,x_6\}$。

这三种分类方法应用了三种知识。按照每种知识划分得到的等价类就是这种知识的知识粒。

表 2-1 积木信息表

U（积木）	R_1（颜色）	R_2（形状）	R_3（体积）
x_1	红	圆形	小
x_2	蓝	方形	大
x_3	红	三角形	大
x_4	蓝	三角形	小
x_5	黄	圆形	大
x_6	黄	方形	小

2.1.2 等价类

定义 2.1.2 $\forall P\subseteq C$，论域 U 上的一个不可区分关系定义为

$$\mathrm{IND}(P)=\{(x,y)\in U\times U \mid f(x,a)=f(y,a),\forall a\in P\}$$

$\forall x\in U$，它关于 $\mathrm{IND}(P)$ 的等价类定义为

$$[x]_P=\{y\in U \mid (x,y)\in \mathrm{IND}(P)\}$$

2.1.3 近似集

根据 $\mathrm{IND}(P)$ 把 U 划分形成的所有等价类组成的集合记为 U/P。如果一个概念 X 等于几个等价类的并集，则 X 是一个精确集；否则是一个粗糙集。为了能够用精确概念刻画粗糙概念，下面介绍概念的上近似集和下近似集的定义。

定义 2.1.3 $\forall X\subseteq U$，则 X 关于 P 的下近似集 $\underline{P}(X)$ 和上近似集 $\overline{P}(X)$ 分别定义如下：

$$\underline{P}(X)=\cup\{[x]_P\in U/P \mid [x]_P\subseteq X\} \tag{2-1}$$

$$\overline{P}(X)=\cup\{[x]_P\in U/P \mid [x]_P\cap X\neq\varnothing\} \tag{2-2}$$

X 关于 P 的下近似集 $\underline{P}(X)$ 和上近似集 $\overline{P}(X)$ 把论域 U 划分为三部分，分别称为 X 关于 P 的正域、边界域和负域，定义如下：

(1) 正域：$\mathrm{POS}_P(X)=\underline{P}(X)$。

(2) 边界域：$\mathrm{BN}_P(X)=\overline{P}(X)-\underline{P}(X)$。

(3) 负域：$\mathrm{NEG}_P(X)=U-\overline{P}(X)$。

如果 $\mathrm{BN}_P(X)=\varnothing$，则 X 关于 P 是一个精确集，是可定义的；否则 X 关于 P 是一个粗糙集，是不可定义的。对于粗糙集 X，$\underline{P}(X)$ 是它包含的最大可定义集，$\overline{P}(X)$ 是包含它的最小可定义集。

例 2.1.2 表 2-2 是一个决策信息系统，论域 $U=\{x_1,x_2,\cdots,x_8\}$，条件属性集 $C=\{c_1,c_2,c_3\}$，决策属性集 $D=\{d\}$，$V_{c_1}=\{\clubsuit,\heartsuit,\spadesuit\}$，$V_{c_2}=\{1,2,3\}$，$V_{c_3}=\{\mathrm{Red},\mathrm{Black}\}$，$V_d=\{1,2\}$。

表 2-2　决策信息表

U	c_1	c_2	c_3	d
x_1	♣	1	Black	1
x_2	♡	3	Red	2
x_3	♡	1	Black	1
x_4	♣	1	Black	2
x_5	♠	2	Black	2
x_6	♡	3	Red	1
x_7	♠	2	Black	2
x_8	♠	2	Black	2

令 $P = C$，则 $U/P = \{\{x_1, x_4\}, \{x_2, x_6\}, \{x_3\}, \{x_5, x_7, x_8\}\}$。

令 $X = \{x_1, x_3, x_6\}$，则 $\underline{P}(X) = \{x_3\}$，$\overline{P}(X) = \{x_1, x_2, x_3, x_4, x_6\}$。

$\mathrm{POS}_P(X) = \underline{P}(X) = \{x_3\}$，$\mathrm{BN}_P(X) = \overline{P}(X) - \underline{P}(X) = \{x_1, x_2, x_4, x_6\}$，$\mathrm{NEG}_P(X) = U - \overline{P}(X) = \{x_5, x_7, x_8\}$。

近似集满足下列基本性质:

(1) $\underline{P}(X) \subseteq X \subseteq \overline{P}(X)$。

(2) $\underline{P}(\varnothing) = \overline{P}(\varnothing) = \varnothing$，$\underline{P}(U) = \overline{P}(U) = U$。

(3) $\underline{P}(X \cap Y) = \underline{P}(X) \cap \underline{P}(Y)$，$\overline{P}(X \cup Y) = \overline{P}(X) \cup \overline{P}(Y)$。

(4) $X \subseteq Y \Rightarrow \underline{P}(X) \subseteq \underline{P}(Y)$，$X \subseteq Y \Rightarrow \overline{P}(X) \subseteq \overline{P}(Y)$。

(5) $\overline{P}(X \cap Y) \subseteq \overline{P}(X) \cap \overline{P}(Y)$，$\underline{P}(X \cup Y) \supseteq \underline{P}(X) \cup \underline{P}(Y)$。

(6) $\underline{P}(\sim X) = \sim \overline{P}(X)$，$\overline{P}(\sim X) = \sim \underline{P}(X)$。

(7) $\underline{P}(\underline{P}(X)) = \overline{P}(\underline{P}(X)) = \underline{P}(X)$，$\underline{P}(\overline{P}(X)) = \overline{P}(\overline{P}(X)) = \overline{P}(X)$。

(8) $X \subseteq \underline{P}(\overline{P}(X))$，$\overline{P}(\underline{P}(X)) \subseteq X$。

2.2　优势关系粗糙集模型

经典粗糙集模型不能够处理有序信息。为此，Greco 等用优势关系替代经典粗糙集模型中的不可区分关系，提出了优势关系粗糙集方法 [85–87]。

2.2.1　有序决策系统

下面简要介绍优势粗糙集方法的基本概念 [85–87]。

定义 2.2.1　一个信息系统 $S = (U, C \cup \{d\}, V, f)$，$d$ 是具有有序特征的决策属性，称 S 为一个有序决策系统。

$\forall a \in C$，论域 U 上有一个关于 a 的偏好关系，记为 $\succeq_a$。$\forall x, y \in U$，$x \succeq_a y$ 表示“关于属性 a，x 至少和 y 一样好”。对于一个非空有限属性集 $P \subseteq C$，如果 $\forall a \in P$ 都有 $x \succeq_a y$，则关于属性集 P，对象 x 优于对象 y，记为 xD_Py。D_P 是论

域 U 上关于 P 的优势关系。

$$D_P = \{(x,y) \in U \times U \mid f(x,a) \geqslant f(y,a), \forall a \in P\}$$

定义 2.2.2 关于优势关系 D_P，$x \in U$ 的知识粒定义为下列两种集合:

(1) $D_P^+(x) = \{y \in U \mid yD_Px\}$，称作 x 的 P-优势集。

(2) $D_P^-(x) = \{y \in U \mid xD_Py\}$，称作 x 的 P-劣势集。

根据决策属性集 d，论域 U 可划分成一族等价类，称为决策类，记 $\mathrm{Cl} = \{\mathrm{Cl}_n, n \in T\}$ 为决策类集，其中 $T = \{1, \cdots, |V_d|\}$ 是决策类的下标集。决策类之间具有偏好顺序，例如，$\forall r, s \in T$ 且 $r > s$，关于决策属性集 d，$\forall x \in \mathrm{Cl}_r$ 优于 $\forall y \in \mathrm{Cl}_s$。

在优势粗糙集方法中，被近似的概念是决策类的向上联合 $\mathrm{Cl}_n^{\geqslant}$ 和决策类的向下联合 $\mathrm{Cl}_n^{\leqslant}$，它们分别定义如下：

$$\mathrm{Cl}_n^{\geqslant} = \bigcup_{n' \geqslant n} \mathrm{Cl}_{n'}, \quad \mathrm{Cl}_n^{\leqslant} = \bigcup_{n' \leqslant n} \mathrm{Cl}_{n'}, \quad \forall n, n' \in T$$

式中，$x \in \mathrm{Cl}_n^{\geqslant}$ 表示“ x 至少属于 Cl_n”；$x \in \mathrm{Cl}_n^{\leqslant}$ 表示“ x 最多属于 Cl_n ”。

2.2.2 近似集

定义 2.2.3 $\mathrm{Cl}_n^{\geqslant}$ 的下近似集和上近似集分别定义如下:

$$\underline{P}(\mathrm{Cl}_n^{\geqslant}) = \{x \in U \mid D_P^+(x) \subseteq \mathrm{Cl}_n^{\geqslant}\}$$
$$\overline{P}(\mathrm{Cl}_n^{\geqslant}) = \{x \in U \mid D_P^-(x) \cap \mathrm{Cl}_n^{\geqslant} \neq \varnothing\}$$

$\mathrm{Cl}_n^{\leqslant}$ 的下近似集和上近似集分别定义如下:

$$\underline{P}(\mathrm{Cl}_n^{\leqslant}) = \{x \in U \mid D_P^-(x) \subseteq \mathrm{Cl}_n^{\leqslant}\}$$
$$\overline{P}(\mathrm{Cl}_n^{\leqslant}) = \{x \in U \mid D_P^+(x) \cap \mathrm{Cl}_n^{\leqslant} \neq \varnothing\}$$

例 2.2.1 表 2-3 是一个有序决策系统，其中论域 $U = \{x_1, x_2, \cdots, x_8\}$，条件属性集 $C = \{a_1, a_2\}$，d 是一个有序决策属性。属性 a_1 的域 $V_{a_1} = \{50, 65, 70, 80, 90\}$，属性 a_2 的域 $V_{a_2} = \{50, 60, 75, 80, 90\}$，决策属性 d 的域 $V_d = \{1, 2, 3\}$。令 $P = C$，计算关于属性集 P 的优势关系粗糙集方法的近似集。

表 2-3 有序决策表

U	a_1	a_2	d	U	a_1	a_2	d
x_1	50	75	2	x_5	80	90	2
x_2	65	50	1	x_6	90	80	3
x_3	70	75	1	x_7	80	80	3
x_4	50	60	1	x_8	90	90	3

(1) 论域 U 中所有对象的 P- 优势集和 P-劣势集如下所示:

$D_P^+(x_1)=\{x_1,x_3,x_5,x_6,x_7,x_8\}$， $D_P^-(x_1)=\{x_1,x_4\}$

$D_P^+(x_2)=\{x_2,x_3,x_5,x_6,x_7,x_8\}$， $D_P^-(x_2)=\{x_2\}$

$D_P^+(x_3)=\{x_3,x_5,x_6,x_7,x_8\}$， $D_P^-(x_3)=\{x_1,x_2,x_3,x_4\}$

$D_P^+(x_4)=\{x_1,x_3,x_4,x_5,x_6,x_7,x_8\}$， $D_P^-(x_4)=\{x_4\}$

$D_P^+(x_5)=\{x_5,x_8\}$， $D_P^-(x_5)=\{x_1,x_2,x_3,x_4,x_5,x_7\}$

$D_P^+(x_6)=\{x_6,x_8\}$， $D_P^-(x_6)=\{x_1,x_2,x_3,x_4,x_6,x_7\}$

$D_P^+(x_7)=\{x_5,x_6,x_7,x_8\}$， $D_P^-(x_7)=\{x_1,x_2,x_3,x_4,x_7\}$

$D_P^+(x_8)=\{x_8\}$， $D_P^-(x_8)=\{x_1,x_2,x_3,x_4,x_5,x_6,x_7,x_8\}$

(2) 论域 U 中决策类及其向下联合和向上联合如下所示:

$\mathrm{Cl}_1=\{x_2,x_3,x_4\}$， $\mathrm{Cl}_2=\{x_1,x_5\}$， $\mathrm{Cl}_3=\{x_6,x_7,x_8\}$

$\mathrm{Cl}_1^{\leqslant}=\{x_2,x_3,x_4\}$， $\mathrm{Cl}_2^{\leqslant}=\{x_1,x_2,x_3,x_4,x_5\}$， $\mathrm{Cl}_3^{\leqslant}=U$

$\mathrm{Cl}_1^{\geqslant}=U$， $\mathrm{Cl}_2^{\geqslant}=\{x_1,x_5,x_6,x_7,x_8\}$， $\mathrm{Cl}_3^{\geqslant}=\{x_6,x_7,x_8\}$

(3) 决策类向下联合和决策类向上联合的下近似集和上近似集如下所示:

$\underline{P}(\mathrm{Cl}_1^{\leqslant})=\{x_2,x_4\}$， $\overline{P}(\mathrm{Cl}_1^{\leqslant})=\{x_1,x_2,x_3,x_4\}$

$\underline{P}(\mathrm{Cl}_2^{\leqslant})=\{x_1,x_2,x_3,x_4\}$， $\overline{P}(\mathrm{Cl}_2^{\leqslant})=\{x_1,x_2,x_3,x_4,x_5,x_7\}$

$\underline{P}(\mathrm{Cl}_3^{\leqslant})=U$， $\overline{P}(\mathrm{Cl}_3^{\leqslant})=U$

$\underline{P}(\mathrm{Cl}_1^{\geqslant})=U$， $\overline{P}(\mathrm{Cl}_1^{\geqslant})=U$

$\underline{P}(\mathrm{Cl}_2^{\geqslant})=\{x_5,x_6,x_7,x_8\}$， $\overline{P}(\mathrm{Cl}_2^{\geqslant})=\{x_1,x_3,x_5,x_6,x_7,x_8\}$

$\underline{P}(\mathrm{Cl}_3^{\geqslant})=\{x_6,x_8\}$， $\overline{P}(\mathrm{Cl}_3^{\geqslant})=\{x_5,x_6,x_7,x_8\}$

定义 2.2.4 $\forall x\in U$，$\delta_P(x)=\langle l_P(x),u_P(x)\rangle$ 称为 x 关于属性集 P 的泛化决策，其中，

$$l_P(x)=\min\{n\in T\mid D_P^+(x)\cap \mathrm{Cl}_n\neq\varnothing\} \tag{2-3}$$

$$u_P(x)=\max\{n\in T\mid D_P^-(x)\cap \mathrm{Cl}_n\neq\varnothing\} \tag{2-4}$$

泛化决策能够反映对象与近似集之间的关系。

定理 2.2.1 $\forall x\in U$，$n\in T$，则有

(1) 如果 $l_P(x)\geqslant n$，则 $x\in\underline{P}(\mathrm{Cl}_n^{\geqslant})$。

(2) 如果 $l_P(x)\leqslant n$，则 $x\in\overline{P}(\mathrm{Cl}_n^{\leqslant})$。

(3) 如果 $u_P(x)\geqslant n$，则 $x\in\overline{P}(\mathrm{Cl}_n^{\geqslant})$。

(4) 如果 $u_P(x)\leqslant n$，则 $x\in\underline{P}(\mathrm{Cl}_n^{\leqslant})$。

证明 $\because$ 如果 $l_P(x)\geqslant n$，则 $\forall y\in D_P^+(x)$ 有 $y\in \mathrm{Cl}_n^{\geqslant}$，即有 $D_P^+(x)\subseteq \mathrm{Cl}_n^{\geqslant}$。$\therefore$ 当 $l_P(x)\geqslant n$ 时，$x\in\underline{P}(\mathrm{Cl}_n^{\geqslant})$ 成立。

相似地，(2)、(3) 和 (4) 也可证明。 □

依照定理 2.2.1，决策类向上联合的下近似集和上近似集及决策类向下联合的下近似集和上近似集可以分别写成下面的形式，即

$$\underline{P}(\mathrm{Cl}_n^{\geqslant}) = \{x \in U \mid l_P(x) \geqslant n\} \tag{2-5}$$

$$\overline{P}(\mathrm{Cl}_n^{\geqslant}) = \{x \in U \mid u_P(x) \geqslant n\} \tag{2-6}$$

$$\underline{P}(\mathrm{Cl}_n^{\leqslant}) = \{x \in U \mid u_P(x) \leqslant n\} \tag{2-7}$$

$$\overline{P}(\mathrm{Cl}_n^{\leqslant}) = \{x \in U \mid l_P(x) \leqslant n\} \tag{2-8}$$

例 2.2.2 计算表 2-3 中每个对象的泛化决策。

根据例 2.2.1 中计算的所有对象的 P-优势集和 P-劣势集，它们的泛化决策为

$$l_P(x_1) = 1,\ u_P(x_1) = 2$$
$$l_P(x_2) = 1,\ u_P(x_2) = 1$$
$$l_P(x_3) = 1,\ u_P(x_3) = 2$$
$$l_P(x_4) = 1,\ u_P(x_4) = 1$$
$$l_P(x_5) = 2,\ u_P(x_5) = 3$$
$$l_P(x_6) = 3,\ u_P(x_6) = 3$$
$$l_P(x_7) = 2,\ u_P(x_7) = 3$$
$$l_P(x_8) = 3,\ u_P(x_8) = 3$$

2.3 集值优势关系粗糙集模型

2.3.1 集值有序决策系统

定义 2.3.1 设 $S = (U, C \cup \{d\}, V, f)$ 是一个集值决策系统，其中 U 为论域，C 是有限条件属性集，d 为决策属性，属性值域 $V = V_C \cup V_d$，V_C 称为条件属性集 C 的值域，V_d 称为决策属性 d 的值域，$f : U \times A \to 2^{V_{\mathrm{AT}}}$ 为对象属性值映射，是一个集值映射，满足 $\forall_{x \in U, a \in \mathrm{AT}} |f(x,a)| \geqslant 1$，其中 $\forall a \in \mathrm{AT}$，$\forall x \in U$，$f(x,a) \in V_a$，$|\cdot|$ 表示一个集合的基数。

定义 2.3.2 设 $S = (U, C \cup \{d\}, V, f)$ 是一个集值决策系统，若所有的条件属性都是递增或递减偏好有序的，且决策属性 d 的属性值表示对象的全序关系，则称 S 为集值有序决策系统。

对于一个集值有序决策系统 $S = (U, C \cup \{d\}, V, f)$，$\forall x \in U$，$\forall a \in C$，属性值 $f(x,a)$ 根据不同的应用场景，可以有两种不同的语义解释：合取解释和析取解

释[73, 88]。例如，假设属性 a 为"语言能力"，则属性值 $f(x,a) = \{$ 英语，法语 $\}$ 可合取解释为 x 既会英语又会法语；另外，也可析取解释为 x 仅会英语、法语两种语言的其中一种。

2.3.2 析取和合取优势关系

在合取集值有序信息系统中，根据集合包含关系可定义如下优势关系。

定义 2.3.3 设 $S = (U, C \cup \{d\}, V, f)$ 是一个合取集值有序信息系统，$A \subseteq C$，论域 U 上的合取优势关系 $R_A^{\wedge\geqslant}$ 定义为

$$\begin{aligned} R_A^{\wedge\geqslant} &= \{(y,x) \in U \times U \mid y \succeq_A x\} \\ &= \{(y,x) \in U \times U \mid f(y,a) \supseteq f(x,a), \forall a \in A\} \end{aligned} \tag{2-9}$$

由定义可知，合取优势关系满足自反性、传递性，不满足对称性。

在析取集值有序信息系统中，可定义如下优势关系。

定义 2.3.4 设 $S = (U, C \cup \{d\}, V, f)$ 是一个析取集值有序信息系统，$A \subseteq C$，论域 U 上的优势关系 $R_A^{\vee\geqslant}$ 定义为

$$\begin{aligned} R_A^{\vee\geqslant} &= \{(y,x) \in U \times U \mid y \succeq_A x\} \\ &= \{(y,x) \in U \times U \mid \max f(y,a) \geqslant \min f(x,a), \forall a \in A\} \end{aligned} \tag{2-10}$$

由定义可知，析取优势关系仅满足自反性，不满足传递性和对称性。

在一个合取或析取集值有序决策系统 $S = (U, C \cup \{d\}, V, f)$ 中，$\forall x \in U$，根据合取或析取优势关系 $R_A^{\triangle\geqslant}(\triangle = \wedge, \vee)$，可以构建以下两个集合：

(1) $[x]_A^{\triangle\geqslant} = \{y \in U | (y,x) \in R_A^{\triangle\geqslant}\}$ 表示 S 中根据条件属性集合 A，所有可能优于对象 x 的对象的集合，称作对象 x 的优势类。

(2) $[x]_A^{\triangle\leqslant} = \{y \in U | (x,y) \in R_A^{\triangle\geqslant}\}$ 表示 S 中根据条件属性集合 A，所有可能劣于对象 x 的对象的集合，称作对象 x 的劣势类。

2.3.3 近似集

与单值有序决策系统中优势关系粗糙集模型一致，这里被近似的目标概念同样是决策类 Cl_t 的向上联集 $\mathrm{Cl}_t^{\geqslant}$ 和向下联集 $\mathrm{Cl}_t^{\leqslant}$。

定义 2.3.5 设 $S = (U, C \cup \{d\}, V, f)$ 是一个集值有序决策系统，$\forall A \subseteq C$，$\forall \mathrm{Cl}_t^{\geqslant}$ $(1 \leqslant t \leqslant n)$，基于优势关系 $R_A^{\triangle\geqslant}(\triangle = \wedge, \vee)$ 决策类向上联集 $\mathrm{Cl}_t^{\geqslant}$ 的下、上近似分别定义为

$$\underline{R_A^{\geqslant}}(\mathrm{Cl}_t^{\geqslant}) = \{x \in U | [x]_A^{\triangle\geqslant} \subseteq \mathrm{Cl}_t^{\geqslant}\} \tag{2-11}$$

$$\overline{R_A^{\geqslant}}(\mathrm{Cl}_t^{\geqslant}) = \{x \in U | [x]_A^{\triangle\leqslant} \cap \mathrm{Cl}_t^{\geqslant} \neq \varnothing\} \tag{2-12}$$

定义 2.3.6 设 $S=(U,C\cup\{d\},V,f)$ 是一个集值有序决策系统, $\forall A\subseteq C$, $\forall \mathrm{Cl}_t^{\leqslant}$ $(1\leqslant t\leqslant n)$, 基于优势关系 $R_A^{\triangle\geqslant}(\triangle=\wedge,\vee)$ 决策类向下联集 $\mathrm{Cl}_t^{\leqslant}$ 的下、上近似分别定义为

$$\underline{R_A^{\geqslant}}(\mathrm{Cl}_t^{\leqslant})=\{x\in U|[x]_A^{\triangle\leqslant}\subseteq \mathrm{Cl}_t^{\leqslant}\} \tag{2-13}$$

$$\overline{R_A^{\geqslant}}(\mathrm{Cl}_t^{\leqslant})=\{x\in U|[x]_A^{\triangle\geqslant}\cap \mathrm{Cl}_t^{\leqslant}\neq\varnothing\} \tag{2-14}$$

2.4 优势特性关系粗糙集模型

在实际应用中，数据的缺失是常见的一种情形，数据的缺失有两种情况:“丢失”和“不关心”[89]。在优势关系粗糙集模型中也需要考虑这两种数据丢失的情况，因此我们提出了一个优势特性关系粗糙集模型。以下首先介绍包含两种缺失值的不完备决策系统的定义。

2.4.1 不完备有序决策系统

定义 2.4.1 四元组 $S=(U,A,V,f)$ 是一个不完备决策系统。U 是非空有限对象集合，称为论域。A 是非空有限属性集合，$A=C\cup D$, $C\cap D=\varnothing$, 其中 C 和 D 分别表示条件属性集和决策属性集，V 是属性的值域。C 的值域具有偏序关系，C 中属性称为准则。$f:U\times A\rightarrow V$ 是信息函数，$f=\{f(x,q)|\,f(x,q):x\rightarrow v_q, q\in C, 1\leqslant i\leqslant |U|\}$。$f(x_i,a_l)=v_{il}(i=1,2,\cdots,|U|,l=1,2,\cdots,|A|)$ 表示对象 x_i 在属性 a_i 下的属性值。

如果所有的属性值都是已知的，则信息系统是完备信息系统。如果有缺失的值存在，则是不完备决策系统。缺失的值分为两类:“不知道”和“不关心”。分别用“?”表示“不知道”的属性值和用“$\star$”表示“不关心”的属性值。

2.4.2 优势特性关系及关系矩阵

1. 优势特性关系

考虑“不知道”和“不关心”两种数据丢失情况，我们给出了优势特性关系的定义如下。在此我们仅考虑条件属性的数据缺失而决策属性的数据不缺失。

定义 2.4.2 已知 $S=(U,A,V,f)$ 为不完备决策系统，$P\subseteq C$, 令 $B_P(x)=\{b|b\in P\wedge f(x,b)\neq *\wedge f(x,b)\neq ?\}$, 则 P 上的优势特性关系 $(\mathrm{DCR}(P^{\kappa}))$ 定义如下:

$$\begin{aligned}\mathrm{DCR}(P^{\kappa})=\{(x,y)\,|x\in U\wedge y\in U\wedge x\neq y\wedge ((|B_P(x)\cap B_P(y)|/|P|)\geqslant\kappa\\ \wedge(f(x,q)=*\vee(f(y,q)=*)\wedge f(x,q)\neq ?\wedge f(y,q)\neq ?\\ \rightarrow f(y,q)\succeq f(x,q))\}\bigcup\{(x,x)|\forall x\in U\}\end{aligned} \tag{2-15}$$

式中，$0<\kappa\leqslant 1$ 用于控制不完备决策系统中对象间的共有的非空属性的比例。$yD_P^{\kappa}x$ 表示 y 优势于 x。$\mathrm{DCR}(P^{\kappa})$ 是自反、反对称的。

2. 优势类和劣势类

由以上定义，不完备决策系统中的优势类和劣势类的定义如下：

定义 2.4.3 已知 $P\subseteq C, x\subseteq U$，则 $D_P^{+\kappa}(x)=\{y\in U|\, yD_P^{\kappa}x\}$ 是 x 在属性 P 上的优势集，$D_P^{-\kappa}(x)=\{y\in U: xD_P^{\kappa}y\}$ 是 x 在 P 上的劣势集。

不完备决策系统中的优势特性关系满足以下性质。

性质 2.4.1 已知 $S=(U,A,V,f), E\subseteq F\subseteq C$, $\mathrm{DCR}(P^{\kappa})$, $D_P^{+\kappa}(x)$ 和 $D_P^{-\kappa}(x)$ 满足以下性质：

(1) $\mathrm{DCR}(P^{\kappa})$ 是自反、反对称的。

(2) $\forall E\subseteq F\subseteq C$, $D_C^{+\kappa}(x)\subseteq D_F^{+\kappa}(x)\subseteq D_E^{+\kappa}(x)$, $D_C^{-\kappa}(x)\subseteq D_F^{-\kappa}(x)\subseteq D_E^{-\kappa}(x)$ 不成立。

(3) $\forall\alpha,\ \beta,\ 0\leqslant\alpha\leqslant\beta\leqslant 1$，$D_P^{+\beta}(x)\subseteq D_P^{+\alpha}(x)$，$D_P^{-\beta}(x)\subseteq D_P^{-\alpha}(x)$。

(4) $\forall P\subseteq C, G=\{D_P^{+\kappa}(x)\,|x\in U\}$ 形成 U 的一个覆盖，$H=\{D_P^{-\kappa}(x)\,|x\in U\}$ 也是 U 的一个覆盖。

(5) $\forall P\subseteq C$，$x_i,x_j\in U$，若 $x_j\in D_P^{+\kappa}(x_i)$，则 $D_P^{+\kappa}(x_j)\subseteq D_P^{+\kappa}(x_i)$；若 $x_j\in D_P^{-\kappa}(x_i)$，则 $D_P^{-\kappa}\ (x_j)\subseteq D_P^{-\kappa}(x_i)$。

证明 (1) 由优势特性关系的定义 2.4.3 易得。

(2) 不失一般性，令 $F=E\cup\{a_k\}$，$E\subseteq F\subseteq C$。对 x_i,x_j，以下成立：

① 如果 $x_j\in D_E^{+\kappa}(x_i)$，$f(x_i,a_k)\succ f(x_j,a_k)$，$f(x_i,a_k)\neq\star$，$f(x_j,a_k)\neq\star$，$f(x_i,a_k)\neq ?$，$f(x_j,a_k)\neq ?$，则 $x_j\notin D_F^{+\kappa}(x_i)$，$D_F^{+\kappa}(x_i)=D_E^{+\kappa}(x_i)-\{x_j\}$，即 $D_F^{+\kappa}(x_i)\subseteq D_E^{+\kappa}(x_i)$ 。

② 如果 $x_j\in D_E^{+\kappa}(x_i)$，$f(x_i,a_k)=\star$ 或 $f(x_j,a_k)=\star$，则 $|B_F(x_i)\cap B_F(x_j)|/|F|=|B_E(x_i)\cap B_E(x_j)|/|E|+1<|B_E(x_i)\cap B_E(x_j)|/|E|$。如果 $|B_F(x_i)\cap B_F(x_j)|/|F|<\kappa$，则 $x_j\notin D_F^{+\kappa}(x_i)$，$D_F^{+\kappa}\ (x_i)\subseteq D_E^{+\kappa}\ (x_i)$。所以 $D_C^{+\kappa}(x_i)\subseteq D_F^{+\kappa}(x_i)\subseteq D_E^{+\kappa}(x_i)$，$D_C^{-\kappa}(x_i)\subseteq D_F^{-\kappa}(x_i)\subseteq D_E^{-\kappa}(x_i)$ 不成立。

③ 如果 $x_j\notin D_E^{+\kappa}(x_i)$，$|B_E(x_i)\cap B_E(x_j)|/|E|<\kappa$，$((f(x_i,q)=\star\vee(f(x_j,q)=\star)\wedge f(x_i,q)\neq ?\wedge f(x_j,q)\neq ?)\rightarrow f(x_j,q)\succeq f(x_i,q)$，$\forall q\in E$，$f(x_i,a_k)\succ f(x_j,a_k)$，$f(x_i,a_k)\neq\star$，$f(x_j,a_k)\neq\star$，$f(x_i,a_k)\neq ?$，$f(x_j,a_k)\neq ?$，则 $|B_F(x_i)\cap B_F(x_j)|/|F|=|B_E(x_i)\cap B_E(x_j)|+1/|E|+1>|B_E(x_i)\cap B_E(x_j)|/|E|$。如果 $|B_F(x_i)\cap B_F(x_j)|/|F|>\kappa$，则 $x_j\in D_F^{+\kappa}(x_i)$，$D_F^{+\kappa}(x_i)=D_E^{+\kappa}(x_i)\cup\{x_j\}$，$D_F^{+\kappa}\ (x_i)\supseteq D_E^{+\kappa}\ (x_i)$。因此，$\forall E\subseteq F\subseteq C$，$D_C^{+\kappa}(x)\subseteq D_F^{+\kappa}(x)\subseteq D_E^{+\kappa}(x)$ 不成立。同理可证，$D_C^{-\kappa}(x)\subseteq D_F^{-\kappa}(x)\subseteq D_E^{-\kappa}(x)$ 不成立。

(3) $\forall\alpha$，β，$0\leqslant\alpha\leqslant\beta\leqslant 1$，如果 $x_jD_P^{\beta}x_i$，则 $x_j\in D_P^{+\beta}(x_i)$。如果 $x_jD_P^{\beta}x_i$，则

意味着 $x_j D_P^\alpha x_i$。因此，$x_j \in D_P^{+\alpha}(x_i)$。可得 $x_j \in D_P^{+\beta}(x_i) \Rightarrow x_j \in D_P^{+\alpha}(x_i)$。如果 $x_j D_P^\alpha x_i$，则 $x_j D_P^\beta x_i$ 不成立。也就是说，$x_j \subseteq D_P^{+\alpha}(x_i) \nRightarrow x_j \subseteq D_P^{+\beta}(x_i)$。因此，同理可证 $D_P^{+\beta}(x_i) \subseteq D_P^{+\alpha}(x_i)$，$D_P^{-\beta}(x_i) \subseteq D_P^{-\alpha}(x_i)$。

(4) $\forall x_i, x_j \in U$，有 $\cup D_P^{+\kappa}(x_i) = U$，$D_P^{+\kappa}(x_i) \cap D_P^{+\kappa}(x_j) \neq \varnothing$，因此 $G = \{D_P^{+\kappa}(x) | x \in U\}$ 构成论域 U 的一个覆盖。其他同理可证。

(5) $\forall P \subseteq C$，$x_i, x_j, x_k \in U$，如果 $x_j \in D_P^{+\kappa}(x_i)$，则 $x_j D_P^\kappa x_i$。$\forall x_k \in D_P^{+\kappa}(x_j)$，$x_k D_P^\kappa x_j$。于是，$x_k D_P^\kappa x_i$，$x_k \in D_P^{+\kappa}(x_i)$，有 $x_k \in D_P^{+\kappa}(x_j) \Rightarrow x_k \in D_P^{+\kappa}(x_i)$。$\forall x_k \in D_P^{+\kappa}(x_i)$，$x_k D_P^\kappa x_j$ 不成立。因此，可证 $x_j \in D_P^{+\kappa}(x_i)$，即 $D_P^{+\kappa}(x_j) \subseteq D_P^{+\kappa}(x_i)$。其他同理可证。 □

由性质 2.4.1 可知，随着 κ 的变化，优势类和劣势类都会发生变化。当 κ=1 时，优势类和劣势类为最小值，当 κ=0 时，优势类和劣势类为最大值。

3. 缺失率

为衡量不完备信息数据缺失的情况，以下先给出缺失率的定义，然后分析缺失率和优势特性关系诱导的优势类和劣势类与缺失率的关系。

定义 2.4.4 已知不完备决策系统 $S = (U, A, V, f)$，令

$$L = \{x_i \,|\, f(x_i, a_i) = \star \vee f(x_i, a_i) = ?\ , a_i \in C, x_i \in U\},$$

则缺失率定义为 $k(0 < k < 1)$: $k = \dfrac{|L|}{|U|}$。

性质 2.4.2 $\forall 0 < k_1 \leqslant k_2 < 1$，$D_C^{+\kappa}(x)^{k_i}$ 表示不完备决策系统中缺失率为 $k_i(i = 1, 2)$ 时的优势类 $D_C^{+\kappa}(x)$，则 $D_C^{+\kappa}(x)^{k_2} \subseteq D_C^{+\kappa}(x)^{k_1}$，$D_C^{-\kappa}(x)^{k_2} \subseteq D_C^{-\kappa}(x)^{k_1}$ 均不成立。

证明 $\forall x_i, x_j \in U$，有以下情况：

(1) 当缺失率等于 k_1 时，如果 $x_j \in D_C^{+\kappa}(x_i)^{k_1}$，则 $|B_C(x_i) \cap B_C(x_j)|/|C| \geqslant k_1$；但是当缺失率为 k_2 时，$|B_C(x_i) \cap B_C(x_j)|/|C| < k_2$，则 $D_C^{+\kappa}(x_i)^{k_2} = D_C^{+\kappa}(x_i)^{k_1} - \{x_j\}$，$D_C^{+\kappa}(x_i)^{k_2} \subseteq D_C^{+\kappa}(x_i)^{k_1}$。

(2) 当缺失率等于 k_1 时，如果 $x_j \neq D_C^{+\kappa}(x_i)^{k_1}$，$B_C(x_i) \cap B_C(x_j)|/|C| \geqslant k_2$，且 $(f(x_i, q) = \star \vee (f(x_j, q) = \star) \wedge f(x_i, q) \neq ? \wedge f(x_j, q) \neq ?) \rightarrow f(x_j, q) \succeq f(x_i, q)$，于是 $D_C^{+\kappa}(x_i)^{k_2} = D_C^{+\kappa}(x_i)^{k_1} \cup \{x_j\}$，$D_C^{+\kappa}(x_i)^{k_1} \subseteq D_C^{+\kappa}(x_i)^{k_2}$。

因此，$D_C^{+\kappa}(x)^{k_2} \subseteq D_C^{+\kappa}(x)^{k_1}$，$D_C^{-\kappa}(x)^{k_2} \subseteq D_C^{-\kappa}(x)^{k_1}$ 均不成立。 □

4. 优势关系和劣势关系矩阵

定义 2.4.5 不完备优势决策系统 $S=(U, A, V, f)$，$P \subseteq C$，$x_i, x_j \in U$，DCR(P^k) 关系下的 $U \times U$ 优势关系矩阵和劣势关系矩阵分别定义为 $M^+ = (M^+(x_i, x_j))$，$M^- = (M^-(x_i, x_j))$，$M^+(x_i, x_j)$ 和 $M^-(x_i, x_j)$ 的元素分别定义如下：

$$M^{+}(x_i,x_j)=\begin{cases}1, & x_jD_P^{\kappa}x_i\\ 0, & \text{其他}\end{cases} \tag{2-16}$$

$$M^{-}(x_i,x_j)=\begin{cases}1, & x_iD_P^{\kappa}x_j\\ 0, & \text{其他}\end{cases} \tag{2-17}$$

对优势特性关系下的优势类和劣势类矩阵，以下性质成立：

性质 2.4.3 $S=(U,A,V,f)$ 为不完备决策系统，$P\subseteq C, x,y\in U$，有

(1) $M^{+}(x,y)=(M^{-}(x,y))^{\mathrm{T}}$。

(2) $\left|D_P^{+\kappa}(x_i)\right|=\sum\limits_{j=1}^{|U|}M^{+}(x_i,x_j)=\sum\limits_{j=1}^{|U|}M^{-}(x_j,x_i)$。

(3) $\left|D_P^{-\kappa}(x_i)\right|=\sum\limits_{j=1}^{|U|}M^{-}(x_i,x_j)=\sum\limits_{j=1}^{|U|}M^{+}(x_j,x_i)$。

证明 (1) 由定义 2.4.5 可知，$\forall x_i,x_j\in U$，如果 $x_jD_P^{\kappa}x_i$，则 $M^{+}(x_i,x_j)=1$，$M^{-}(x_j,x_i)=1$。因此 $M^{+}(x,y)=(M^{-}(x,y))^{\mathrm{T}}$。

(2) 由定义 2.4.3 可知，$D_P^{+\kappa}(x)=\{y\in U\,|\,yD_P^{\kappa}x\}$。可证 $\left|D_P^{+\kappa}(x_i)\right|=\sum\limits_{j=1}^{|U|}M^{+}(x_i,x_j)$。因为 $M^{+}(x,y)=(M^{-}(x,y))^{\mathrm{T}}$，所以 $\left|D_P^{+\kappa}(x_i)\right|=\sum\limits_{j=1}^{|U|}M^{+}(x_i,x_j)=\sum\limits_{j=1}^{|U|}M^{-}(x_j,x_i)$。

(3) 同理可证。 □

由性质 2.4.3 可知，在计算优势类的同时可以计算劣势类。

2.4.3 近似集

已知 $U/D=\{\mathrm{Cl}_t\,|t\in\{1,\cdots,n\}\}$，则向上、向下合集的定义如下。$\mathrm{Cl}_t^{\geqslant}=\bigcup\limits_{s\geqslant t}\mathrm{Cl}_s$，$\mathrm{Cl}_t^{\leqslant}=\bigcup\limits_{s\leqslant t}\mathrm{Cl}_s$，其中 $t,s\in\{1,\cdots,n\}$。$x\in\mathrm{Cl}_t^{\geqslant}$ 说明 x 至少属于 Cl_t。$x\in\mathrm{Cl}_t^{\leqslant}$ 说明 x 至多属于 Cl_t。基于优势特性关系粗糙集模型中的向上、向下合集的近似集定义如下。

定义 2.4.6 *已知不完备决策系统 $S=(U,A,V,f)$，$P\subseteq C, x\in U$，$\mathrm{Cl}_t^{\geqslant}$，$\mathrm{Cl}_t^{\leqslant}\subseteq U$，$t=1,2,\cdots,n$。基于优势特性关系，$\mathrm{Cl}_t^{\geqslant}$ 和 $\mathrm{Cl}_t^{\leqslant}$ 的近似集定义为*

$$\underline{P}(\mathrm{Cl}_t^{\geqslant})^{\kappa}=\left\{x\,\middle|\,D_P^{+\kappa}(x)\subseteq\mathrm{Cl}_t^{\geqslant}\right\} \tag{2-18}$$

$$\overline{P}(\mathrm{Cl}_t^{\geqslant})^{\kappa}=\bigcup_{x\in\mathrm{Cl}_t^{\geqslant}}D_P^{+\kappa}(x) \tag{2-19}$$

$$\underline{P}(\mathrm{Cl}_t^{\leqslant})^{\kappa}=\left\{x \,\middle|\, D_P^{-\kappa}(x)\subseteq \mathrm{Cl}_t^{\leqslant}\right\} \tag{2-20}$$

$$\overline{P}(\mathrm{Cl}_t^{\leqslant})^{\kappa}=\bigcup_{x\in \mathrm{Cl}_t^{\leqslant}} D_P^{-\kappa}(x) \tag{2-21}$$

边界域的定义如下：

$$\mathrm{Bn}_P(\mathrm{Cl}_t^{\geqslant})^{\kappa}=\overline{P}(\mathrm{Cl}_t^{\geqslant})^{\kappa}-\underline{P}(\mathrm{Cl}_t^{\geqslant})^{\kappa} \tag{2-22}$$

$$\mathrm{Bn}_P(\mathrm{Cl}_t^{\leqslant})^{\kappa}=\overline{P}(\mathrm{Cl}_t^{\leqslant})^{\kappa}-\underline{P}(\mathrm{Cl}_t^{\leqslant})^{\kappa} \tag{2-23}$$

已知 $P\subseteq C$，$\mathrm{Cl}_t^{\geqslant}$ 和 $\mathrm{Cl}_t^{\leqslant}$ 的近似精度分别定义如下：

$$\alpha_P(\mathrm{Cl}_t^{\geqslant})^{\kappa}=\frac{\left|\underline{P}(\mathrm{Cl}_t^{\geqslant})^{\kappa}\right|}{\left|\overline{P}(\mathrm{Cl}_t^{\geqslant})^{\kappa}\right|},\alpha_P(\mathrm{Cl}_t^{\leqslant})^{\kappa}=\frac{\left|\underline{P}(\mathrm{Cl}_t^{\leqslant})^{\kappa}\right|}{\left|\overline{P}(\mathrm{Cl}_t^{\leqslant})^{\kappa}\right|} \tag{2-24}$$

基于准则 P 划分 Cl 的近似质量为

$$\gamma_P(\mathrm{Cl})^{\kappa}=\frac{\left|U-((\cup_{t\in T}\mathrm{Bn}_P(\mathrm{Cl}_t^{\geqslant})^{\kappa})\cup(\cup_{t\in T}\mathrm{Bn}_P(\mathrm{Cl}_t^{\leqslant})^{\kappa}))\right|}{|U|} \tag{2-25}$$

在优势特性关系粗糙集模型下，向上、向下合集的近似集满足性质 2.4.4。不完备决策系统如表 2-4 所示。

表 2-4 不完备决策系统

U	a_1	a_2	a_3	a_4	d	U	a_1	a_2	a_3	a_4	d
x_1	1	2	1	2	0	x_5	$\star$	2	?	$\star$	0
x_2	0	1	1	?	0	x_6	2	4	1	$\star$	3
x_3	$\star$	0	0	1	1	x_7	1	4	?	3	0
x_4	1	3	?	$\star$	2	x_8	2	0	0	3	2

性质 2.4.4 已知 $S=(U,A,V,f)$，以下成立：

(1) $\underline{P}(\mathrm{Cl}_t^{\geqslant})^{\kappa}\subseteq \mathrm{Cl}_t^{\geqslant}\subseteq \overline{P}(\mathrm{Cl}_t^{\geqslant})^{\kappa},\underline{P}(\mathrm{Cl}_t^{\leqslant})^{\kappa}\subseteq \mathrm{Cl}_t^{\leqslant}\subseteq \overline{P}(\mathrm{Cl}_t^{\leqslant})^{\kappa}$。

(2) $\forall E\subseteq F\subseteq C$，$\underline{E}(\mathrm{Cl}_t^{\geqslant})^{\kappa}\subseteq \underline{F}(\mathrm{Cl}_t^{\geqslant})^{\kappa}$，$\underline{E}(\mathrm{Cl}_t^{\leqslant})^{\kappa}\subseteq \underline{F}(\mathrm{Cl}_t^{\leqslant})^{\kappa}$，$\overline{E}(\mathrm{Cl}_t^{\geqslant})^{\kappa}\supseteq \overline{F}(\mathrm{Cl}_t^{\geqslant})^{\kappa}$，$\overline{E}(\mathrm{Cl}_t^{\leqslant})^{\kappa}\supseteq \overline{F}(\mathrm{Cl}_t^{\leqslant})^{\kappa}$ 不成立。

(3) $\forall \alpha,\beta,0\leqslant\alpha\leqslant\beta\leqslant 1,\underline{P}(\mathrm{Cl}_t^{\geqslant})^{\alpha}\subseteq \underline{P}(\mathrm{Cl}_t^{\geqslant})^{\beta},\overline{P}(\mathrm{Cl}_t^{\geqslant})^{\alpha}\supseteq \overline{P}(\mathrm{Cl}_t^{\geqslant})^{\beta};\mathrm{Bn}_P(\mathrm{Cl}_t^{\geqslant})^{\alpha}\supseteq \mathrm{Bn}_P(\mathrm{Cl}_t^{\geqslant})^{\beta}$; $\alpha_P(\mathrm{Cl}_t^{\geqslant})^{\alpha}\leqslant \alpha_P(\mathrm{Cl}_t^{\geqslant})^{\beta},\gamma_P(\mathrm{Cl})^{\alpha}\leqslant\gamma_P(\mathrm{Cl})^{\beta}$。

(4) $\forall\alpha$，β，$0\leqslant\alpha\leqslant\beta\leqslant 1$，$\underline{P}(\mathrm{Cl}_t^{\leqslant})^{\alpha}\subseteq \underline{P}(\mathrm{Cl}_t^{\leqslant})^{\beta}$，$\overline{P}(\mathrm{Cl}_t^{\leqslant})^{\alpha}\supseteq \overline{P}(\mathrm{Cl}_t^{\leqslant})^{\beta}$；$\mathrm{Bn}_P(\mathrm{Cl}_t^{\leqslant})^{\alpha}\supseteq \mathrm{Bn}_P(\mathrm{Cl}_t^{\leqslant})^{\beta}$; $\alpha_P(\mathrm{Cl}_t^{\leqslant})^{\alpha}\leqslant\alpha_P(\mathrm{Cl}_t^{\leqslant})^{\beta}$。

证明　(1) 和 (2) 由性质 2.4.1 和定义 2.4.6 可证。

(3) $\forall\alpha$，β，$0 \leqslant \alpha \leqslant \beta \leqslant 1$，由性质 2.4.1，有 $D_P^{+\beta}(x_i) \subseteq D_P^{+\alpha}(x_i)$。如果 $D_P^{+\alpha}(x_i) \subseteq \mathrm{Cl}_t^{\geqslant}$，则 $D_P^{+\beta}(x_i) \subseteq \mathrm{Cl}_t^{\geqslant}$。若 $x_i \in \underline{P}(\mathrm{Cl}_t^{\geqslant})^{\alpha} \Rightarrow x_i \in \underline{P}(\mathrm{Cl}_t^{\geqslant})^{\beta}$。如果 $D_P^{+\beta}(x_i) \subseteq \mathrm{Cl}_t^{\geqslant}$，不能得出 $D_P^{+\alpha}(x_i) \subseteq \mathrm{Cl}_t^{\geqslant}$。因此 $\underline{P}(\mathrm{Cl}_t^{\geqslant})^{\alpha} \subseteq \underline{P}(\mathrm{Cl}_t^{\geqslant})^{\beta}$。如果 $D_P^{+\beta}(x_i) \cap \mathrm{Cl}_t^{\geqslant} \neq \varnothing \Rightarrow D_P^{+\alpha}(x_i) \cap \mathrm{Cl}_t^{\geqslant} \neq \varnothing$。所以 $x_i \in \overline{P}(\mathrm{Cl}_t^{\geqslant})^{\beta} \Rightarrow x_i \in \overline{P}(\mathrm{Cl}_t^{\geqslant})^{\alpha}$。但 $D_P^{+\alpha}(x_i) \cap \mathrm{Cl}_t^{\geqslant} \neq \varnothing \nRightarrow D_P^{+\beta}(x_i) \cap \mathrm{Cl}_t^{\geqslant} \neq \varnothing$。$\overline{P}(\mathrm{Cl}_t^{\geqslant})^{\alpha} \supseteq \overline{P}(\mathrm{Cl}_t^{\geqslant})^{\beta}$ 得证。由边界域的定义可知，$\mathrm{Bn}_P(\mathrm{Cl}_t^{\geqslant})^{\alpha} = \overline{P}(\mathrm{Cl}_t^{\geqslant})^{\alpha} - \underline{P}(\mathrm{Cl}_t^{\geqslant})^{\alpha}$，$\mathrm{Bn}_P(\mathrm{Cl}_t^{\geqslant})^{\beta} = \overline{P}(\mathrm{Cl}_t^{\geqslant})^{\beta} - \underline{P}(\mathrm{Cl}_t^{\geqslant})^{\beta}$。因此 $\mathrm{Bn}_P(\mathrm{Cl}_t^{\leqslant})^{\alpha} \supseteq \mathrm{Bn}_P(\mathrm{Cl}_t^{\leqslant})^{\beta}$。其他同理可证。

(4) 证明过程同 (3)。 □

由以上性质可知，通过改变 k 的值可以得到不同精度的近似集。优势特性关系粗糙集模型可以适应不同的实际应用。以下给出一个例子说明以上概念。

例 2.4.1　已知不完备决策系统 $S = (U, A, V, f)$ 如表 2-4 所示。$U = \{x_i, i = 1, 2, \cdots, 8\}$，$V_{a_1} = \{0, 1, 2\}$，$V_{a_2} = \{0, 1, 2, 4\}$，$V_{a_3} = \{0, 1\}$，$V_{a_4} = \{0, 1, 2, 3\}$，$V_d = \{0, 1, 2, 3\}$。

$D_P^{+0.5}(x_1) = \{x_1, x_4, x_6, x_7\}$，$D_P^{+0.5}(x_2) = \{x_1, x_2, x_4, x_6, x_7\}$，$D_P^{+0.5}(x_3) = \{x_1, x_2, x_3, x_6, x_7, x_8\}$，$D_P^{+0.5}(x_4) = \{x_4, x_6, x_7\}$，$D_P^{+0.5}(x_5) = \{x_5\}$，$D_P^{+0.5}(x_6) = \{x_6\}$，$D_P^{+0.5}(x_7) = \{x_6, x_7\}$，$D_P^{+0.5}(x_8) = \{x_6, x_8\}$。

$U/d = \{C_0, C_1, C_2\} = \{\{x_1, x_2, x_5, x_7\}, \{x_3\}, \{x_4, x_8\}, \{x_6\}\}$，$\mathrm{Cl}_0^{\geqslant} = \{x_1, x_2, x_5, x_7, x_3, x_4, x_8, x_6\}$，$\mathrm{Cl}_1^{\geqslant} = \{x_3, x_4, x_6, x_8\}$，$\mathrm{Cl}_2^{\geqslant} = \{x_4, x_6, x_8\}$，$\mathrm{Cl}_3^{\geqslant} = \{x_6\}$。$\mathrm{Cl}_0^{\leqslant} = \{x_1, x_2, x_5, x_7\}$，$\mathrm{Cl}_1^{\leqslant} = \{x_1, x_2, x_3, x_5, x_7\}$，$\mathrm{Cl}_2^{\leqslant} = \{x_1, x_2, x_5, x_7, x_3, x_4, x_8\}$，$\mathrm{Cl}_3^{\leqslant} = \{x_1, x_2, x_5, x_7, x_3, x_6, x_4, x_8\}$。

$\underline{P}(\mathrm{Cl}_1^{\geqslant})^{0.5} = \{x_6, x_8\}$，$\overline{P}(\mathrm{Cl}_1^{\geqslant})^{0.5} = \{x_1, x_2, x_3, x_4, x_6, x_7, x_8\}$，$\mathrm{Bn}_p(\mathrm{Cl}_1^{\geqslant})^{0.5} = \overline{P}(\mathrm{Cl}_1^{\geqslant})^{0.5} - \underline{P}(\mathrm{Cl}_1^{\geqslant})^{0.5} = \{x_1, x_2, x_3, x_4, x_7\}$。

$D_P^{-0.5}(x_1) = \{x_1, x_2, x_3, x_4\}$，$D_P^{-0.5}(x_2) = \{x_2, x_3\}$，$D_P^{-0.5}(x_3) = \{x_3\}$，$D_P^{-0.5}(x_4) = \{x_1, x_2, x_4\}$，$D_P^{-0.5}(x_5) = \{x_5\}$，$D_P^{-0.5}(x_6) = \{x_1, x_2, x_3, x_4, x_6, x_7, x_8\}$，$D_P^{-0.5}(x_7) = \{x_1, x_2, x_3, x_4, x_7\}$，$D_P^{-0.5}(x_8) = \{x_3, x_8\}$。$\mathrm{Cl}_1^{\leqslant} = \{x_1, x_2, x_3, x_5, x_7\}$。

$\underline{P}(\mathrm{Cl}_1^{\leqslant})^{0.5} = \{x_2, x_3, x_5\}$，$\overline{P}(\mathrm{Cl}_1^{\leqslant})^{0.5} = \{x_1, x_2, x_3, x_4, x_5, x_7\}$，$\mathrm{Bn}_p(\mathrm{Cl}_1^{\leqslant})^{0.5} = \overline{P}(\mathrm{Cl}_1^{\leqslant})^{0.5} - \underline{P}(\mathrm{Cl}_1^{\leqslant})^{0.5} = \{x_1, x_4, x_7\}$。

2.5 复合粗糙集模型

2.5.1 复合关系

从实际问题中抽象出来的信息系统，其中可能缺失一些对象的某些属性值。为了在信息系统中体现出这种情况，通常把一个特殊的值 (即空值) 赋给这些属性。

如果信息系统中至少有一个属性域包含空值，那么这个信息系统被称为不完备信息系统；否则它是一个完备信息系统。通常空值用 $*$ 表示。为了用粗糙集理论处理不完备信息，Kryszkiewicz 用一种容差关系代替经典粗糙集模型中不可区分关系[90]。容差关系的定义如下。

定义 2.5.1 [90] *关于属性集 $P \subseteq C$ 的容差关系：*

$$T(P) = \{(x,y) \in U \times U | \forall a \in P, f(x,a) = f(y,a) \text{ or } f(x,a) = * \text{ or } f(y,a) = *\}$$

$\forall x \in U$ 关于属性集 P 的容差类为 $T_P(x) = \{y \in U | (x,y) \in T(P)\}$。

为了利用粗糙集理论处理指标中不含空值但常规属性中包含空值的有序决策信息，在本节中介绍一种兼顾优势关系和容差关系的复合关系粗糙集模型。设 S 是一个不完备有序决策系统，$C = C_1 \cup C_2$，C_1 是有序属性集，C_2 是常规属性集，其中一些常规属性域中含有空值。假设条件属性子集 $P^* = P_1 \cup P_2$，其中 $P_1 \subseteq C_1$，$P_2 \subseteq C_2$，$P_1 \neq \varnothing$ 和 $P_2 \neq \varnothing$，P_2 中包含属性域中含有空值的属性。在论域 U 上，关于条件属性子集 P^* 存在一个兼顾优势关系和容差关系的复合二元关系，简称 T-D (Tolerance-Dominance) 复合关系，表示为 R_{P^*}，即

$$R_{P^*} = \{(x,y) \in U \times U | (x,y) \in D_{P_1} \wedge (x,y) \in T_{P_2}\}$$

式中，D_{P_1} 是关于指标集 P_1 的优势关系；T_{P_2} 是关于属性集 P_2 的容差关系。

$\forall x \in U$ 关于 T-D 复合关系 R_{P^*} 的知识粒可定义为下列两种集合。

(1) $R^+_{P^*}(x) = \{y \in U | yR_{P^*}x\}$，称为对象 x 的 P^*-容差-优势集。

(2) $R^-_{P^*}(x) = \{y \in U | xR_{P^*}y\}$，称为对象 x 的 P^*-容差-劣势集。

2.5.2 近似集

在本章关心的复合决策系统中，假设决策属性是一个具有偏好有序的属性。因此，这里被近似的概念与优势关系粗糙集方法一致，即决策类向上联合和决策类向下联合。

关于属性集 P^*，$\text{Cl}_n^{\geqslant}$ 的下近似集和上近似集分别为

$$\underline{P^*}(\text{Cl}_n^{\geqslant}) = \{x \in U | R^+_{P^*}(x) \subseteq \text{Cl}_n^{\geqslant}\} \tag{2-26}$$

$$\overline{P^*}(\text{Cl}_n^{\geqslant}) = \{x \in U | R^-_{P^*}(x) \cap \text{Cl}_n^{\geqslant} \neq \varnothing\} \tag{2-27}$$

类似地，$\text{Cl}_n^{\leqslant}$ 关于属性集 P^* 的下近似集和上近似集分别为

$$\underline{P^*}(\text{Cl}_n^{\leqslant}) = \{x \in U | R^-_{P^*}(x) \subseteq \text{Cl}_n^{\leqslant}\} \tag{2-28}$$

$$\overline{P^*}(\text{Cl}_n^{\leqslant}) = \{x \in U | R^+_{P^*}(x) \cap \text{Cl}_n^{\leqslant} \neq \varnothing\} \tag{2-29}$$

例 2.5.1 表 2-5 是一个有序决策系统。论域 $U=\{x_1,\cdots,x_{10}\}$，其中 a_1，a_2 和 a_3 是三个指标 (属性域具有有序特征)，a_4，a_5 和 a_6 是三个含有空值常规属性 (属性域不具有有序特征)。$V_{a_1}=V_{a_2}=V_{a_3}=V_d=\{1,2,3\}$ 且 $1<2<3$，$V_{a_4}=V_{a_5}=V_{a_6}=\{L,S,M,\star\}$。设 $P_1=C_1$ 和 $P_2=C_2$，计算关于属性集 $P^*=P_1\cup P_2$ 的决策类联合的近似集。

表 2-5 有序决策表

U	a_1	a_2	a_3	a_4	a_5	a_6	d	U	a_1	a_2	a_3	a_4	a_5	a_6	d
x_1	2	1	3	S	M	S	1	x_6	2	2	1	$\star$	S	M	2
x_2	2	1	2	$\star$	M	S	2	x_7	3	1	2	L	L	$\star$	3
x_3	3	1	1	L	$\star$	M	2	x_8	2	2	2	L	M	$\star$	2
x_4	2	3	1	M	L	$\star$	1	x_9	2	3	1	$\star$	$\star$	L	3
x_5	1	2	3	M	$\star$	L	1	x_{10}	2	3	3	L	M	$\star$	3

首先，对于 $i=1,\cdots,10$，计算 x_i 的 P^*-容差-优势集和 P^*-容差-劣势集，结果如下：

$R^+_{P^*}(x_1)=\{x_1\}$， $R^-_{P^*}(x_1)=\{x_1,\ x_2\}$

$R^+_{P^*}(x_2)=\{x_1,\ x_2,\ x_8,\ x_{10}\}$， $R^-_{P^*}(x_2)=\{x_2\}$

$R^+_{P^*}(x_3)=\{x_3,\ x_7\}$， $R^-_{P^*}(x_3)=\{x_3\}$

$R^+_{P^*}(x_4)=\{x_4,\ x_9\}$， $R^-_{P^*}(x_4)=\{x_4,\ x_9\}$

$R^+_{P^*}(x_5)=\{x_5\}$， $R^-_{P^*}(x_5)=\{x_5\}$

$R^+_{P^*}(x_6)=\{x_6\}$， $R^-_{P^*}(x_6)=\{x_6\}$

$R^+_{P^*}(x_7)=\{x_7\}$， $R^-_{P^*}(x_7)=\{x_3,\ x_7\}$

$R^+_{P^*}(x_8)=\{x_8,\ x_{10}\}$， $R^-_{P^*}(x_8)=\{x_2,\ x_8\}$

$R^+_{P^*}(x_9)=\{x_4,\ x_9,\ x_{10}\}$， $R^-_{P^*}(x_9)=\{x_4,\ x_9\}$

$R^+_{P^*}(x_{10})=\{x_{10}\}$， $R^-_{P^*}(x_{10})=\{x_2,\ x_8,\ x_9,\ x_{10}\}$

根据决策属性 d，决策类向上联合和向下联合如下：

$\mathrm{Cl}_1^{\leqslant}=\{x_1,\ x_4,\ x_5\}$， $\mathrm{Cl}_1^{\geqslant}=U$

$\mathrm{Cl}_2^{\leqslant}=\{x_1,\ x_2,\ x_3,\ x_4,\ x_5,\ x_6,\ x_8\}$， $\mathrm{Cl}_2^{\geqslant}=\{x_2,\ x_3,\ x_6,\ x_7,\ x_8,\ x_9,\ x_{10}\}$

$\mathrm{Cl}_3^{\leqslant}=U$， $\mathrm{Cl}_3^{\geqslant}=\{x_7,\ x_9,\ x_{10}\}$

近似集计算结果如下所示：

$\underline{P^*}(\mathrm{Cl}_1^{\geqslant})=U$

$\overline{P^*}(\mathrm{Cl}_1^{\geqslant})=U$

$\underline{P^*}(\mathrm{Cl}_2^{\geqslant})=\{x_3,\ x_6,\ x_7,\ x_8,\ x_{10}\}$

$\overline{P^*}(\mathrm{Cl}_2^{\geqslant})=\{x_1,\ x_2,\ x_3,\ x_4,\ x_6,\ x_7,\ x_8,\ x_9,\ x_{10}\}$

$\underline{P^*}(\mathrm{Cl}_3^{\geqslant}) = \{x_7,\ x_{10}\}$

$\overline{P^*}(\mathrm{Cl}_3^{\geqslant}) = \{x_4,\ x_7,\ x_9,\ x_{10}\}$

$\underline{P^*}(\mathrm{Cl}_1^{\leqslant}) = \{x_5\}$

$\overline{P^*}(\mathrm{Cl}_1^{\leqslant}) = \{x_1,\ x_2,\ x_4,\ x_5,\ x_9\}$

$\underline{P^*}(\mathrm{Cl}_2^{\leqslant}) = \{x_1,\ x_2,\ x_3,\ x_5,\ x_6,\ x_8\}$

$\overline{P^*}(\mathrm{Cl}_2^{\leqslant}) = \{x_1,\ x_2,\ x_3,\ x_4,\ x_5,\ x_6,\ x_8,\ x_9\}$

$\underline{P^*}(\mathrm{Cl}_3^{\leqslant}) = U$

$\overline{P^*}(\mathrm{Cl}_3^{\leqslant}) = U$

$\mathrm{Cl}_n^{\geqslant}$ 关于属性集 P^* 的上近似集和下近似集把论域分为下列三个部分。

(1) $\mathrm{Cl}_n^{\geqslant}$ 的正域：$\mathrm{POS}_{P^*}(\mathrm{Cl}_n^{\geqslant}) = \underline{P^*}(\mathrm{Cl}_n^{\geqslant})$。

(2) $\mathrm{Cl}_n^{\geqslant}$ 的边界域：$\mathrm{BN}_{P^*}(\mathrm{Cl}_n^{\geqslant}) = \overline{P^*}(\mathrm{Cl}_n^{\geqslant}) - \underline{P^*}(\mathrm{Cl}_n^{\geqslant})$。

(3) $\mathrm{Cl}_n^{\geqslant}$ 的负域：$\mathrm{NEG}_{P^*}(\mathrm{Cl}_n^{\geqslant}) =\sim \overline{P^*}(\mathrm{Cl}_n^{\geqslant})$。

对于 $\mathrm{Cl}_n^{\leqslant}$，类似地，有

(1) $\mathrm{Cl}_n^{\leqslant}$ 的正域：$\mathrm{POS}_{P^*}(\mathrm{Cl}_n^{\leqslant}) = \underline{P^*}(\mathrm{Cl}_n^{\leqslant})$。

(2) $\mathrm{Cl}_n^{\leqslant}$ 的边界域：$\mathrm{BN}_{P^*}(\mathrm{Cl}_n^{\leqslant}) = \overline{P^*}(\mathrm{Cl}_n^{\leqslant}) - \underline{P^*}(\mathrm{Cl}_n^{\leqslant})$。

(3) $\mathrm{Cl}_n^{\leqslant}$ 的负域：$\mathrm{NEG}_{P^*}(\mathrm{Cl}_n^{\leqslant}) =\sim \overline{P^*}(\mathrm{Cl}_n^{\leqslant})$。

2.6 不完备决策系统的知识粒度和信息熵

知识粒度是信息系统粒度的平均度量。梁吉业等在基于相容关系的不完备信息系统中定义知识的粒度和熵并讨论了属性变化时知识粒度的动态变化 [91, 92]。我们将知识粒度的定义扩展到基于优势特性关系的粗糙集模型中。

2.6.1 知识粒度及性质

定义 2.6.1 令 $\widetilde{D^{\Delta}}(P) = \{D_P^{\Delta\kappa}(x_i)\,|x_i \in U\}$，$D_P^{\Delta\kappa}(x_i) \neq \varnothing$，$\bigcup\limits_{x_i\in U} D_P^{\Delta\kappa}(x_i) = U(1 \leqslant i \leqslant |U|)$，$\widetilde{D^{\Delta}}(P)$ 是 S 的一个覆盖。

$$\overset{\wedge}{D^{\Delta}}(P) = \{D_P^{\Delta\kappa}(x_i)\,\big|\,D_P^{\Delta\kappa}(x_i) = \{x_i\}, x_i \in U\} \tag{2-30}$$

$$\overset{\vee}{D^{\Delta}}(P) = \{D_P^{\Delta\kappa}(x_i)\,\big|\,D_P^{\Delta\kappa}(x_i) = U, x_i \in U\} \tag{2-31}$$

$\overset{\wedge}{D^{\Delta}}(P)$ 表示优势特性关系粗糙集模型下的恒等关系。$\overset{\vee}{D^{\Delta}}(P)$ 则表示其下的一般关系。Δ 可以为 $+$ 或 $-$。当 Δ 为 $+$ 时，$\widetilde{D^{+}}(P)$ 表示优势类族。当 Δ 为 $-$ 时，$\widetilde{D^{-}}(P)$ 表示劣势类族。

定义 2.6.2 已知 $S=(U,A,V,f)$ 为不完备决策系统，$K(P)=\{D_P^{\Delta\kappa}(x_i), x_i \in U, i=1,2,\cdots,|U|\}$，$\forall P \subseteq C \subseteq A$，$P$ 知识粒度定义如下：

$$\mathrm{GK}^{\Delta\kappa}(P) = -\sum_{i=1}^{|U|} \frac{1}{|U|} \log_2 \frac{\left|D_P^{\Delta\kappa}(x_i)\right|}{|U|} \tag{2-32}$$

若 $D_P^{\Delta\kappa}(x_i) = \overset{\vee}{D}(P)$，则 P 知识粒度为最小值 0；若 $D_P^{\Delta\kappa}(x_i) = \hat{D}(P)$，则 P 知识粒度为最大值 $\log_2|U|$。上标 Δ 可以为 + 或 −。当 Δ 为 + 时，$\mathrm{GK}^{+\kappa}(P)$ 是优势类的 P 知识粒度。当 Δ 为 − 时，$\mathrm{GK}^{-\kappa}(P)$ 是劣势类的 P 知识粒度。

性质 2.6.1 已知不完备决策系统 $S=(U,A,V,f)$，以下性质成立：

(1) $\forall\kappa$，$0 \leqslant \kappa \leqslant 1$，$\mathrm{GK}^{+\kappa}(P) \neq \mathrm{GK}^{-\kappa}(P)$。

(2) $\forall\alpha$，β，$0 \leqslant \alpha \leqslant \beta \leqslant 1$，$\mathrm{GK}^{\Delta\alpha}(P) \geqslant \mathrm{GK}^{\Delta\beta}(P)$。

(3) $\forall E \subseteq F \subseteq C$，$0 \leqslant \kappa \leqslant 1$，$\mathrm{GK}^{\Delta\kappa}(C) < \mathrm{GK}^{\Delta\kappa}(E) < \mathrm{GK}^{\Delta\kappa}(F)$ 不成立。

证明 (1) $\forall\kappa$，$0 \leqslant \kappa \leqslant 1$，由性质 2.4.1，有 $\left|D_P^{+\kappa}(x_i)\right| = \sum_{j=1}^{|U|} M^+(x_i,x_j) = \sum_{j=1}^{|U|} M^-(x_j,x_i)$，$\left|D_P^{-\kappa}(x_i)\right| = \sum_{j=1}^{|U|} M^-(x_i, x_j) = \sum_{j=1}^{|U|} M^+(x_j,x_i)$。因此，$\left|D_P^{+\kappa}(x_i)\right| \neq \left|D_P^{-\kappa}(x_i)\right|$。再由定义 2.6.2 可得 $\mathrm{GK}^{+\kappa}(P) \neq \mathrm{GK}^{-\kappa}(P)$。

(2) 由性质 2.4.1，有 $\forall\alpha$，β，$0 \leqslant \alpha \leqslant \beta \leqslant 1$，$D_C^{+\beta}(x) \subseteq D_F^{+\alpha}(x)$，$D_C^{-\beta}(x) \subseteq D_F^{-\alpha}(x)$。所以，$\left|D_C^{+\beta}(x)\right| \leqslant \left|D_F^{+\alpha}(x)\right|$，$\left|D_C^{-\beta}(x)\right| \leqslant \left|D_F^{-\alpha}(x)\right|$。可得 $\mathrm{GK}^{+\alpha}(P) = -\sum_{i=1}^{|U|} \frac{1}{|U|} \log_2 \frac{\left|D_P^{+\alpha}(x_i)\right|}{|U|} \geqslant \mathrm{GK}^{+\beta}(P) = -\sum_{i=1}^{|U|} \frac{1}{|U|} \log_2 \frac{\left|D_P^{+\beta}(x_i)\right|}{|U|}$。同理可证 $\mathrm{GK}^{-\alpha}(P) \geqslant \mathrm{GK}^{-\beta}(P)$。综上所述，$\mathrm{GK}^{\alpha}(P) \geqslant \mathrm{GK}^{\beta}(P)$。

(3) 由性质 2.4.1 可证。 □

2.6.2 粗糙熵及性质

定义 2.6.3 已知 $S=(U,A,V,f)$ 为不完备决策系统，$\forall P \subseteq C \subseteq A$，$K(P) = \{D_P^{\Delta\kappa}(x_i), x_i \in U, i=1,2,\cdots,|U|\}$。$P$ 粗糙熵定义如下：

$$E_r^{\Delta\kappa}(P) = -\sum_{i=1}^{|U|} \frac{1}{|U|} \log_2 \frac{1}{\left|D_P^{\Delta\kappa}(x_i)\right|} \tag{2-33}$$

若 $D_P^{\Delta\kappa}(x_i) = \hat{D}(P)$，则 P 粗糙熵为最小值 0；若 $D_P^{\Delta\kappa}(x_i) = \overset{\vee}{D}(P)$，则 P 粗糙熵为最大值 $\log_2|U|$。上标 Δ 可以为 + 或 −。当 Δ 为 + 时，$\mathrm{GK}^{+\kappa}(P)$ 是优势类的 P 粗糙熵。当 Δ 为 − 时，$\mathrm{GK}^{-\kappa}(P)$ 是劣势类的 P 粗糙熵。对于 P 粗糙熵，以下性质成立。

性质 2.6.2 已知不完备决策系统 $S=(U,A,V,f)$，以下性质成立:

(1) $\forall\kappa,\ 0\leqslant\kappa\leqslant 1,\ E_r^{+\kappa}(P)\neq E_r^{-\kappa}(P)$。

(2) $\forall\alpha,\ \beta,\ 0\leqslant\alpha\leqslant\beta\leqslant 1,\ E_r^{\Delta\alpha}(P)\leqslant E_r^{\Delta\beta}(P)$。

(3) $\forall E\subseteq F\subseteq C,\ 0\leqslant\kappa\leqslant 1,\ E_r^{\Delta\kappa}(E)<E_r^{\Delta\kappa}(F)<E_r^{\Delta\kappa}(C)$ 不成立。

证明 证明过程与性质 2.6.1 类似，略。 □

2.7 本章小结

本章介绍了与本书研究工作相关的粗糙集模型，包括经典粗糙集模型、面向复杂数据和基于概率论的扩展粗糙集模型，并介绍了基于粗糙集理论的启发式属性约简方法和不协调信息系统中的属性约简方法以及粒度度量等，为后续章节的讨论提供必要的基础知识。

第 3 章　优势关系粗糙集模型近似集动态更新方法

对象集变化是对象集随时间变化时发生的对象的迁入和迁出现象 [64]。关于对象集变化时利用粗糙集理论进行动态知识发现研究可以分为三方面：决策规则、约简和近似集的增量更新。最初学者热衷于如何利用粗糙集理论结合增量更新技术进行动态规则获取研究 [29,54,93−98]。近年来，随着粗糙集理论研究的不断深入，动态更新近似集 [51,52,99,100] 和动态属性约简 [101−103] 引起了学者的研究兴趣。

有序信息（数据）与人们的日常生活是密不可分的。例如，一个学校中所有学生的考试成绩、年龄、体重和身高都是一些有序信息。这些信息构成了一个有序信息系统。按照学校对学生分类，学生可以分为优秀、良好、一般、差和较差五类，这五个类具有偏好顺序，即有序性。这个有序信息系统加上学校对学生分类信息构成了一个有序决策系统。根据这个有序决策系统，学校管理者能够分析学校的学生情况，评估学校的工作情况以及做出相应决策对学校的工作进行适当调整。如果采用优势关系粗糙集方法，结合可利用信息（考试成绩、年龄、体重和身高），对每一个决策类的向上联合和向下联合求其近似集，可以找出确实属于某个概念（最差或者最好属于某一分类）的所有学生和可能属于这个概念的所有学生。例如，“良好”类的向上联合包含学校已经划分出的优秀和良好的学生，如果利用这些可利用信息对其进行近似集计算，则可以找出学校里面最差属于“良好”的学生和可能属于“良好”的学生。显然，这个有序决策系统是一个动态系统。随着教学时间的推移，一些学生毕业，转出到其他学校或其他原因离校，同时又有一些新学生入学，或从其他学校转入。这些变化可能改变了以前做出的分析结果。决策者为了做出符合实际情况的决策需要分析最新的可用信息以便获取最新的知识。

近似集计算是使用优势关系粗糙集方法的关键步骤。高效快速地计算近似集有助于提高数据约简和规则提取的效率。考虑到有序数据的普遍性和动态更新近似集的必要性 [51]，本章讨论有序决策系统中对象集动态变化时优势关系粗糙集方法近似集的增量更新理论及其算法。本章研究工作的前提是：① 有序决策系统在动态过程中只涉及对象集变化同时属性集和属性值保持不变；② 添加对象时条件属性域和决策属性域保持不变。在本书余下的部分中描述的所有动态过程，起始时刻记为 t，结束时刻记为 $t+1$。为了便于在描述中区分时刻 t 和 $t+1$ 的相关概念，在本书余下的部分中分别用上标 (t) 和 $(t+1)$ 表示时刻 t 和 $t+1$ 的相关概念。

3.1 对象集变化时近似集动态更新

动态过程中对象集变化可以看作一个个对象的添加或删除的累积形成的结果。为此，在本节中展开讨论一个对象添加或删除时优势关系粗糙集方法近似集动态更新策略。

3.1.1 添加对象时近似集动态更新

x^+ 表示在动态过程中添加到论域中的一个新对象，即 $U^{(t+1)} = U^{(t)} \cup \{x^+\}$。

1. 更新决策类联合

利用论域 $U^{(t)}$ 上的决策类联合和对象 x^+ 的可利用信息，通过命题 3.1.1 可以计算论域 $U^{(t+1)}$ 上的决策类联合。

命题 3.1.1 给定添加的对象 x^+，则

$$\mathrm{Cl}^{(t+1)}{}_n^{\geqslant} = \begin{cases} \mathrm{Cl}^{(t)}{}_n^{\geqslant}, & d_n > f(x^+, d) \\ \mathrm{Cl}^{(t)}{}_n^{\geqslant} \cup \{x^+\}, & d_n \leqslant f(x^+, d) \end{cases} \tag{3-1}$$

$$\mathrm{Cl}^{(t+1)}{}_n^{\leqslant} = \begin{cases} \mathrm{Cl}^{(t)}{}_n^{\leqslant}, & d_n < f(x^+, d) \\ \mathrm{Cl}^{(t)}{}_n^{\leqslant} \cup \{x^+\}, & d_n \geqslant f(x^+, d) \end{cases} \tag{3-2}$$

证明 $\because \mathrm{Cl}^{(t+1)}{}_n^{\geqslant} = \{x \in U^{(t+1)} | f(x,d) \geqslant d_n\} = \mathrm{Cl}^{(t+1)}{}_n^{\geqslant} \cup \{x \in \{x^+\} | f(x,d) \geqslant d_n\}$

$$\therefore \mathrm{Cl}^{(t+1)}{}_n^{\geqslant} = \begin{cases} \mathrm{Cl}^{(t)}{}_n^{\geqslant}, & d_n > f(x^+, d) \\ \mathrm{Cl}^{(t)}{}_n^{\geqslant} \cup \{x^+\}, & d_n \leqslant f(x^+, d) \end{cases}$$

同理，可以证明等式 (3-2)。 □

2. 更新知识粒

在动态过程中，对象 x^+ 添加到论域可能会引起论域上关于属性集 P 优势关系的变化。由于优势关系具有自反性，则 $D^{(t)}{}_P \subset D^{(t+1)}{}_P$。论域 $U^{(t+1)}$ 中所有对象的 P- 优势集和 P-劣势集的计算可以分为两个步骤：① 根据定义计算对象 x^+ 的 P-优势集和 P-劣势集；② 然后用命题 3.1.2 更新其他对象（ $U^{(t)}$ 中所有对象）的 P-优势集和 P-劣势集。

命题 3.1.2　$\forall x \in U^{(t)}$，则

$$D^{(t+1)}{}_P^{+}(x)=\begin{cases} D^{(t)}{}_P^{+}(x), & x \notin D^{(t+1)}{}_P^{-}(x^{+}) \\ D^{(t)}{}_P^{+}(x)\cup\{x^{+}\}, & x \in D^{(t+1)}{}_P^{-}(x^{+}) \end{cases} \tag{3-3}$$

$$D^{(t+1)}{}_P^{-}(x)=\begin{cases} D^{(t)}{}_P^{-}(x), & x \notin D^{(t+1)}{}_P^{+}(x^{+}) \\ D^{(t)}{}_P^{-}(x)\cup\{x^{+}\}, & x \in D^{(t+1)}{}_P^{+}(x^{+}) \end{cases} \tag{3-4}$$

证明　$\because D^{(t+1)}{}_P^{+}(x)=\{y\in U^{(t+1)}|(y,x)\in D^{(t+1)}{}_P\}=D^{(t+1)}{}_P^{+}(x)\cup\{y\in\{x^{+}\}|(y,x)\in D^{(t+1)}{}_P\}\ \because (x^{+},x)\in D^{(t+1)}{}_P\Leftrightarrow x\in D^{(t+1)}{}_P^{-}(x^{+})$

$$\therefore D^{(t+1)}{}_P^{+}(x)=\begin{cases} D^{(t)}{}_P^{+}(x), & x \notin D^{(t+1)}{}_P^{-}(x^{+}) \\ D^{(t)}{}_P^{+}(x)\cup\{x^{+}\}, & x \in D^{(t+1)}{}_P^{-}(x^{+}) \end{cases}$$

同理，可以证明等式 (3-4)。□

3. 更新近似集

根据前面的讨论容易得出 $\mathrm{Cl}^{(t)}{}_n^{\geqslant}\subseteq\mathrm{Cl}^{(t+1)}{}_n^{\geqslant}$ 和 $\mathrm{Cl}^{(t)}{}_n^{\leqslant}\subseteq\mathrm{Cl}^{(t+1)}{}_n^{\leqslant}$，因此，$\forall x\in U^{(t)}$，假设 $x\notin D^{(t+1)}{}_P^{-}(x^{+})$，如果 $x\in\underline{P}(\mathrm{Cl}^{(t)}{}_n^{\geqslant})$，则 $x\in\underline{P}(\mathrm{Cl}^{(t+1)}{}_n^{\geqslant})$；如果 $x\in\overline{P}(\mathrm{Cl}^{(t)}{}_n^{\leqslant})$，则 $x\in\overline{P}(\mathrm{Cl}^{(t+1)}{}_n^{\leqslant})$。假设 $x\notin D^{(t+1)}{}_P^{+}(x^{+})$，如果 $x\in\underline{P}(\mathrm{Cl}^{(t)}{}_n^{\leqslant})$，则 $x\in\underline{P}(\mathrm{Cl}^{(t+1)}{}_n^{\leqslant})$，如果 $x\in\overline{P}(\mathrm{Cl}^{(t)}{}_n^{\geqslant})$，则 $x\in\overline{P}(\mathrm{Cl}^{(t+1)}{}_n^{\geqslant})$。因此，在近似集的更新过程中只需关心 x^{+} 的优势集和劣势集中包含的对象。近似集更新过程可以分为下列三个步骤：① 根据近似集概念确定 x^{+} 和 $\mathrm{Cl}^{(t+1)}{}_n^{\geqslant}$ 的上、下近似集关系以及 x^{+} 和 $\mathrm{Cl}^{(t+1)}{}_n^{\leqslant}$ 的上、下近似集关系；② 根据命题 3.1.3 确定 $D^{(t+1)}{}_P^{+}(x^{+})$ 中除过 x^{+} 的所有对象和 $\mathrm{Cl}^{(t+1)}{}_n^{\geqslant}$ 上近似集及 $\mathrm{Cl}^{(t+1)}{}_n^{\leqslant}$ 下近似集的关系；③ 根据命题 3.1.4 确定 $D^{(t+1)}{}_P^{-}(x^{+})$ 中除过 x^{+} 的所有对象和 $\mathrm{Cl}^{(t+1)}{}_n^{\leqslant}$ 上近似集及 $\mathrm{Cl}^{(t+1)}{}_n^{\geqslant}$ 下近似集的关系。

命题 3.1.3　$\forall x\in D^{(t+1)}{}_P^{+}(x^{+})$ 且 $x\in U^{(t)}$，

(1) 假设 $x\in\underline{P}(\mathrm{Cl}^{(t)}{}_n^{\leqslant})$，如果 $x^{+}\in\mathrm{Cl}^{(t+1)}{}_n^{\leqslant}$，则 $x\in\underline{P}(\mathrm{Cl}^{(t+1)}{}_n^{\leqslant})$；否则 $x\notin\underline{P}(\mathrm{Cl}^{(t+1)}{}_n^{\leqslant})$。

(2) 假设 $x\notin\underline{P}(\mathrm{Cl}^{(t)}{}_n^{\leqslant})$，则 $x\notin\underline{P}(\mathrm{Cl}^{(t+1)}{}_n^{\leqslant})$。

(3) 假设 $x\notin\overline{P}(\mathrm{Cl}^{(t)}{}_n^{\geqslant})$，如果 $x^{+}\in\mathrm{Cl}^{(t+1)}{}_n^{\geqslant}$，则 $x\in\overline{P}(\mathrm{Cl}^{(t+1)}{}_n^{\geqslant})$；否则 $x\notin\overline{P}(\mathrm{Cl}^{(t+1)}{}_n^{\geqslant})$。

(4) 假设 $x\in\overline{P}(\mathrm{Cl}^{(t)}{}_n^{\geqslant})$，则 $x\in\overline{P}(\mathrm{Cl}^{(t+1)}{}_n^{\geqslant})$。

证明　(1) $\because x\in\underline{P}(\mathrm{Cl}^{(t)}{}_n^{\leqslant})\Leftrightarrow D^{(t)}{}_P^{-}(x)\subseteq\mathrm{Cl}^{(t)}{}_n^{\leqslant}$。如果 $x^{+}\in\mathrm{Cl}^{(t+1)}{}_n^{\leqslant}$，则必有 $D^{(t+1)}{}_P^{-}(x)\subseteq\mathrm{Cl}^{(t+1)}{}_n^{\leqslant}\Leftrightarrow x\in\underline{P}(\mathrm{Cl}^{(t+1)}{}_n^{\leqslant})$；如果 $x^{+}\notin\mathrm{Cl}^{(t+1)}{}_n^{\leqslant}$，则 $D^{(t+1)}{}_P^{-}(x)-\mathrm{Cl}^{(t+1)}{}_n^{\leqslant}=\{x^{+}\}\Rightarrow D^{(t+1)}{}_P^{-}(x)\nsubseteq\mathrm{Cl}^{(t+1)}{}_n^{\leqslant}$，即 $x\notin\underline{P}(\mathrm{Cl}^{(t+1)}{}_n^{\leqslant})$。

(2) 如果 $x\notin\underline{P}(\mathrm{Cl}^{(t)}{}_n^{\leqslant})$，至少存在一个对象 $x'\in D^{(t)}{}_P^{-}(x)$ 且 $x'\notin\mathrm{Cl}^{(t)}{}_n^{\leqslant}$，则 $x'\notin\mathrm{Cl}^{(t+1)}{}_n^{\leqslant}$，即 $D^{(t+1)}{}_P^{-}(x)\nsubseteq\mathrm{Cl}^{(t+1)}{}_n^{\leqslant}\Leftrightarrow x\notin\underline{P}(\mathrm{Cl}^{(t+1)}{}_n^{\leqslant})$。

(3) $\because x \notin \overline{P}(\mathrm{Cl}^{(t)\geqslant}_{n}) \Leftrightarrow D^{(t)-}_{P}(x) \cap \mathrm{Cl}^{(t)\geqslant}_{n} = \varnothing$，当 $x^+ \in \mathrm{Cl}^{(t+1)\geqslant}_{n}$ 时，必有 $D^{(t+1)-}_{P}(x) \cap \mathrm{Cl}^{(t+1)\geqslant}_{n} = \{x^+\} \neq \varnothing$，即 $x \in \overline{P}(\mathrm{Cl}^{(t+1)\geqslant}_{n})$；当 $x^+ \notin \mathrm{Cl}^{(t+1)\geqslant}_{n}$ 时，$D^{(t+1)-}_{P}(x) \cap \mathrm{Cl}^{(t+1)\geqslant}_{n} = \varnothing$，即 $x \notin \overline{P}(\mathrm{Cl}^{(t+1)\geqslant}_{n})$。

(4) 如果 $x \in \overline{P}(\mathrm{Cl}^{(t)\geqslant}_{n})$，至少存在一个对象 $x' \in D^{(t)-}_{P}(x)$ 且 $x' \in \mathrm{Cl}^{(t)\geqslant}_{n}$，则 $x' \notin \mathrm{Cl}^{(t+1)\leqslant}_{n}$，即 $D^{(t+1)-}_{P}(x) \cap \mathrm{Cl}^{(t+1)\geqslant}_{n} \neq \varnothing \Leftrightarrow x \in \overline{P}(\mathrm{Cl}^{(t+1)\geqslant}_{n})$。 □

命题 3.1.4 $\forall x \in D^{(t+1)-}_{P}(x^+)$ 且 $x \in U^{(t)}$，

(1) 假设 $x \in \underline{P}(\mathrm{Cl}^{(t)\geqslant}_{n})$，如果 $x^+ \in \mathrm{Cl}^{(t+1)\geqslant}_{n}$，则 $x \in \underline{P}(\mathrm{Cl}^{(t+1)\geqslant}_{n})$；否则 $x \notin \underline{P}(\mathrm{Cl}^{(t+1)\geqslant}_{n})$。

(2) 假设 $x \notin \underline{P}(\mathrm{Cl}^{(t)\geqslant}_{n})$，则 $x \notin \underline{P}(\mathrm{Cl}^{(t+1)\geqslant}_{n})$。

(3) 假设 $x \notin \overline{P}(\mathrm{Cl}^{(t)\leqslant}_{n})$，如果 $x^+ \in \mathrm{Cl}^{(t+1)\leqslant}_{n}$，则 $x \in \overline{P}(\mathrm{Cl}^{(t+1)\leqslant}_{n})$；否则 $x \notin \overline{P}(\mathrm{Cl}^{(t+1)\leqslant}_{n})$。

(4) 假设 $x \in \overline{P}(\mathrm{Cl}^{(t)\leqslant}_{n})$，则 $x \in \overline{P}(\mathrm{Cl}^{(t+1)\leqslant}_{n})$。

证明 证明过程与命题 3.1.3 的证明过程类似。 □

在优势关系粗糙集方法中有 $\underline{P}(\mathrm{Cl}^{(t+1)\geqslant}_{1}) = \overline{P}(\mathrm{Cl}^{(t+1)\geqslant}_{1}) = \underline{P}(\mathrm{Cl}^{(t+1)\leqslant}_{m}) = \overline{P}(\mathrm{Cl}^{(t+1)\leqslant}_{m}) = U^{(t+1)}$。因此，在优势关系粗糙集方法近似集更新计算过程不考虑这些近似集的更新。

推论 3.1.1 对于 $n = 1, \cdots, m-1$，有

(1) 假设 $d_n \leqslant f(x^+, d)$，如果 $D^{(t+1)+}_{P}(x^+) \subseteq \mathrm{Cl}^{(t+1)\geqslant}_{n}$，则 $\underline{P}(\mathrm{Cl}^{(t+1)\geqslant}_{n}) = \underline{P}(\mathrm{Cl}^{(t)\geqslant}_{n}) \cup \{x^+\}$；否则 $\underline{P}(\mathrm{Cl}^{(t+1)\geqslant}_{n}) = \underline{P}(\mathrm{Cl}^{(t)\geqslant}_{n})$。

(2) 假设 $d_n > f(x^+, d)$，则

$$\underline{P}(\mathrm{Cl}^{(t+1)\geqslant}_{n}) = \underline{P}(\mathrm{Cl}^{(t)\geqslant}_{n}) - \Delta\underline{P}(\mathrm{Cl}^{\geqslant}_{n}) \tag{3-5}$$

式中，$\Delta\underline{P}(\mathrm{Cl}^{\geqslant}_{n}) = \{x \in \underline{P}(\mathrm{Cl}^{(t)\geqslant}_{n}) | D^{(t+1)+}_{P}(x) \not\subseteq \mathrm{Cl}^{(t)\geqslant}_{n}\}$。

证明 (1) $\because \underline{P}(\mathrm{Cl}^{(t+1)\geqslant}_{n}) = \{x \in U^{(t+1)} | D^{(t+1)+}_{P}(x) \subseteq \mathrm{Cl}^{(t+1)\geqslant}_{n}\} = \{x \in U^{(t)} | D^{(t+1)+}_{P}(x) \subseteq \mathrm{Cl}^{(t+1)\geqslant}_{n}\} \cup \{x \in \{x^+\} | D^{(t+1)+}_{P}(x) \subseteq \mathrm{Cl}^{(t+1)\geqslant}_{n}\}$。若 $d_n \leqslant f(x^+, d)$，则 $D^{(t+1)+}_{P}(x) \subseteq \mathrm{Cl}^{(t+1)\geqslant}_{n} \Leftrightarrow D^{(t)+}_{P}(x) \subseteq \mathrm{Cl}^{(t)\geqslant}_{n}$，即 $\underline{P}(\mathrm{Cl}^{(t+1)\geqslant}_{n}) = \underline{P}(\mathrm{Cl}^{(t)\geqslant}_{n}) \cup \{x \in \{x^+\} | D^{(t+1)+}_{P}(x) \subseteq \mathrm{Cl}^{(t+1)\geqslant}_{n}\}$。显然，$D^{(t+1)+}_{P}(x^+) \subseteq \mathrm{Cl}^{(t+1)\geqslant}_{n} \Rightarrow \{x \in \{x^+\} | D^{(t+1)+}_{P}(x) \subseteq \mathrm{Cl}^{(t+1)\geqslant}_{n}\} = \{x^+\}$，否则 $\underline{P}(\mathrm{Cl}^{(t+1)\geqslant}_{n}) = \underline{P}(\mathrm{Cl}^{(t)\geqslant}_{n})$。

(2) 如果 $d_n > f(x^+, d)$，则必有 $\mathrm{Cl}^{(t+1)\geqslant}_{n} = \mathrm{Cl}^{(t)\geqslant}_{n}$ 且 $\{x \in \{x^+\} | D^{(t+1)+}_{P}(x) \subseteq \mathrm{Cl}^{(t+1)\geqslant}_{n}\} = \varnothing$，即 $\underline{P}(\mathrm{Cl}^{(t+1)\geqslant}_{n}) = \{x \in U^{(t)} | D^{(t+1)+}_{P}(x) \subseteq \mathrm{Cl}^{(t)\geqslant}_{n}\} = \underline{P}(\mathrm{Cl}^{(t)\geqslant}_{n}) - \{x \in \underline{P}(\mathrm{Cl}^{(t)\geqslant}_{n}) | D^{(t+1)+}_{P}(x) \not\subseteq \mathrm{Cl}^{(t)\geqslant}_{n}\}$。已知 $\Delta\underline{P}(\mathrm{Cl}^{\geqslant}_{n}) = \{x \in \underline{P}(\mathrm{Cl}^{(t)\geqslant}_{n}) | D^{(t+1)+}_{P}(x) \not\subseteq \mathrm{Cl}^{(t)\geqslant}_{n}\}$。$\therefore \underline{P}(\mathrm{Cl}^{(t+1)\geqslant}_{n}) = \underline{P}(\mathrm{Cl}^{(t)\geqslant}_{n}) - \Delta\underline{P}(\mathrm{Cl}^{\geqslant}_{n})$。 □

推论 3.1.2 对于 $n = 1, \cdots, m-1$，有

(1) 假设 $d_n \geqslant f(x^+, d)$，如果 $D^{(t+1)-}_{P}(x^+) \subseteq \mathrm{Cl}^{(t+1)\leqslant}_{n}$，则 $\underline{P}(\mathrm{Cl}^{(t+1)\leqslant}_{n}) = \underline{P}(\mathrm{Cl}^{(t)\leqslant}_{n}) \cup \{x^+\}$；否则 $\underline{P}(\mathrm{Cl}^{(t+1)\leqslant}_{n}) = \underline{P}(\mathrm{Cl}^{(t)\leqslant}_{n})$。

(2) 假设 $d_n < f(x^+,d)$，则

$$\underline{P}({\mathrm{Cl}^{(t+1)}}_n^{\leqslant}) = \underline{P}({\mathrm{Cl}^{(t)}}_n^{\leqslant}) - \Delta\underline{P}(\mathrm{Cl}_n^{\leqslant}) \tag{3-6}$$

式中，$\Delta\underline{P}(\mathrm{Cl}_n^{\leqslant}) = \{x \in \underline{P}({\mathrm{Cl}^{(t)}}_n^{\leqslant}) | {D^{(t+1)}}_P^+(x) \nsubseteq {\mathrm{Cl}^{(t)}}_n^{\leqslant}\}$。

证明　证明过程与推论 3.1.1 的证明过程类似。□

推论 3.1.3　对于 $n = 1, \cdots, m-1$，有

(1) 假设 $d_n < f(x^+,d)$，如果 ${D^{(t+1)}}_P^+(x^+) \cap {\mathrm{Cl}^{(t+1)}}_n^{\leqslant} \neq \varnothing$，则 $\overline{P}({\mathrm{Cl}^{(t+1)}}_n^{\leqslant}) = \overline{P}({\mathrm{Cl}^{(t)}}_n^{\leqslant}) \cup \{x^+\}$；否则 $\overline{P}({\mathrm{Cl}^{(t+1)}}_n^{\leqslant}) = \overline{P}({\mathrm{Cl}^{(t)}}_n^{\leqslant})$。

(2) 假设 $d_n \geqslant f(x^+,d)$，则

$$\overline{P}({\mathrm{Cl}^{(t+1)}}_n^{\leqslant}) = \overline{P}({\mathrm{Cl}^{(t)}}_n^{\leqslant}) \cup \Delta\overline{P}(\mathrm{Cl}_n^{\leqslant}) \tag{3-7}$$

式中，$\Delta\overline{P}(\mathrm{Cl}_n^{\leqslant}) = \{x \in \underline{P}({\mathrm{Cl}^{(t)}}_{n+1}^{\geqslant}) | {D^{(t+1)}}_P^+(x) \nsubseteq {\mathrm{Cl}^{(t)}}_{n+1}^{\geqslant}\} \cup \{x^+\}$。

证明　(1) $\because \overline{P}({\mathrm{Cl}^{(t+1)}}_n^{\leqslant}) = \{x \in U^{(t+1)} | {D^{(t+1)}}_P^+(x) \cap {\mathrm{Cl}^{(t+1)}}_n^{\leqslant} \neq \varnothing\} = \{x \in U^{(t)} | {D^{(t+1)}}_P^+(x) \cap {\mathrm{Cl}^{(t+1)}}_n^{\leqslant} \neq \varnothing\} \cup \{x \in \{x^+\} | {D^{(t+1)}}_P^+(x) \cap {\mathrm{Cl}^{(t+1)}}_n^{\leqslant} \neq \varnothing\}$。如果 $d_n < f(x^+,d)$，则 ${\mathrm{Cl}^{(t+1)}}_n^{\leqslant} = {\mathrm{Cl}^{(t)}}_n^{\leqslant}$，即 $\overline{P}({\mathrm{Cl}^{(t+1)}}_n^{\leqslant}) = \overline{P}({\mathrm{Cl}^{(t)}}_n^{\leqslant}) \cup \{x \in \{x^+\} | {D^{(t+1)}}_P^+(x) \cap {\mathrm{Cl}^{(t+1)}}_n^{\leqslant} \neq \varnothing\}$。当 ${D^{(t+1)}}_P^+(x^+) \cap {\mathrm{Cl}^{(t+1)}}_n^{\leqslant} \neq \varnothing \Rightarrow \{x \in \{x^+\} | {D^{(t+1)}}_P^+(x) \cap {\mathrm{Cl}^{(t+1)}}_n^{\leqslant} \neq \varnothing\} = \{x^+\}$，则 $\overline{P}({\mathrm{Cl}^{(t+1)}}_n^{\leqslant}) = \overline{P}({\mathrm{Cl}^{(t)}}_n^{\leqslant}) \cup \{x^+\}$；反之，$\{x \in \{x^+\} | {D^{(t+1)}}_P^+(x) \cap {\mathrm{Cl}^{(t+1)}}_n^{\leqslant} \neq \varnothing\} = \varnothing$，则 $\overline{P}({\mathrm{Cl}^{(t+1)}}_n^{\leqslant}) = \overline{P}({\mathrm{Cl}^{(t)}}_n^{\leqslant})$。

(2) 如果 $d_n \geqslant f(x^+,d)$，则 ${\mathrm{Cl}^{(t+1)}}_n^{\leqslant} \supset {\mathrm{Cl}^{(t)}}_n^{\leqslant}$ 且 $\{x \in \{x^+\} | {D^{(t+1)}}_P^+(x) \cap {\mathrm{Cl}^{(t+1)}}_n^{\leqslant} \neq \varnothing\} = \{x^+\}$，即 $\overline{P}({\mathrm{Cl}^{(t+1)}}_n^{\leqslant}) = \{x \in U^{(t)} | {D^{(t+1)}}_P^+(x) \cap {\mathrm{Cl}^{(t+1)}}_n^{\leqslant} \neq \varnothing\} \cup \{x^+\} = \overline{P}({\mathrm{Cl}^{(t)}}_n^{\leqslant}) \cup \{x \in \underline{P}({\mathrm{Cl}^{(t)}}_{n+1}^{\geqslant}) | {D^{(t+1)}}_P^+(x) \nsubseteq {\mathrm{Cl}^{(t)}}_{n+1}^{\geqslant}\} \cup \{x^+\}$。令 $\Delta\underline{P}(\mathrm{Cl}_n^{\leqslant}) = \{x \in \underline{P}({\mathrm{Cl}^{(t)}}_{n+1}^{\geqslant}) | {D^{(t+1)}}_P^+(x) \nsubseteq {\mathrm{Cl}^{(t)}}_{n+1}^{\geqslant}\} \cup \{x^+\}$。$\therefore \overline{P}({\mathrm{Cl}^{(t+1)}}_n^{\leqslant}) = \overline{P}({\mathrm{Cl}^{(t)}}_n^{\leqslant}) \cup \Delta\overline{P}(\mathrm{Cl}_n^{\leqslant})$。□

推论 3.1.4　对于 $n = 2, \cdots, m$。

(1) 假设 $d_n > f(x^+,d)$，如果 ${D^{(t+1)}}_P^-(x^+) \cap {\mathrm{Cl}^{(t+1)}}_n^{\geqslant} \neq \varnothing$，则 $\overline{P}({\mathrm{Cl}^{(t+1)}}_n^{\geqslant}) = \overline{P}({\mathrm{Cl}^{(t)}}_n^{\geqslant}) \cup \{x^+\}$；否则 $\overline{P}({\mathrm{Cl}^{(t+1)}}_n^{\geqslant}) = \overline{P}({\mathrm{Cl}^{(t)}}_n^{\geqslant})$。

(2) 假设 $d_n \leqslant f(x^+,d)$，则

$$\overline{P}({\mathrm{Cl}^{(t+1)}}_n^{\geqslant}) = \overline{P}({\mathrm{Cl}^{(t)}}_n^{\geqslant}) \cup \Delta\overline{P}(\mathrm{Cl}_n^{\geqslant}) \tag{3-8}$$

式中，$\Delta\underline{P}(\mathrm{Cl}_n^{\leqslant}) = \{x \in \underline{P}({\mathrm{Cl}^{(t)}}_{n-1}^{\leqslant}) | {D^{(t+1)}}_P^+(x) \nsubseteq {\mathrm{Cl}^{(t)}}_{n-1}^{\leqslant}\} \cup \{x^+\}$。

证明　证明过程与推论 3.1.3 的证明过程类似。□

结合泛化决策的概念可以得出下列命题。

命题 3.1.5　$\forall x \in U^{(t)}$，有下列命题：

(1) 假设 $x \in {D^{(t+1)}}_P^+(x^+)$，如果 $f(x^+,d) > {u^{(t)}}_P(x)$，则 ${u^{(t+1)}}_P(x) = f(x^+,d)$；否则 ${u^{(t+1)}}_P(x) = {u^{(t)}}_P(x)$。

(2) 假设 $x \in {D^{(t+1)}}_P^-(x^+)$，如果 $f(x^+,d) < {l^{(t)}}_P(x)$，则 ${l^{(t+1)}}_P(x) = f(x^+,d)$；否则 ${l^{(t+1)}}_P(x) = {l^{(t)}}_P(x)$。

证明 根据泛化决策的定义容易证明。 □

命题 3.1.6 $\forall x \in U^{(t)}$，有下列命题：

(1) 如果 ${u^{(t+1)}}_P(x) > {u^{(t)}}_P(x)$，对于 ${u^{(t+1)}}_P(x) \geqslant n > {u^{(t)}}_P(x)$，则 $x \in \Delta\overline{P}(\mathrm{Cl}_n^{\geqslant})$；对于 ${u^{(t+1)}}_P(x) > n \geqslant {u^{(t)}}_P(x)$，则 $x \in \Delta\underline{P}(\mathrm{Cl}_n^{\leqslant})$。

(2) 如果 ${l^{(t+1)}}_P(x) < {l^{(t)}}_P(x)$，对于 ${l^{(t+1)}}_P(x) \leqslant n < {l^{(t)}}_P(x)$，则 $x \in \Delta\overline{P}(\mathrm{Cl}_n^{\leqslant})$；对于 ${l^{(t+1)}}_P(x) < n \leqslant {l^{(t)}}_P(x)$，则 $x \in \Delta\underline{P}(\mathrm{Cl}_n^{\geqslant})$。

证明 根据泛化决策的定义容易证明。 □

3.1.2 删除对象时近似集动态更新

假设 x^- 是在动态过程中从论域中删除的一个对象，即 $U^{(t+1)} = U^{(t)} - \{x^-\}$。

1. 更新决策类联合

命题 3.1.7 给定删除的一个对象 x^-，则

$$
{\mathrm{Cl}^{(t+1)}}_n^{\geqslant} = \begin{cases} {\mathrm{Cl}^{(t)}}_n^{\geqslant}, & d_n > f(x^-,d) \\ {\mathrm{Cl}^{(t)}}_n^{\geqslant} - \{x^-\}, & d_n \leqslant f(x^-,d) \end{cases} \tag{3-9}
$$

$$
{\mathrm{Cl}^{(t+1)}}_n^{\leqslant} = \begin{cases} {\mathrm{Cl}^{(t)}}_n^{\leqslant}, & d_n < f(x^-,d) \\ {\mathrm{Cl}^{(t)}}_n^{\leqslant} - \{x^-\}, & d_n \geqslant f(x^-,d) \end{cases} \tag{3-10}
$$

证明 $\because {\mathrm{Cl}^{(t+1)}}_n^{\geqslant} = \{x \in U^{(t+1)} | f(x,d) \geqslant d_n\} = \{x \in U^{(t)} | f(x,d) \geqslant d_n\} - \{x \in \{x^-\} | f(x,d) \geqslant d_n\}$ 如果 $d_n > f(x^-,d)$，则 $\{x \in \{x^-\} | f(x,d) \geqslant d_n\} = \varnothing$；否则 $\{x \in \{x^-\} | f(x,d) \geqslant d_n\} = \{x^-\}$。

$$
\therefore {\mathrm{Cl}^{(t+1)}}_n^{\geqslant} = \begin{cases} {\mathrm{Cl}^{(t)}}_n^{\geqslant}, & d_n > f(x^-,d) \\ {\mathrm{Cl}^{(t)}}_n^{\geqslant} - \{x^-\}, & d_n \leqslant f(x^-,d) \end{cases}
$$

同理，可证明等式 (3-10)。 □

2. 更新知识粒

从论域中删除一个对象后，余下的对象（即 $U^{(t+1)}$ 中的对象）的 P- 优势集和 P- 劣势集能够通过命题 3.1.8 进行更新。

命题 3.1.8 $\forall x \in U^{(t+1)}$，有

$$
{D^{(t+1)}}_P^+(x) = \begin{cases} {D^{(t)}}_P^+(x), & x \notin {D^{(t)}}_P^-(x^-) \\ {D^{(t)}}_P^+(x) - \{x^-\}, & x \in {D^{(t)}}_P^-(x^-) \end{cases} \tag{3-11}
$$

$$D^{(t+1)}{}_P^-(x) = \begin{cases} D^{(t)}{}_P^-(x), & x \notin D^{(t)}{}_P^+(x^-) \\ D^{(t)}{}_P^-(x) - \{x^-\}, & x \in D^{(t)}{}_P^+(x^-) \end{cases} \tag{3-12}$$

证明　$\because D^{(t+1)}{}_P^+(x) = \{y \in U^{(t+1)} | f(y,a) \geqslant f(x,a), \forall a \in P\} = \{y \in U^{(t)} | f(y,a) \geqslant f(x,a), \forall a \in P\} - \{y \in \{x^-\} | f(y,a) \geqslant f(x,a), \forall a \in P\}$，如果 $x \notin D^{(t)}{}_P^-(x^-)$，则 $\{y \in \{x^-\} | f(y,a) \geqslant f(x,a), \forall a \in P\} = \varnothing$；否则 $\{y \in \{x^-\} | f(y,a) \geqslant f(x,a), \forall a \in P\} = \{x^-\}$。

$$\therefore D^{(t+1)}{}_P^+(x) = \begin{cases} D^{(t)}{}_P^+(x), & x \notin D^{(t)}{}_P^-(x^-) \\ D^{(t)}{}_P^+(x) - \{x^-\}, & x \in D^{(t)}{}_P^-(x^-) \end{cases}$$

同理，可以证明等式 (3-12)。□

3. 更新近似集

命题 3.1.9　$\forall x \in D^{(t)}{}_P^+(x^-)$ 且 $x \neq x^-$，有

(1) 假设 $x \notin \underline{P}(\mathrm{Cl}^{(t)}{}_n^{\leqslant})$，如果 $D^{(t+1)}{}_P^-(x) \subseteq \mathrm{Cl}^{(t+1)}{}_n^{\leqslant}$，则 $x \in \underline{P}(\mathrm{Cl}^{(t+1)}{}_n^{\leqslant})$；否则 $x \notin \underline{P}(\mathrm{Cl}^{(t+1)}{}_n^{\leqslant})$。

(2) 假设 $x \in \underline{P}(\mathrm{Cl}^{(t)}{}_n^{\leqslant})$，则 $x \in \underline{P}(\mathrm{Cl}^{(t+1)}{}_n^{\leqslant})$。

(3) 假设 $x \in \overline{P}(\mathrm{Cl}^{(t)}{}_n^{\geqslant})$，如果 $D^{(t+1)}{}_P^-(x) \cap \mathrm{Cl}^{(t+1)}{}_n^{\geqslant} = \varnothing$，则 $x \notin \overline{P}(\mathrm{Cl}^{(t+1)}{}_n^{\geqslant})$；否则 $x \in \overline{P}(\mathrm{Cl}^{(t+1)}{}_n^{\geqslant})$。

(4) 假设 $x \notin \overline{P}(\mathrm{Cl}^{(t)}{}_n^{\geqslant})$，则 $x \notin \overline{P}(\mathrm{Cl}^{(t+1)}{}_n^{\geqslant})$。

证明　(1) 令 $Y = D^{(t)}{}_P^-(x) - \mathrm{Cl}^{(t)}{}_n^{\leqslant}$。$\because x \notin \underline{P}(\mathrm{Cl}^{(t)}{}_n^{\leqslant})$，$\therefore Y \neq \varnothing$。如果 $\{x^-\} = Y$，则 $D^{(t+1)}{}_P^-(x) - \mathrm{Cl}^{(t+1)}{}_n^{\leqslant} = \varnothing$，即 $D^{(t+1)}{}_P^-(x) \subseteq \mathrm{Cl}^{(t+1)}{}_n^{\leqslant} \Leftrightarrow x \in \underline{P}(\mathrm{Cl}^{(t+1)}{}_n^{\leqslant})$。如果 $\{x^-\} \subset Y$，则 $D^{(t+1)}{}_P^-(x) - \mathrm{Cl}^{(t+1)}{}_n^{\leqslant} \neq \varnothing$，即 $D^{(t+1)}{}_P^-(x) \nsubseteq \mathrm{Cl}^{(t+1)}{}_n^{\leqslant} \Leftrightarrow x \notin \underline{P}(\mathrm{Cl}^{(t+1)}{}_n^{\leqslant})$。

(2) 假设 $x \in \underline{P}(\mathrm{Cl}^{(t)}{}_n^{\leqslant})$，则有 $x^- \in \mathrm{Cl}^{(t)}{}_n^{\leqslant}$。$\because D^{(t+1)}{}_P^-(x) = D^{(t)}{}_P^-(x) - \{x^-\}$ 和 $\mathrm{Cl}^{(t+1)}{}_n^{\leqslant} = \mathrm{Cl}^{(t)}{}_n^{\leqslant} - \{x^-\}$，$\therefore D^{(t+1)}{}_P^-(x) \subseteq \mathrm{Cl}^{(t+1)}{}_n^{\leqslant} \Leftrightarrow x \in \underline{P}(\mathrm{Cl}^{(t+1)}{}_n^{\leqslant})$。

(3) 令 $Y = D^{(t)}{}_P^-(x) \cap \mathrm{Cl}^{(t)}{}_n^{\geqslant}$。$\because x \in \overline{P}(\mathrm{Cl}^{(t)}{}_n^{\geqslant})$，$\therefore Y \neq \varnothing$。如果 $\{x^-\} = Y$，则 $D^{(t+1)}{}_P^-(x) \cap \mathrm{Cl}^{(t+1)}{}_n^{\geqslant} = \varnothing \Leftrightarrow x \notin \overline{P}(\mathrm{Cl}^{(t+1)}{}_n^{\geqslant})$。如果 $\{x^-\} \subset Y$，则 $D^{(t+1)}{}_P^-(x) \cap \mathrm{Cl}^{(t+1)}{}_n^{\geqslant} \neq \varnothing \Leftrightarrow x \in \overline{P}(\mathrm{Cl}^{(t+1)}{}_n^{\geqslant})$。

(4) 假设 $x \notin \overline{P}(\mathrm{Cl}^{(t)}{}_n^{\geqslant})$，则 $D^{(t)}{}_P^-(x) \cap \mathrm{Cl}^{(t)}{}_n^{\geqslant} = \varnothing$。$\because D^{(t+1)}{}_P^-(x) = D^{(t)}{}_P^-(x) - \{x^-\}$ 和 $\mathrm{Cl}^{(t+1)}{}_n^{\geqslant} \subseteq \mathrm{Cl}^{(t)}{}_n^{\geqslant}$，$\therefore D^{(t+1)}{}_P^-(x) \cap \mathrm{Cl}^{(t+1)}{}_n^{\geqslant} = \varnothing \Leftrightarrow x \notin \overline{P}(\mathrm{Cl}^{(t+1)}{}_n^{\geqslant})$。□

命题 3.1.10　$\forall x \in D^{(t)}{}_P^-(x^-)$ 且 $x \neq x^-$。

(1) 假设 $x \notin \underline{P}(\mathrm{Cl}^{(t)}{}_n^{\geqslant})$，如果 $D^{(t+1)}{}_P^+(x) \subseteq \mathrm{Cl}^{(t+1)}{}_n^{\geqslant}$，则 $x \in \underline{P}(\mathrm{Cl}^{(t+1)}{}_n^{\geqslant})$；否则 $x \notin \underline{P}(\mathrm{Cl}^{(t+1)}{}_n^{\geqslant})$。

(2) 假设 $x \in \underline{P}(\mathrm{Cl}^{(t)}{}_n^{\geqslant})$，则 $x \in \underline{P}(\mathrm{Cl}^{(t+1)}{}_n^{\geqslant})$。

(3) 假设 $x \in \overline{P}(\mathrm{Cl}^{(t)}{}_n^{\leqslant})$，如果 $D^{(t+1)}{}_P^{+}(x) \cap \mathrm{Cl}^{(t+1)}{}_n^{\leqslant} = \varnothing$，则 $x \notin \overline{P}(\mathrm{Cl}^{(t+1)}{}_n^{\leqslant})$；否则 $x \in \overline{P}(\mathrm{Cl}^{(t+1)}{}_n^{\leqslant})$。

(4) 假设 $x \notin \overline{P}(\mathrm{Cl}^{(t)}{}_n^{\leqslant})$，则 $x \notin \overline{P}(\mathrm{Cl}^{(t+1)}{}_n^{\leqslant})$。

证明 证明过程与命题 3.1.9 的证明过程类似。 □

推论 3.1.5 对于 $n = 1, \cdots, m-1$。

(1) 假设 $d_n \leqslant f(x^-, d)$，如果 $D^{(t)}{}_P^{+}(x^-) \subseteq \mathrm{Cl}^{(t)}{}_n^{\geqslant}$，则 $\underline{P}(\mathrm{Cl}^{(t+1)}{}_n^{\geqslant}) = \underline{P}(\mathrm{Cl}^{(t)}{}_n^{\geqslant}) - \{x^-\}$；否则 $\underline{P}(\mathrm{Cl}^{(t+1)}{}_n^{\geqslant}) = \underline{P}(\mathrm{Cl}^{(t)}{}_n^{\geqslant})$。

(2) 假设 $d_n > f(x^-, d)$，则

$$\underline{P}(\mathrm{Cl}^{(t+1)}{}_n^{\geqslant}) = \underline{P}(\mathrm{Cl}^{(t)}{}_n^{\geqslant}) \cup \Delta\underline{P}(\mathrm{Cl}_n^{\geqslant}) \tag{3-13}$$

式中，$\Delta\underline{P}(\mathrm{Cl}_n^{\geqslant}) = \{x \in \mathrm{Bn}_P(\mathrm{Cl}^{(t)}{}_n^{\geqslant}) | D^{(t+1)}{}_P^{+}(x) \subseteq \mathrm{Cl}^{(t)}{}_n^{\geqslant}\}$。

证明 (1) $\because d_n \leqslant f(x^-, d) \Rightarrow \mathrm{Cl}^{(t+1)}{}_n^{\geqslant} = \mathrm{Cl}^{(t)}{}_n^{\geqslant} - \{x^-\}$，$\forall y \in \underline{P}(\mathrm{Cl}^{(t)}{}_n^{\geqslant})$ 且 $y \neq x^-$，必然存在 $D^{(t+1)}{}_P^{+}(y) \subseteq \mathrm{Cl}^{(t+1)}{}_n^{\geqslant}$。如果 $D^{(t)}{}_P^{+}(x^-) \subseteq \mathrm{Cl}^{(t)}{}_n^{\geqslant}$，则 $x^- \in \underline{P}(\mathrm{Cl}^{(t)}{}_n^{\geqslant})$，即 $\underline{P}(\mathrm{Cl}^{(t+1)}{}_n^{\geqslant}) = \underline{P}(\mathrm{Cl}^{(t)}{}_n^{\geqslant}) - \{x^-\}$；如果 $D^{(t)}{}_P^{+}(x^-) \nsubseteq \mathrm{Cl}^{(t)}{}_n^{\geqslant}$，则 $x^- \notin \underline{P}(\mathrm{Cl}^{(t)}{}_n^{\geqslant})$，即 $\underline{P}(\mathrm{Cl}^{(t+1)}{}_n^{\geqslant}) = \underline{P}(\mathrm{Cl}^{(t)}{}_n^{\geqslant})$。

(2) $\because d_n > f(x^-, d) \Rightarrow \mathrm{Cl}^{(t+1)}{}_n^{\geqslant} = \mathrm{Cl}^{(t)}{}_n^{\geqslant}$，$\forall y \in \underline{P}(\mathrm{Cl}^{(t)}{}_n^{\geqslant}) \Rightarrow D^{(t+1)}{}_P^{+}(y) \subseteq \mathrm{Cl}^{(t+1)}{}_n^{\geqslant}$。对于 $x \notin \underline{P}(\mathrm{Cl}^{(t)}{}_n^{\geqslant})$，若 $D^{(t)}{}_P^{+}(x) - \mathrm{Cl}^{(t)}{}_n^{\geqslant} = \{x^-\}$，则 $D^{(t+1)}{}_P^{+}(x) \subseteq \mathrm{Cl}^{(t+1)}{}_n^{\geqslant}$；若 $x \notin \mathrm{Cl}^{(t+1)}{}_n^{\geqslant}$，则 $x \notin \underline{P}(\mathrm{Cl}^{(t+1)}{}_n^{\geqslant})$。因此，$x \in \mathrm{Bn}_P(\mathrm{Cl}^{(t)}{}_n^{\geqslant})$。令 $\Delta\underline{P}(\mathrm{Cl}_n^{\geqslant}) = \{x \in \mathrm{Bn}_P(\mathrm{Cl}^{(t)}{}_n^{\geqslant}) | D^{(t+1)}{}_P^{+}(x) \subseteq \mathrm{Cl}^{(t)}{}_n^{\geqslant}\}$。$\therefore \underline{P}(\mathrm{Cl}^{(t+1)}{}_n^{\geqslant}) = \underline{P}(\mathrm{Cl}^{(t)}{}_n^{\geqslant}) \cup \Delta\underline{P}(\mathrm{Cl}_n^{\geqslant})$。 □

推论 3.1.6 对于 $n = 2, \cdots, m$。

(1) 假设 $d_n \geqslant f(x^-, d)$，如果 $D^{(t)}{}_P^{-}(x^-) \subseteq \mathrm{Cl}^{(t)}{}_n^{\leqslant}$，则 $\underline{P}(\mathrm{Cl}^{(t+1)}{}_n^{\leqslant}) = \underline{P}(\mathrm{Cl}^{(t)}{}_n^{\leqslant}) - \{x^-\}$；否则 $\underline{P}(\mathrm{Cl}^{(t+1)}{}_n^{\leqslant}) = \underline{P}(\mathrm{Cl}^{(t)}{}_n^{\leqslant})$。

(2) 假设 $d_n < f(x^-, d)$，则

$$\underline{P}(\mathrm{Cl}^{(t+1)}{}_n^{\leqslant}) = \underline{P}(\mathrm{Cl}^{(t)}{}_n^{\leqslant}) \cup \Delta\underline{P}(\mathrm{Cl}_n^{\leqslant}) \tag{3-14}$$

式中，$\Delta\underline{P}(\mathrm{Cl}_n^{\leqslant}) = \{x \in \mathrm{Bn}_P(\mathrm{Cl}^{(t)}{}_n^{\leqslant}) | D^{(t+1)}{}_P^{-}(x) \subseteq \mathrm{Cl}^{(t)}{}_n^{\leqslant}\}$。

推论 3.1.7 对于 $n = 1, \cdots, m-1$。

(1) 假设 $d_n > f(x^-, d)$，如果 $D^{(t)}{}_P^{-}(x^-) \cap \mathrm{Cl}^{(t)}{}_n^{\geqslant} \neq \varnothing$，则 $\overline{P}(\mathrm{Cl}^{(t+1)}{}_n^{\geqslant}) = \overline{P}(\mathrm{Cl}^{(t)}{}_n^{\geqslant}) - \{x^-\}$；否则 $\overline{P}(\mathrm{Cl}^{(t+1)}{}_n^{\geqslant}) = \overline{P}(\mathrm{Cl}^{(t)}{}_n^{\geqslant})$。

(2) 假设 $d_n \leqslant f(x^-, d)$，则

$$\overline{P}(\mathrm{Cl}^{(t+1)}{}_n^{\geqslant}) = \overline{P}(\mathrm{Cl}^{(t)}{}_n^{\geqslant}) - \Delta\overline{P}(\mathrm{Cl}_n^{\geqslant}) \tag{3-15}$$

式中，$\Delta\overline{P}(\mathrm{Cl}_n^{\geqslant}) = \{x \in \overline{P}(\mathrm{Cl}^{(t)}{}_n^{\geqslant}) | D^{(t+1)}{}_P^{-}(x) \cap \mathrm{Cl}^{(t+1)}{}_n^{\geqslant} = \varnothing\} \cup \{x^-\}$。

证明　(1) $\because d_n > f(x^-,d) \Rightarrow \mathrm{Cl}^{(t+1)\geqslant}_{\ \ n} = \mathrm{Cl}^{(t)\geqslant}_{\ \ n}$，$\forall y \in \overline{P}(\mathrm{Cl}^{(t)\geqslant}_{\ \ n})$ 且 $y \neq x^-$，必然存在 $D^{(t+1)-}_{\ \ P}(y) \cap \mathrm{Cl}^{(t+1)\geqslant}_{\ \ n} \neq \varnothing$。如果 $D^{(t)-}_{\ \ P}(x^-) \cap \mathrm{Cl}^{(t)\geqslant}_{\ \ n} \neq \varnothing$，则 $x^- \in \overline{P}(\mathrm{Cl}^{(t)\geqslant}_{\ \ n})$，即 $\overline{P}(\mathrm{Cl}^{(t+1)\geqslant}_{\ \ n}) = \overline{P}(\mathrm{Cl}^{(t)\geqslant}_{\ \ n}) - \{x^-\}$；如果 $D^{(t)-}_{\ \ P}(x^-) \cap \mathrm{Cl}^{(t)\geqslant}_{\ \ n} = \varnothing$，则 $x^- \notin \overline{P}(\mathrm{Cl}^{(t)\geqslant}_{\ \ n})$，即 $\overline{P}(\mathrm{Cl}^{(t+1)\geqslant}_{\ \ n}) = \overline{P}(\mathrm{Cl}^{(t)\geqslant}_{\ \ n})$。

(2) $\because d_n \leqslant f(x^-,d) \Rightarrow \mathrm{Cl}^{(t+1)\geqslant}_{\ \ n} = \mathrm{Cl}^{(t)\geqslant}_{\ \ n} - \{x^-\}$，对于 $y \in \overline{P}(\mathrm{Cl}^{(t)\geqslant}_{\ \ n})$ 且 $y \neq x^-$，如果 $D^{(t+1)-}_{\ \ P}(y) \cap \mathrm{Cl}^{(t+1)\geqslant}_{\ \ n} = \varnothing$，则 $y \notin \overline{P}(\mathrm{Cl}^{(t+1)\geqslant}_{\ \ n})$；否则 $y \in \overline{P}(\mathrm{Cl}^{(t+1)\geqslant}_{\ \ n})$。令 $\Delta\overline{P}(\mathrm{Cl}_n^{\geqslant}) = \{x \in \overline{P}(\mathrm{Cl}^{(t)\geqslant}_{\ \ n}) | D^{(t+1)-}_{\ \ P}(x) \cap \mathrm{Cl}^{(t+1)\geqslant}_{\ \ n} = \varnothing\} \cup \{x^-\}$。$\therefore \overline{P}(\mathrm{Cl}^{(t+1)\geqslant}_{\ \ n}) = \overline{P}(\mathrm{Cl}^{(t)\geqslant}_{\ \ n}) - \Delta\overline{P}(\mathrm{Cl}_n^{\geqslant})$。□

推论 3.1.8　对于 $n = 2, \cdots, m$，有

(1) 假设 $d_n < f(x^-,d)$，如果 $D^{(t)+}_{\ \ P}(x^-) \cap \mathrm{Cl}^{(t)\leqslant}_{\ \ n} \neq \varnothing$，则 $\overline{P}(\mathrm{Cl}^{(t+1)\leqslant}_{\ \ n}) = \overline{P}(\mathrm{Cl}^{(t)\leqslant}_{\ \ n}) - \{x^-\}$；否则 $\overline{P}(\mathrm{Cl}^{(t+1)\leqslant}_{\ \ n}) = \overline{P}(\mathrm{Cl}^{(t)\leqslant}_{\ \ n})$。

(2) 假设 $d_n \geqslant f(x^-,d)$，则

$$\overline{P}(\mathrm{Cl}^{(t+1)\leqslant}_{\ \ n}) = \overline{P}(\mathrm{Cl}^{(t)\leqslant}_{\ \ n}) - \Delta\overline{P}(\mathrm{Cl}_n^{\leqslant}) \tag{3-16}$$

式中，$\Delta\overline{P}(\mathrm{Cl}_n^{\leqslant}) = \{x \in \overline{P}(\mathrm{Cl}^{(t)\leqslant}_{\ \ n}) | D^{(t+1)-}_{\ \ P}(x) \cap \mathrm{Cl}^{(t+1)\leqslant}_{\ \ n} = \varnothing\} \cup \{x^-\}$。

根据泛化决策的定义，计算近似集的变化也可以采用下列命题。

命题 3.1.11　$\forall x \in U^{(t+1)}$，有

(1) 假设 $x \in D^{(t)+}_{\ \ P}(x^-)$，如果 $f(x^-,d) < u^{(t)}{}_P(x)$，则 $u^{(t+1)}{}_P(x) = u^{(t)}{}_P(x)$；否则 $u^{(t+1)}{}_P(x) \leqslant u^{(t)}{}_P(x)$。

(2) 假设 $x \in D^{(t)-}_{\ \ P}(x^-)$，如果 $f(x^-,d) > l^{(t)}{}_P(x)$，则 $l^{(t+1)}{}_P(x) = l^{(t)}{}_P(x)$；否则 $l^{(t+1)}{}_P(x) \geqslant l^{(t)}{}_P(x)$。

证明　根据泛化决策的定义容易证明。□

命题 3.1.12　$\forall x \in U^{(t+1)}$，有

(1) 如果 $u^{(t+1)}{}_P(x) < u^{(t)}{}_P(x)$，对于 $u^{(t+1)}{}_P(x) < n \leqslant u^{(t)}{}_P(x)$，则 $x \in \Delta\overline{P}(\mathrm{Cl}_n^{\geqslant})$；对于 $u^{(t+1)}{}_P(x) \leqslant n < u^{(t)}{}_P(x)$，则 $x \in \Delta\underline{P}(\mathrm{Cl}_n^{\leqslant})$。

(2) 如果 $l^{(t+1)}{}_P(x) > l^{(t)}{}_P(x)$，对于 $l^{(t+1)}{}_P(x) > n \geqslant l^{(t)}{}_P(x)$，则 $x \in \Delta\overline{P}(\mathrm{Cl}_n^{\leqslant})$；对于 $l^{(t+1)}{}_P(x) \geqslant n > l^{(t)}{}_P(x)$，则 $x \in \Delta\underline{P}(\mathrm{Cl}_n^{\geqslant})$。

证明　根据泛化决策的定义容易证明。□

3.2 算　例

例 3.2.1　把例 2.2.1 中的有序决策表看作动态过程起始时刻 t 的状态，假设动态过程中一个新对象 x_9 添加到有序决策表中。时刻 $t+1$ 的有序决策表见表 3-1，计算时刻 $t+1$ 的优势关系粗糙集方法近似集。

表 3-1　有序决策表（$t+1$ 时刻）

$U^{(t)}$	a_1	a_2	d	$U^{(t)}$	a_1	a_2	d
x_1	50	75	2	x_6	90	80	3
x_2	65	50	1	x_7	80	80	3
x_3	70	75	1	x_8	90	90	3
x_4	50	60	1	x_9	90	80	2
x_5	80	90	2				

显然，更新后的论域为 $U^{(t+1)} = U^{(t)} \cup \{x_9\}$。

因为 $f(x_9,d)=2$，x_9 只能够划分到决策类 $\mathrm{Cl}^{(t)}{}_2$ 中，根据式 (3-1) 和式 (3-2) 更新决策类的向上联合和向下联合，结果如下：

$\mathrm{Cl}^{(t+1)}{}_1^{\geqslant} = \mathrm{Cl}^{(t)}{}_1^{\geqslant} \cup \{x_9\} = U^{(t+1)}$

$\mathrm{Cl}^{(t+1)}{}_2^{\geqslant} = \mathrm{Cl}^{(t)}{}_2^{\geqslant} \cup \{x_9\} = \{x_1,x_5,x_6,x_7,x_8,x_9\}$

$\mathrm{Cl}^{(t+1)}{}_3^{\geqslant} = \mathrm{Cl}^{(t)}{}_3^{\geqslant} = \{x_6,x_7,x_8\}$

$\mathrm{Cl}^{(t+1)}{}_1^{\leqslant} = \mathrm{Cl}^{(t)}{}_1^{\leqslant} = \{x_2,x_3,x_4\}$

$\mathrm{Cl}^{(t+1)}{}_2^{\leqslant} = \mathrm{Cl}^{(t)}{}_2^{\leqslant} \cup \{x_9\} = \{x_1,x_2,x_3,x_4,x_5,x_9\}$

$\mathrm{Cl}^{(t+1)}{}_3^{\leqslant} = \mathrm{Cl}^{(t)}{}_3^{\leqslant} \cup \{x_9\} = U^{(t+1)}$

对象 x^+ 的 P- 优势集和 P- 劣势集：

$D^{(t+1)}{}_P^+(x_9) = \{x_6,x_8,x_9\}$，$D^{(t+1)}{}_P^-(x_9) = \{x_1,x_2,x_3,x_4,x_6,x_7,x_9\}$

对于 $\forall x \in U^{(t)}$，它们的 P- 优势集和 P- 劣势集更新结果如下：

$D^{(t+1)}{}_P^+(x_1) = \{x_1,x_3,x_5,x_6,x_7,x_8,x_9\}$，$D^{(t+1)}{}_P^-(x_1) = \{x_1,x_4\}$

$D^{(t+1)}{}_P^+(x_2) = \{x_2,x_3,x_5,x_6,x_7,x_8,x_9\}$，$D^{(t+1)}{}_P^-(x_2) = \{x_2\}$

$D^{(t+1)}{}_P^+(x_3) = \{x_3,x_5,x_6,x_7,x_8,x_9\}$，$D^{(t+1)}{}_P^-(x_3) = \{x_1,x_2,x_3,x_4\}$

$D^{(t+1)}{}_P^+(x_4) = \{x_1,x_3,x_4,x_5,x_6,x_7,x_8,x_9\}$，$D^{(t+1)}{}_P^-(x_4) = \{x_4\}$

$D^{(t+1)}{}_P^+(x_5) = \{x_5,x_8\}$，$D^{(t+1)}{}_P^-(x_5) = \{x_1,x_2,x_3,x_4,x_5,x_7\}$

$D^{(t+1)}{}_P^+(x_6) = \{x_6,x_8,x_9\}$，$D^{(t+1)}{}_P^-(x_6) = \{x_1,x_2,x_3,x_4,x_6,x_7,x_9\}$

$D^{(t+1)}{}_P^+(x_7) = \{x_5,x_6,x_7,x_8,x_9\}$，$D^{(t+1)}{}_P^-(x_7) = \{x_1,x_2,x_3,x_4,x_7\}$

$D^{(t+1)}{}_P^+(x_8) = \{x_8\}$，$D^{(t+1)}{}_P^-(x_8) = \{x_1,x_2,x_3,x_4,x_5,x_6,x_7,x_8,x_9\}$

$U^{(t+1)}$ 中决策类向上联合和向下联合的下近似集和上近似集：

$\underline{P}(\mathrm{Cl}^{(t+1)}{}_1^{\geqslant}) = U^{(t+1)}$，$\underline{P}(\mathrm{Cl}^{(t+1)}{}_2^{\geqslant}) = \{x_5,x_6,x_7,x_8,x_9\}$，$\underline{P}(\mathrm{Cl}^{(t+1)}{}_3^{\geqslant}) = \{x_8\}$
$\overline{P}(\mathrm{Cl}^{(t+1)}{}_1^{\geqslant}) = U^{(t+1)}$，$\overline{P}(\mathrm{Cl}^{(t+1)}{}_2^{\geqslant}) = \{x_1,x_3,x_5,x_6,x_7,x_8,x_9\}$，$\overline{P}(\mathrm{Cl}^{(t+1)}{}_3^{\geqslant}) = \{x_5,x_6,x_7,x_8,x_9\}$

$\underline{P}(\mathrm{Cl}^{(t+1)}{}_1^{\leqslant}) = \{x_2,x_4\}$，$\underline{P}(\mathrm{Cl}^{(t+1)}{}_2^{\leqslant}) = \{x_1,x_2,x_3,x_4\}$，$\underline{P}(\mathrm{Cl}^{(t+1)}{}_3^{\leqslant}) = U^{(t+1)}$

$\overline{P}(\mathrm{Cl}^{(t+1)}{}_1^{\leqslant}) = \{x_1,x_2,x_3,x_4\}$，$\overline{P}(\mathrm{Cl}^{(t+1)}{}_2^{\leqslant}) = U^{(t+1)}$，$\overline{P}(\mathrm{Cl}^{(t+1)}{}_3^{\leqslant}) = U^{(t+1)}$

例 3.2.2　表 2-3 是 t 时刻的有序决策表，表 3-2 是 $t+1$ 时刻的有序决策表，计算 $t+1$ 时刻的优势关系粗糙集方法近似集。

表 3-2　有序决策表（$t+1$ 时刻）

$U^{(t)}$	a_1	a_2	d	$U^{(t)}$	a_1	a_2	d
x_1	50	75	2	x_6	90	80	3
x_2	65	50	1	x_7	80	80	3
x_3	70	75	1	x_8	90	90	3
x_5	80	90	2				

在 $t+1$ 时刻对象 x_4 被删除，则 $U^{(t+1)}=U^{(t)}-\{x_4\}$。

由于 $x_4\in \mathrm{Cl}^{(t)}{}_1$ 且 $|\mathrm{Cl}^{(t)}{}_1|>1$，决策类的向上联合和向下联合更新结果如下:

$\mathrm{Cl}^{(t+1)}{}_1^{\geqslant}=\mathrm{Cl}^{(t)}{}_1^{\geqslant}-\{x_4\}=U^{(t+1)}$

$\mathrm{Cl}^{(t+1)}{}_1^{\leqslant}=\mathrm{Cl}^{(t)}{}_1^{\leqslant}-\{x_4\}=\{x_2,x_3\}$

$\mathrm{Cl}^{(t+1)}{}_2^{\geqslant}=\mathrm{Cl}^{(t)}{}_2^{\geqslant}=\{x_1,x_5,x_6,x_7,x_8\}$

$\mathrm{Cl}^{(t+1)}{}_2^{\leqslant}=\mathrm{Cl}^{(t)}{}_2^{\leqslant}-\{x_4\}=\{x_1,x_2,x_3,x_5\}$

$\mathrm{Cl}^{(t+1)}{}_3^{\geqslant}=\mathrm{Cl}^{(t)}{}_3^{\geqslant}=\{x_6,x_7,x_8\}$

$\mathrm{Cl}^{(t+1)}{}_3^{\leqslant}=\mathrm{Cl}^{(t)}{}_3^{\leqslant}-\{x_4\}=U^{(t+1)}$

$\forall x\in U^{(t+1)}$，它们的劣势集和优势集更新结果为

$D^{(t+1)}{}_P^-(x_1)=D_P^-(x_1)-\{x_4\}=\{x_1\}$

$D^{(t+1)}{}_P^+(x_1)=D_P^+(x_1)$

$D^{(t+1)}{}_P^-(x_2)=D_P^-(x_2)$

$D^{(t+1)}{}_P^+(x_2)=D_P^+(x_2)$

$D^{(t+1)}{}_P^-(x_3)=D_P^-(x_3)-\{x_4\}=\{x_1,x_2,x_3\}$

$D^{(t+1)}{}_P^+(x_3)=D_P^+(x_3)$

$D^{(t+1)}{}_P^-(x_5)=D_P^-(x_5)-\{x_4\}=\{x_1,x_2,x_3,x_5,x_7\}$

$D^{(t+1)}{}_P^+(x_5)=D_P^+(x_5)$

$D^{(t+1)}{}_P^-(x_6)=D_P^-(x_6)-\{x_4\}=\{x_1,x_2,x_3,x_6,x_7\}$

$D^{(t+1)}{}_P^+(x_6)=D_P^+(x_6)$

$D^{(t+1)}{}_P^-(x_7)=D_P^-(x_7)-\{x_4\}=\{x_1,x_2,x_3,x_7\}$

$D^{(t+1)}{}_P^+(x_7)=D_P^+(x_7)$

$D^{(t+1)}{}_P^-(x_8)=D_P^-(x_8)-\{x_4\}=\{x_1,x_2,x_3,x_5,x_6,x_7,x_8\}$

$D^{(t+1)}{}_P^+(x_8)=D_P^+(x_8)$

在 $t+1$ 时刻的近似集计算结果如下所示:

$\underline{P}(\mathrm{Cl}^{(t+1)}{}_1^{\geqslant})=\{x_1,x_2,x_3,x_5,x_6,x_7,x_8\}$，$\underline{P}(\mathrm{Cl}^{(t+1)}{}_2^{\geqslant})=\{x_5,x_6,x_7,x_8\}$，

$\underline{P}(\mathrm{Cl}^{(t+1)}{}_3^{\geqslant}) = \{x_6, x_8\}$

$\overline{P}(\mathrm{Cl}^{(t+1)}{}_1^{\geqslant}) = \{x_1, x_2, x_3, x_5, x_6, x_7, x_8\}$，$\overline{P}(\mathrm{Cl}^{(t+1)}{}_2^{\geqslant}) = \{x_1, x_3, x_5, x_6, x_7, x_8\}$，$\overline{P}(\mathrm{Cl}^{(t+1)}{}_3^{\geqslant}) = \{x_5, x_6, x_7, x_8\}$

$\underline{P}(\mathrm{Cl}^{(t+1)}{}_1^{\leqslant}) = \{x_2\}$，$\underline{P}(\mathrm{Cl}^{(t+1)}{}_2^{\leqslant}) = \{x_1, x_2, x_3\}$，$\underline{P}(\mathrm{Cl}^{(t+1)}{}_3^{\leqslant}) = \{x_1, x_2, x_3, x_5, x_6, x_7, x_8\}$

$\overline{P}(\mathrm{Cl}^{(t+1)}{}_1^{\leqslant}) = \{x_1, x_2, x_3\}$，$\overline{P}(\mathrm{Cl}^{(t+1)}{}_2^{\leqslant}) = \{x_1, x_2, x_3, x_5, x_7\}$，$\overline{P}(\mathrm{Cl}^{(t+1)}{}_3^{\leqslant}) = \{x_1, x_2, x_3, x_5, x_6, x_7, x_8\}$

3.3 算法设计与分析

算法 3.3.1 添加一个对象时更新优势关系粗糙集近似集的增量算法。

输入: (1) t 时刻的有序决策系统 $S^{(t)}$；(2) t 时刻的泛化决策和近似集；(3) 添加的一个对象 x^+。

输出: $t+1$ 时刻的近似集。

1: 计算 $D^{(t+1)}{}_P^+(x^+)$ 和 $D^{(t+1)}{}_P^-(x^+)$
2: **for all** $x \in D^{(t+1)}{}_P^+(x^+)$ **do**
3: 　计算 $u^{(t+1)}{}_P(x)$
4: **end for**
5: **for all** $x \in D^{(t+1)}{}_P^-(x^+)$ **do**
6: 　计算 $l^{(t+1)}{}_P(x)$
7: **end for**
8: **for all** $n \in T$ **do**
9: 　计算 $\Delta\underline{P}(\mathrm{Cl}_n^{\geqslant})$，$\Delta\overline{P}(\mathrm{Cl}_n^{\geqslant})$，$\Delta\underline{P}(\mathrm{Cl}_n^{\leqslant})$ 和 $\Delta\overline{P}(\mathrm{Cl}_n^{\leqslant})$
10: 　更新近似集
11: **end for**
　输出结果。

添加一个对象时更新优势关系粗糙集方法的泛化决策，如果采用非增量算法，则需要重新计算。它计算优势集和劣势集的时间复杂度为 $O(|U|^2|P|)$；计算泛化决策的时间复杂度为 $O(\sum_{x\in U^{(t+1)}}(|D^{(t+1)}{}_P^+(x)| + |D^{(t+1)}{}_P^-(x)|))$，最差复杂度为 $O(|U|^2)$。如果采用增量算法，则执行算法 3.3.1 的第 1、2 步即可。第 1 步的时间复杂度为 $O(|U||P|)$。第 2~7 步的时间复杂度为 $O(|D^{(t+1)}{}_P^+(x^+)|+|D^{(t+1)}{}_P^-(x^+)|)$，它的最差时间复杂度为 $O(|U|)$。如果采用非增量算法更新近似集，即重新计算近似集，则它的时间复杂度为 $O(|U||V_d|)$。采用增量算法更新近似集，即执行算法 3.3.1 的第 8~11 步即可。它们的运行时间复杂度为 $O(\sum_{x\in D^{(t+1)}{}_P^+(x^+)}(u^{(t+1)}{}_P(x) - u^{(t)}{}_P(x)) +$

$\sum_{x\in D^{(t+1)}{}_P^-(x^+)}(l^{(t)}{}_P(x)-l^{(t+1)}{}_P(x)))$，它的最差时间复杂度为 $O(|U||V_d|)$。

基于上面的分析，非增量算法的时间复杂度为 $O(|U|^2|P|)$，而增量算法的最差时间复杂度为 $O(|U|(|P|+|V_d|))$。因此，采用增量算法可明显地降低运算的时间复杂度，从而大幅提高运算速度。

算法 3.3.2 删除一个对象时更新优势关系粗糙集近似集的增量算法。

输入: (1) t 时刻的泛化决策和近似集; (2) 删除的对象 x^- 可利用信息。

输出: $t+1$ 时刻的近似集。

1: **for all** $x\in D^{(t)}{}_P^+(x^-)-\{x^-\}$ **do**
2: 　计算 $u^{(t+1)}{}_P(x)$。
3: **end for**
4: **for all** $x\in D^{(t)}{}_P^-(x^-)-\{x^-\}$ **do**
5: 　计算 $l^{(t+1)}{}_P(x)$。
6: **end for**
7: **for all** $n\in T$ **do**
8: 　计算 $\Delta\underline{P}(\mathrm{Cl}_n^{\geqslant})$，$\Delta\overline{P}(\mathrm{Cl}_n^{\geqslant})$，$\Delta\underline{P}(\mathrm{Cl}_n^{\leqslant})$ 和 $\Delta\overline{P}(\mathrm{Cl}_n^{\leqslant})$。
9: 　更新近似集。
10: **end for**
11: 输出结果。

删除一个对象时更新优势关系粗糙集方法的泛化决策，如果采用非增量算法，则需要重新计算。它的时间复杂度为 $O(|U|^2|P|)$。如果采用增量算法，则执行算法 3.3.2 的第 1~6 步即可。它们的时间复杂度为 $O(\sum_{x\in D^{(t)}{}_P^-(x^-)}|D^{(t+1)}{}_P^+(x)|+\sum_{x\in D^{(t)}{}_P^+(x^-)}|D^{(t+1)}{}_P^-(x)|)$。最差情况下时间复杂度为 $O(|U|^2)$。如果采用非增量算法更新近似集，即重新计算近似集，则它的时间复杂度为 $O(|U||V_d|)$。采用增量算法更新近似集，即执行算法 3.3.2 的第 7~10 步即可。它们的运行时间复杂度为 $O(|U||V_d|)$。

由此可见，非增量算法的时间复杂度为 $O(|U|^2|P|)$，而增量算法的最差时间复杂度为 $O(|U|^2)$。由于删除一个对象时增量算法比非增量算法的运算时间复杂度低，所以采用增量算法能够提高运算速度。

3.4 实验评估与性能分析

为了评估和分析动态更新优势关系粗糙集方法近似集的增量算法，本节将利用一些公用数据集进行实验测试。通过比较增量算法与非增量算法更新优势关系粗糙集近似集的运行时间，验证增量算法的优势和适用条件。

实验平台选用一台个人计算机，其配置为：处理器 Inter(R) P6100 2.0 GHz；内存 2.0 GB；操作系统为 Windows 7 旗舰版。实验中涉及的程序均为 C++ 编写，运行环境为 Microsoft Visual C++ 6.0。实验中采用的数据集下载自 UCI[104]，其基本信息如表 3-3 所示。

其中，数据集 Abalone 和 Glass 包含的一些属性不具有有序特征，在下面的实验中剔除了这些属性。

表 3-3 数据集的基本信息表

数据集	对象数	属性数	决策类数	数据集	对象数	属性数	决策类数
Abalone	4177	8	29	Wine	178	13	3
Car	1728	6	4	Iris	150	4	3
Glass	214	10	7	Sonar	208	60	2

把表 3-3 中的每个数据集按照对象数分成大小相等的六份，第一份为数据集 1，数据集 1 和第二份合并为数据集 2，$\cdots$，数据集 4 和第五份合并为数据集 5。第六份作为随机选取添加对象的备用数据集。利用这些数据集完成下列实验过程：① 用非增量算法计算优势关系粗糙集方法近似集。保留相关的计算结果以备增量算法使用。② 从备用数据集中随机选取一个对象，添加到论域中。分别使用增量算法和非增量算法计算添加一个对象后的论域上的优势关系粗糙集方法近似集。③ 接步骤①，随机从论域中删除一个对象。分别使用增量算法和非增量算法计算删除一个对象后的论域上的优势关系粗糙集方法近似集。

1. 添加对象的实验结果分析

表 3-4 中列出了实验中选用的 6 个数据集的属性个数 $|P|$ 和对象数 $|U|$ 及添加一个对象后用非增量算法和增量算法更新近似集的运行时间 t_1 和 t_2。

表 3-4 添加一个对象时非增量和增量算法的运行时间比较表

数据集	$\|U\|$	$\|P\|$	t_1	t_2	数据集	$\|U\|$	$\|P\|$	t_1	t_2
Abalone	3759	7	135.7651	4.2463	Wine	160	13	0.1438	0.0034
Car	1555	6	12.4212	0.2128	Iris	135	4	0.1277	0.0076
Glass	192	8	0.2659	0.0056	Sonar	187	60	0.5923	0.0065

图 3-1 反映的是随着数据集的对象数增多，在论域中添加一个对象后使用增量算法和非增量算法更新优势关系粗糙集近似集的运行时间的变化趋势。在图 3-1 中，纵坐标表示运行时间（时间单位：s），横坐标表示实验数据集（从左到右，数据集由小到大），实线和虚线分别表示增量算法（Algorithm 2）和非增量算法（Algorithm 1）的运行时间的变化趋势。

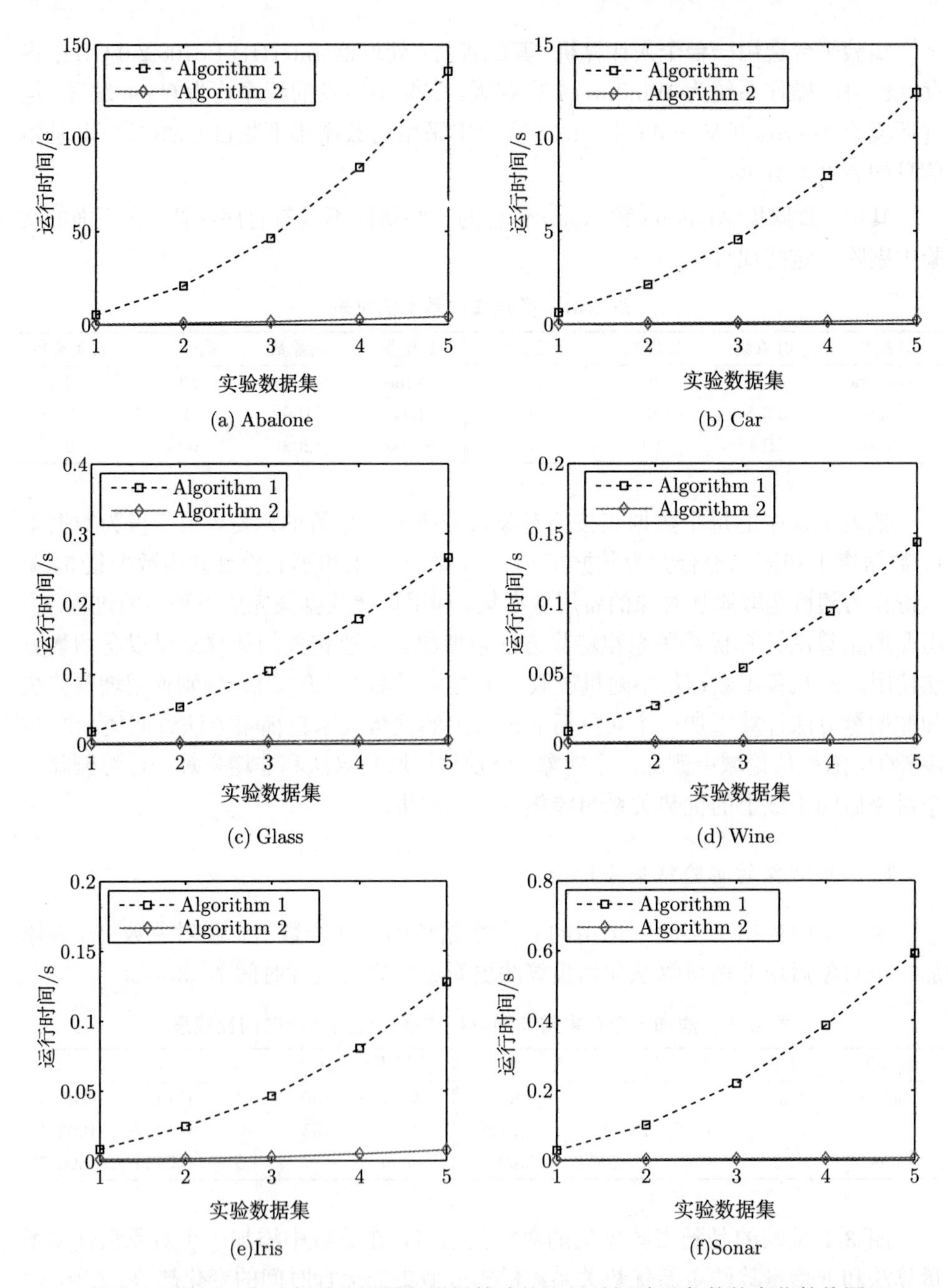

图 3-1　添加一个对象时非增量和增量算法的运行时间随对象数的变化趋势图

分析图 3-1 和表 3-4 中反映的实验结果可以得出以下结论：①当数据集添加一个对象后，用增量算法更新优势关系粗糙集近似集比非增量算法快，能够节约计算时间；②随着数据集中对象数增多，增量算法和非增量算法的运行时间都增多；③在同一种数据集中，对象数越多，增量算法相比非增量算法节约的运行时间越多。

2. 删除对象的实验结果分析

表 3-5 中列出了实验中选用的 6 个数据集的属性个数 $|P|$ 和对象数 $|U|$ 及删除一个对象后用非增量算法和增量算法更新近似集的运行时间 t_1 和 t_2。

表 3-5 删除一个对象时非增量和增量算法的运行时间比较表

数据集	$\|U\|$	$\|P\|$	t_1	t_2	数据集	$\|U\|$	$\|P\|$	t_1	t_2
Abalone	3759	7	134.8310	3.5193	Wine	160	13	0.1440	0.0023
Car	1555	6	12.3568	0.1996	Iris	135	4	0.1230	0.0063
Glass	192	8	0.2590	0.0041	Sonar	187	60	0.5817	0.0021

图 3-2 反映的是随着数据集的对象数增多，在论域中删除一个对象后使用增量算法（ Algorithm 3 ）和非增量算法（ Algorithm 1 ）更新优势关系粗糙集近似集的运行时间的变化趋势。

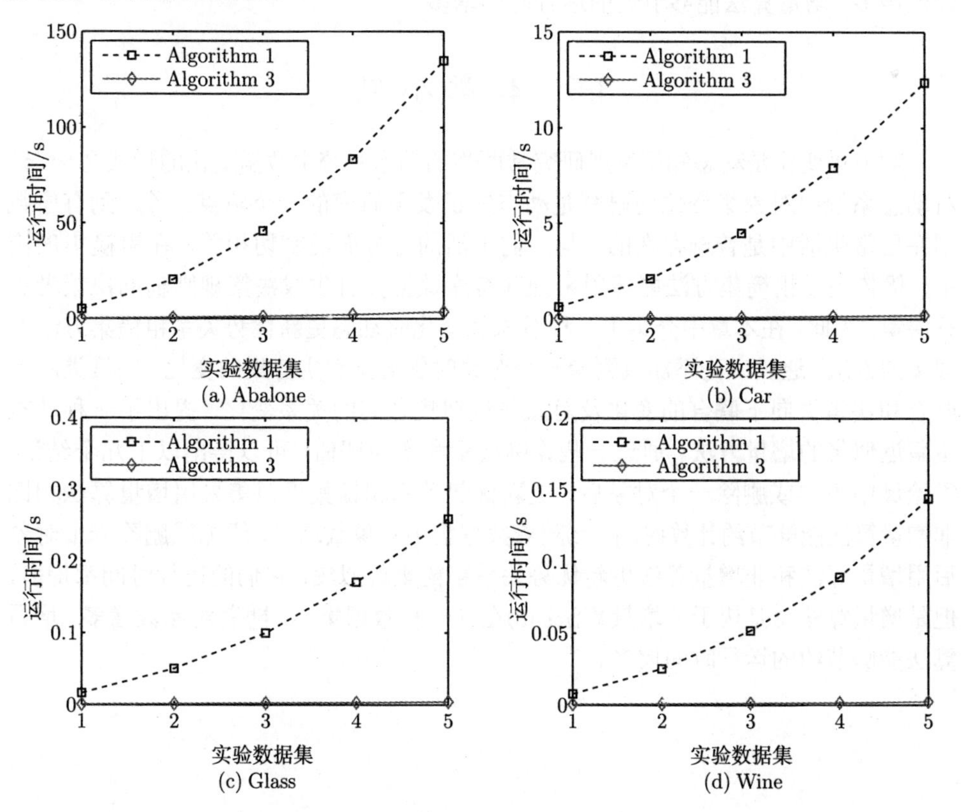

(a) Abalone (b) Car (c) Glass (d) Wine

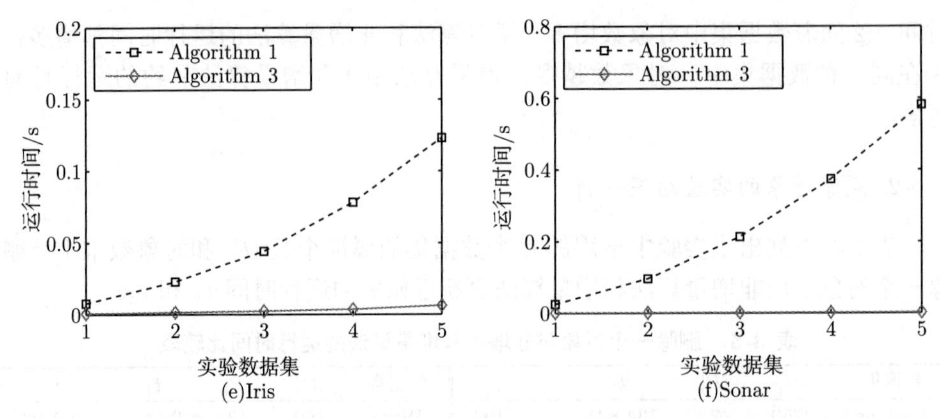

图 3-2　删除一个对象时非增量和增量算法的运行时间随对象数的变化趋势图

分析图 3-2 和表 3-5 中反映的实验结果可以得出以下结论: ① 当数据集删除一个对象后，用增量算法更新优势关系粗糙集近似集比非增量算法快，能够提高计算效率; ②随着数据集中对象数增多，删除一个对象后用增量算法和非增量算法更新优势关系粗糙集近似集，它们的运行时间都增多; ③在同一种数据集中，随着对象数增多，增量算法能够节约的运行时间增多。

3.5　本章小结

对象集变化是动态知识发现研究常面临的动态系统中数据变化的形式之一。针对动态系统中对象集变化的研究是动态知识发现研究的一个热点。考虑到有序数据在日常生活中是普遍存在的，与人们生活的方方面面密切相关。在粗糙集理论中，优势关系粗糙集方法能够用来处理有序数据并且生成决策规则辅助决策者进行决策。为此，在本章中介绍了一种对象集变化时动态更新优势关系粗糙集方法近似集的方法。通过讨论添加或删除一个对象时优势集和劣势集的变化、决策类向上联合和决策类向下联合的变化及对象与近似集之间的关系变化，提出了一种动态更新近似集的增量方法。通过一些算例演示和实验评估，可以得出以下几个结论: ①论域中添加或删除一个对象后，更新优势关系粗糙集近似集采用增量算法相比非增量算法能够节约计算时间; ②随着数据集中对象数增多，添加或删除一个对象后用增量算法和非增量算法更新优势关系粗糙集近似集，它们的运行时间都增多，但是增量算法总是快于非增量算法; ③在同一种数据集中，随着对象数增多，增量算法能够节约的运行时间增多。

第 4 章　集值优势关系粗糙集模型近似集动态更新方法

随着数据获取技术的快速发展，数据观测、采集工具的不断升级优化，所研究数据对象的属性特征呈现动态增长的趋势。属性特征维数的提高将导致数据量呈指数级增长，从而致使后续的数据分析和计算付出巨大的时间代价。例如，在基因序列的测序中，新的基因序列的发现将导致基因序列存储库的属性特征动态增加；在疾病患者的临床观察中，病毒的不断变异和患者症状的不断变化将导致临床观察结果的属性特征动态增加。另外，随着分布式数据库的广泛应用和多源数据的不断丰富和提供，信息融合技术成为数据集中属性特征动态增长的另一个重要原因。例如，飞机航行安全分析师需要对安装在机翼上的各种传感器所采集的数据进行融合分析处理，如声音传感器、温度传感器、地面震动传感器或红外线传感器等。又如，对于学生的综合素质评价，不仅需要某一单独部门对学生的成绩评价，更需要融合学校不同部门对学生不同方面的信息采集等。综上所述，在动态的数据环境中，属性特征的动态变化是一种较为常见的数据变化形式。如何利用粒计算和粗糙集理论在属性特征动态变化的数据环境中进行高效的数据挖掘和知识获取，已成为该领域中众多研究学者的研究热点。针对基于属性特征动态变化的增量数据挖掘模型及方法研究，目前的已有研究成果还主要集中在经典的单值信息系统，而对于更为复杂的集值信息系统却鲜少有报道。因此，本章将讨论集值信息系统中面向属性特征动态变化的动态粗糙集模型及方法。

矩阵理论作为一种基本的数学方法，在数值分析、优化理论、系统工程等诸多学科中有着广泛的应用，并已成为实际工程领域中处理海量有限维空间和数量关系的主要运算工具 [105]。在基于粗糙集理论的知识获取方法研究中，矩阵的思想及其运算性质也成为复杂问题求解中使用较为广泛的理论工具。Skowron 等率先利用差别矩阵对信息系统中所含有的知识进行刻画，并提出了相容决策表中基于差别矩阵的属性约简算法 [106]。Guan 等以等价关系为基础，从矩阵的视角系统探讨了信息系统中函数依赖性、属性依赖度、属性核、属性约简等概念的刻画方式 [107]。Xu 等针对不一致有序决策系统，提出了一种基于矩阵运算的最大分布属性约简求解算法 [108]。Liu 提出了一种目标概念的布尔列矩阵表示方法，并借助于矩阵的布尔乘积运算给出了粗糙集模型中上近似算子的构造方法 [109]。王石平等利用布尔矩阵及其乘积运算，提出了利用覆盖表示矩阵计算覆盖粗糙集模型中的覆盖近似算子，并进一步建立了邻域粗糙集的矩阵公理化方法 [110]。针对基于矩阵运算的动态粗糙集模型及方法，Liu 等提出了决策规则的支持度矩阵、精确度矩阵以及覆盖度矩阵的概率，考虑到信息系统中数据对象的动态变化，设计了相应的增量式矩阵更新算法 [54]。杨明针对信息系统中数据对象的动态插入问题，提出了一种基于改进差别矩阵的属性约简增量更新算法，该算法在属性核的动态求解基础上，通过差别矩阵的快速更新，实现属性约简的增量式更新计算 [111]。王磊等研究了动态信息系统中基于变精度粗糙集模型的近似集增量更新原理，并进一步设计了基于矩阵运算的近似集增量更新算法 [112]。Zhang 等针对基于粗糙理论的海量不完备数据处理问题，在 MapReduce 并行计算框架下提出了一种基于矩阵的近似集并行计算方法 [8]。本章以矩阵作为二元关系的表达运算工具，探讨了集值信息系统中属性特征动态变化时基于粗糙集理论的近似集增量更新方法，并设计了相应的近似集增量更新的矩阵算法。通过利用 UCI 公共数据集对所提出的算法的计算性能进行测试分析，实验结果进一步验证了该增量算法的可行性和高效性。

4.1　面向属性集更新的动态粗糙集模型

本节首先以关系矩阵为出发点，并利用矩阵的乘积运算，给出集值信息系统中上、下近似集的矩阵构造方法。考虑到信息系统中属性特征的动态变化，进一步分析了基于矩阵的近似集增量更新原理。

4.1.1　基于矩阵运算的近似集构造方法

定义 4.1.1　给定集值信息系统 $S=(U,C\cup\{d\},V,f)$，其中 $U=\{x_1,x_2,\cdots,x_n\}$，X 为目标概率，满足 $X\subseteq U$。X 可用特征向量 $C(X)$ 表示，即有

$$C(X)=\begin{bmatrix} c_1\\ c_2\\ \vdots\\ c_n \end{bmatrix}，\text{其中}\quad c_i=\begin{cases}1, & x_i\in X\\ 0, & x_i\notin X\end{cases} \tag{4-1}$$

为简单起见，将特征向量记为 $C(X)=[c_1,c_2,\cdots,c_n]^{\mathrm{T}}$，其中 T 表示矩阵的转置。

根据合取集值信息系统中的合取优势关系 $R_A^{\wedge\geqslant}$，如定义 2.3.3 所示，以下给出了基于合取优势关系的优、劣势矩阵的定义。

定义 4.1.2　给定集值信息系统 $S=(U,C\cup\{d\},V,f)$，$A\subseteq C$。属性 A 下的优势矩阵定义为

$$M_A^{\supseteq}=[m_{ij}]_{n\times n}，\quad\text{其中}\quad m_{ij}=\begin{cases}1, & x_j\in[x_i]_A^{\wedge\geqslant}\\ 0, & x_j\notin[x_i]_A^{\wedge\geqslant}\end{cases} \tag{4-2}$$

定义 4.1.3 给定集值信息系统 $S=(U,C\cup\{d\},V,f)$，$A\subseteq C$。属性 A 下的劣势矩阵定义为

$$M_A^{\subseteq}=[m'_{ij}]_{n\times n}, \text{ 其中 } m'_{ij}=\begin{cases}1, & x_j\in[x_i]_A^{\wedge\leqslant}\\ 0, & x_j\notin[x_i]_A^{\wedge\leqslant}\end{cases} \tag{4-3}$$

性质 4.1.1 给定集值信息系统 $S=(U,C\cup\{d\},V,f)$, $A\subseteq C$, $M_A^{\triangle}=[m_{ij}]_{n\times n}$ $(\triangle=\supseteq,\subseteq)$ 为属性 A 下的优 (劣) 势矩阵, 则有

(1) $m_{ii}=1(1\leqslant i\leqslant n)$。

(2) $M_A^{\subseteq}=(M_A^{\supseteq})^{\mathrm{T}}$。

定义 4.1.4 给定集值信息系统 $S=(U,C\cup\{d\},V,f)$，$M_A^{\triangle}=[\alpha_{ij}]_{n\times n}$ 和 $M_B^{\triangle}=[\beta_{ij}]_{n\times n}(\triangle=\supseteq,\subseteq)$ 分别为属性 $A,B\subseteq C$ 下的优、劣势矩阵。我们定义优势矩阵之间的逻辑“与”操作如下:

$$M_A^{\triangle}\wedge M_B^{\triangle}=[\lambda_{ij}]_{n\times n} \tag{4-4}$$

式中，$\lambda_{ij}=\alpha_{ij}\wedge\beta_{ij}=\min(\alpha_{ij},\beta_{ij})\ \ (i,j=1,2,\cdots,n)$。

性质 4.1.2 给定集值信息系统 $S=(U,C\cup\{d\},V,f)$，$M_A^{\triangle}$ 和 $M_B^{\triangle}(\triangle=\supseteq,\subseteq)$ 分别为属性集 $A,B\subseteq C$ 下的优、劣势矩阵, 则有

$$M_{A\cup B}^{\triangle}=M_A^{\triangle}\wedge M_B^{\triangle} \tag{4-5}$$

定义 4.1.5 给定集值信息系统 $S=(U,C\cup\{d\},V,f)$，$A\subseteq C$。由优 (劣) 势矩阵 $M_A^{\triangle}=[m_{ij}]_{n\times n}$ $(\triangle=\supseteq,\subseteq)$ 诱导的优势对角矩阵 $\Lambda_A^{\triangle}$ 定义如下:

$$\Lambda_A^{\triangle}=\begin{bmatrix}1\Big/\sum_{k=1}^{n}m_{1k} & 0 & \cdots & 0\\ 0 & 1\Big/\sum_{k=1}^{n}m_{2k} & \cdots & 0\\ \vdots & \vdots & & \vdots\\ 0 & 0 & \cdots & 1\Big/\sum_{k=1}^{n}m_{nk}\end{bmatrix} \tag{4-6}$$

简记为 $\Lambda_A^{\triangle}=\mathrm{diag}\,[1/\lambda_1,1/\lambda_2,\cdots,1/\lambda_n]$，其中 $\lambda_i=\sum_{j=1}^{n}m_{ij}(1\leqslant i\leqslant n)$。

定理 4.1.1 给定集值信息系统 $S=(U,C\cup\{d\},V,f)$，$A\subseteq C$。劣势诱导矩阵 $\Lambda_A^{\subseteq}$ 可由优势矩阵 $M_A^{\supseteq}=[m_{ij}]_{n\times n}$ 导出，即

$$\Lambda_A^{\subseteq} = \mathrm{diag}\,[1/\lambda_1, 1/\lambda_2, \cdots, 1/\lambda_n],$$

式中，$\lambda_i = \sum_{j=1}^{n} m_{ji}(1 \leqslant i \leqslant n)$。

证明 假设合取优势关系 $R_A^{\wedge\geqslant}$ 下的优、劣势矩阵分别为：$M_A^{\supseteq} = [m_{ij}]_{n\times n}$，$M_A^{\subseteq} = [\varphi_{ij}]_{n\times n}$。根据性质 4.1.1，可得 $M_A^{\subseteq} = (M_A^{\supseteq})^{\mathrm{T}}$，即，$\varphi_{ij} = m_{ji}$。又因为 $\Lambda_A^{\subseteq}$ 可从劣势矩阵 $M_A^{\subseteq}$ 中诱导，即 $\Lambda_A^{\subseteq} = \mathrm{diag}[1/\lambda_1, 1/\lambda_2, \cdots, 1/\lambda_n]$，其中 $\lambda_i = \sum_{j=1}^{n} \varphi_{ij}(1 \leqslant i \leqslant n)$。由于 $\varphi_{ij} = m_{ji}$，所以可得 $\lambda_i = \sum_{j=1}^{n} m_{ji}(1 \leqslant i \leqslant n)$。 □

定理 4.1.2 给定集值信息系统 $S = (U, C \cup \{d\}, V, f)$，$A \subseteq C$。$\Lambda_A^{\supseteq}$，$\Lambda_A^{\subseteq}$ 分别为优、劣势矩阵 $M_A^{\supseteq}$ 和 $M_A^{\subseteq}$ 的诱导矩阵，则以下成立：

(1) $\Lambda_A^{\supseteq} = \mathrm{diag}[1/|[x_1]_A^{\wedge\geqslant}|, 1/|[x_2]_A^{\wedge\geqslant}|, \cdots, 1/|[x_n]_A^{\wedge\geqslant}|]$。

(2) $\Lambda_A^{\subseteq} = \mathrm{diag}[1/|[x_1]_A^{\wedge\leqslant}|, 1/|[x_2]_A^{\wedge\leqslant}|, \cdots, 1/|[x_n]_A^{\wedge\leqslant}|]$。

注意：$1 \leqslant \left|[x_i]_A^{\wedge\geqslant}\right|, \left|[x_i]_A^{\wedge\leqslant}\right| \leqslant n \ (1 \leqslant i \leqslant n)$，$\left|[x_i]_A^{\wedge\geqslant}\right|$ 表示属性 A 下可能优于 x_i 的对象个数，$\left|[x_i]_A^{\wedge\leqslant}\right|$ 表示属性 A 下 x_i 可能优于的对象个数。

定义 4.1.6 给定集值信息系统 $S = (U, C \cup \{d\}, V, f)$，$R_A^{\wedge\geqslant}$ 为属性 $A \subseteq C$ 下的优势关系，$C(\mathrm{Cl}_t^{\geqslant})$ 为决策类向上联集 $\mathrm{Cl}_t^{\geqslant} \subseteq U(1 \leqslant t \leqslant n)$ 的特征向量，$M_A^{\supseteq}$ 和 $M_A^{\subseteq}$ 分别为优势关系 $R_A^{\supseteq}$ 的优、劣势矩阵，则 $\mathrm{Cl}_t^{\geqslant}$ 的上、下近似集的特征向量分别定义为

$$\begin{aligned} L_A^{\supseteq}(\mathrm{Cl}_t^{\geqslant}) &= \Lambda_A^{\supseteq} \cdot (M_A^{\supseteq} \cdot C(\mathrm{Cl}_t^{\geqslant})) \\ U_A^{\supseteq}(\mathrm{Cl}_t^{\geqslant}) &= M_A^{\subseteq} \cdot C(\mathrm{Cl}_t^{\geqslant}) \end{aligned} \tag{4-7}$$

式中，“$\cdot$”表示矩阵的乘积。

类似地，决策类向下联集 $\mathrm{Cl}_t^{\leqslant}(1 \leqslant t \leqslant n)$ 的近似集的特征向量定义如下。

定义 4.1.7 给定集值信息系统 $S = (U, C \cup \{d\}, V, f)$，$R_A^{\wedge\geqslant}$ 为属性 $A \subseteq C$ 下的优势关系，$C(\mathrm{Cl}_t^{\leqslant})$ 为决策类向下联集 $\mathrm{Cl}_t^{\leqslant} \subseteq U(1 \leqslant t \leqslant n)$ 的特征向量，$M_A^{\supseteq}$ 和 $M_A^{\subseteq}$ 分别为优势关系 $R_A^{\wedge\geqslant}$ 的优、劣势矩阵。$\mathrm{Cl}_t^{\leqslant}(1 \leqslant t \leqslant n)$ 的上、下近似集的特征向量分别定义为

$$\begin{aligned} L_A^{\supseteq}(\mathrm{Cl}_t^{\leqslant}) &= \Lambda_A^{\subseteq} \cdot (M_A^{\subseteq} \cdot C(\mathrm{Cl}_t^{\leqslant})) \\ U_A^{\supseteq}(\mathrm{Cl}_t^{\leqslant}) &= M_A^{\supseteq} \cdot C(\mathrm{Cl}_t^{\leqslant}) \end{aligned} \tag{4-8}$$

推论 4.1.1 给定集值信息系统 $S = (U, C \cup \{d\}, V, f)$，$R_A^{\wedge\geqslant}$ 为属性 $A \subseteq C$ 下的优势关系。若目标决策类向上、下联集 $\mathrm{Cl}_t^{\geqslant}$，$\mathrm{Cl}_t^{\leqslant}$ 的特征向量分别为 $C(\mathrm{Cl}_t^{\geqslant}) = [c_1, c_2, \ldots, c_n]^{\mathrm{T}}$，$C(\mathrm{Cl}_t^{\leqslant}) = [c'_1, c'_2, \cdots, c'_n]^{\mathrm{T}}$；优势关系 $R_A^{\wedge\geqslant}$ 的优势矩阵为 $M_A^{\supseteq} =$

$[m_{ij}]_{n\times n}$。假设目标决策类向上联集 $\mathrm{Cl}_t^{\geqslant}$ 的上、下近似特征向量分别为：$L_A^{\supseteq}(\mathrm{Cl}_t^{\geqslant})=[l_1,l_2,\cdots,l_n]^{\mathrm{T}}$，$U_A^{\supseteq}(\mathrm{Cl}_t^{\geqslant})=[\mu_1,\mu_2,\cdots,\mu_n]$；目标决策类向下联集 $\mathrm{Cl}_t^{\leqslant}$ 的上、下近似特征向量分别为：$L_A^{\supseteq}(\mathrm{Cl}_t^{\leqslant})=[\ell_1,\ell_2,\cdots,\ell_n]^{\mathrm{T}}$，$U_A^{\supseteq}(\mathrm{Cl}_t^{\leqslant})=[\nu_1,\nu_2,\cdots,\nu_n]$，则以下成立：

(1) $l_i=\sum\limits_{j=1}^{n}m_{ij}c_j/\sum\limits_{j=1}^{n}m_{ij}$，$\mu_i=\sum\limits_{j=1}^{n}m_{ji}c_j$，其中 $0\leqslant l_i\leqslant 1, 0\leqslant \mu_i\leqslant n$。

(2) $\ell_i=\sum\limits_{i=1}^{n}m_{ij}c_i'/\sum\limits_{i=1}^{n}m_{ij}$，$\nu_i=\sum\limits_{j=1}^{n}m_{ij}c_j'$，其中 $0\leqslant \ell_i\leqslant 1$，$0\leqslant \nu_i\leqslant n$。

定理 4.1.3 给定集值信息系统 $S=(U,C\cup\{d\},V,f)$，并且 $A\subseteq C$。决策类向上联集 $\mathrm{Cl}_t^{\geqslant}(1\leqslant t\leqslant n)$ 的上、下近似集可由特征向量 $L_A^{\supseteq}(\mathrm{Cl}_t^{\geqslant})$，$U_A^{\supseteq}(\mathrm{Cl}_t^{\geqslant})$ 分别计算如下：

$$\underline{R_A^{\supseteq}}(\mathrm{Cl}_t^{\geqslant})=\{x_i\in U\mid \ell_i=1,\text{ 其中 }\ell_i\text{ 是 }L_A^{\supseteq}(\mathrm{Cl}_t^{\geqslant})\text{ 中第 }i\text{ 个元素 }\}$$
$$\overline{R_A^{\supseteq}}(\mathrm{Cl}_t^{\geqslant})=\{x_i\in U\mid \mu_i\geqslant 1,\text{ 其中 }\mu_i\text{ 是 }U_A^{\supseteq}(\mathrm{Cl}_t^{\geqslant})\text{ 中第 }i\text{ 个元素 }\}$$

证明 假设决策类向上联集 $\mathrm{Cl}_t^{\geqslant}$ 的特征向量为 $C(\mathrm{Cl}_t^{\geqslant})=[c_1,c_2,\cdots,c_n]^{\mathrm{T}}$，优势关系 $R_A^{\wedge\geqslant}$ 的优势矩阵为 $M_A^{\supseteq}=[m_{ij}]_{n\times n}$，决策类向上联集 $\mathrm{Cl}_t^{\geqslant}$ 的上、下近似集的特征向量分别为 $L_A^{\supseteq}(\mathrm{Cl}_t^{\geqslant})=[l_1,l_2,\cdots,l_n]^{\mathrm{T}}$，$U_A^{\supseteq}(\mathrm{Cl}_t^{\geqslant})=[\mu_1,\mu_2,\cdots,\mu_n]^{\mathrm{T}}$。

(1) “充分性”：根据推论 4.1.1 可知，$\forall l_i\in L_A^{\supseteq}(\mathrm{Cl}_t^{\geqslant})$，若 $l_i=1$，则 $\sum\limits_{j=1}^{n}m_{ij}c_j\Big/\sum\limits_{j=1}^{n}m_{ij}=1$。然而，对任意的 $j\in\{1,2,\ldots,n\}$，若 $m_{ij}=1$，则 $c_j=1$ 成立。因此，如果 $x_j\in[x_i]_A^{\wedge\geqslant}$，则 $x_j\in\mathrm{Cl}_t^{\geqslant}$，即 $[x_i]_A^{\wedge\geqslant}\subseteq\mathrm{Cl}_t^{\geqslant}$，$x_i\in\underline{R_A^{\supseteq}}(\mathrm{Cl}_t^{\geqslant})$。对于上近似，根据推论 4.1.1 可知，对任意的 $\mu_i\in U_A^{\supseteq}(\mathrm{Cl}_t^{\geqslant})$，若 $\mu_i\geqslant 1$，则 $\sum\limits_{j=1}^{n}m_{ji}c_j\geqslant 1$。因此必存在 $j\in\{1,2,\cdots,n\}$，使得 $m_{ji}=c_j=1$，即 $x_j\in[x_i]_A^{\wedge\geqslant}$ 和 $x_j\in\mathrm{Cl}_t^{\geqslant}$。因此可得，$[x_i]_A^{\wedge\geqslant}\cap\mathrm{Cl}_t^{\geqslant}\neq\varnothing$，即 $x_i\in\overline{R_A^{\supseteq}}(\mathrm{Cl}_t^{\geqslant})$。

(2) “必要性”：对任意的 $x_i\in U$，若 $x_i\in\underline{R_A^{\supseteq}}(\mathrm{Cl}_t^{\geqslant})$，则 $[x_i]_A^{\wedge\geqslant}\subseteq\mathrm{Cl}_t^{\geqslant}$，也就是说，若 $\forall x_j\in[x_i]_A^{\supseteq}$，则 $x_j\in\mathrm{Cl}_t^{\geqslant}$。因此，根据定义 4.1.1 和定义 4.1.2 可知，对任意的 $j\in\{1,2,\cdots,n\}$，如果 $m_{ij}=1$，则 $c_j=1$，即 $m_{ij}c_j=m_{ij}$。另外，根据推论 4.1.1，有 $l_i=\sum\limits_{j=1}^{n}m_{ij}c_j/\sum\limits_{j=1}^{n}m_{ij}=\sum\limits_{j=1}^{n}m_{ij}/\sum\limits_{j=1}^{n}m_{ij}=1$。对任意的 $x_i\in U$，如果 $x_i\in\overline{R_A^{\supseteq}}(\mathrm{Cl}_t^{\geqslant})$，则 $[x_i]_A^{\wedge\geqslant}\cap\mathrm{Cl}_t^{\geqslant}=\varnothing$，即存在 $x_j\in[x_i]_A^{\wedge\geqslant}$，使得 $x_j\in\mathrm{Cl}_t^{\geqslant}$。因此，根据定义 4.1.1 和定义 4.1.3 可知，必存在 $j\in\{1,2,\cdots,n\}$ 满足 $m_{ji}=1$，$c_j=1$，即

$m_{ji}c_j = 1$。因此，根据推论 4.1.1，有 $\mu_i = \sum_{j=1}^{n} m_{ji}c_j \geqslant 1$。 □

定理 4.1.4 给定集值信息系统 $S = (U, C \cup \{d\}, V, f)$，$A \subseteq C$。决策类向下联集 $\mathrm{Cl}_t^{\leqslant}(1 \leqslant t \leqslant n)$ 的上、下联集可由特征向量 $L_A^{\supseteq}(\mathrm{Cl}_t^{\leqslant})$，$U_A^{\supseteq}(\mathrm{Cl}_t^{\leqslant})$ 分别计算如下:

$$\underline{R_A^{\supseteq}}(\mathrm{Cl}_t^{\leqslant}) = \{x_i \in U \mid \ell_i = 1,\ \text{其中}\ \ell_i\ \text{是}\ L_A^{\supseteq}(\mathrm{Cl}_t^{\leqslant})\ \text{中第}\ i\ \text{个元素}\}$$

$$\overline{R_A^{\supseteq}}(\mathrm{Cl}_t^{\leqslant}) = \{x_i \in U \mid \mu_i \geqslant 1,\ \text{其中}\ \mu_i\ \text{是}\ U_A^{\supseteq}(\mathrm{Cl}_t^{\leqslant})\ \text{中第}\ i\ \text{个元素}\}$$

证明 证明过程与定理 4.1.3 类似，此处略。 □

本节介绍了运用矩阵方法构造集值信息系统中目标决策上、下近似的理论模型。在以下章节中，我们将进一步系统地研究集值信息系统中属性特征动态变化时如何运用矩阵方法实现近似集的增量式计算。

4.1.2 添加属性时近似集动态更新

定理 4.1.5 给定集值信息系统 $S = (U, C \cup \{d\}, V, f)$，$A, B \subseteq C$ 并且 $A \cap B = \varnothing$。假设 $M_A^{\supseteq} = [m_{ij}]_{n\times n}$ 和 $M_{A\cup B}^{\supseteq} = [m'_{ij}]_{n\times n}$ 分别为优势关系 $R_A^{\wedge\geqslant}$ 和 $R_{A\cup B}^{\wedge\geqslant}$ 确定的优势矩阵。将属性集 B 添加到 A 后，则以下成立:

(1) 若 $m_{ij} = 0$，则 $m'_{ij} = m_{ij}$。

(2) 若 $m_{ij} = 1$，$x_j \in [x_i]_B^{\wedge\geqslant}$，则 $m'_{ij} = m_{ij}$。

(3) 若 $m_{ij} = 1$，$x_j \notin [x_i]_B^{\wedge\geqslant}$，则 $m'_{ij} = 0$。

证明 假设 $M_A^{\supseteq} = [m_{ij}]_{n\times n}$ 为优势关系 $R_A^{\wedge\geqslant}$ 确定的优势矩阵，如果 $m_{ij} = 0$，则 $x_j \notin [x_i]_A^{\wedge\geqslant}$。当属性集 B 添加到 A 后，可得 $x_j \notin [x_i]_{A\cup B}^{\wedge\geqslant}$，即 $m'_{ij} = m_{ij} = 0$。如果 $m_{ij} = 1$，则 $x_j \in [x_i]_A^{\wedge\geqslant}$。$A$ 中添加属性集 B 后，存在两种情况，如果 $x_j \in [x_i]_B^{\wedge\geqslant}$，则 $x_j \in [x_i]_{A\cup B}^{\wedge\geqslant}$，即 $m'_{ij} = m_{ij} = 1$；另外，如果 $x_j \notin [x_i]_B^{\wedge\geqslant}$，则 $x_j \notin [x_i]_{A\cup B}^{\wedge\geqslant}$，即 $m'_{ij} = 0$。 □

推论 4.1.2 给定集值信息系统 $S = (U, C \cup \{d\}, V, f)$，$A, B \subseteq C$ 并且 $A \cap B = \varnothing$。由优势关系 $R_A^{\wedge\geqslant}$ 确定的优势矩阵为 $M_A^{\supseteq} = [m_{ij}]_{n\times n}$，$M_A^{\supseteq}$ 和 $M_A^{\subseteq}$ 的诱导矩阵分别为 $\Lambda_A^{\supseteq} = \mathrm{diag}[1/\lambda_1, 1/\lambda_2, \cdots, 1/\lambda_n]$，$\Lambda_A^{\subseteq} = \mathrm{diag}[1/\tau_1, 1/\tau_2, \cdots, 1/\tau_n]$。假设 $M_{A\cup B}^{\supseteq} = [m'_{ij}]_{n\times n}$ 为将属性集 B 添加到 A 后的优势矩阵，则有

$$\Lambda_{A\cup B}^{\supseteq} = \mathrm{diag}[1/\lambda'_1, 1/\lambda'_2, \cdots, 1/\lambda'_n],\ \Lambda_{A\cup B}^{\subseteq} = \mathrm{diag}[1/\tau'_1, 1/\tau'_2, \cdots, 1/\tau'_n]$$

式中，$\lambda'_i = \lambda_i - \sum_{j=1}^{n} m_{ij} \oplus m'_{ij}$；$\tau'_i = \tau_i - \sum_{j=1}^{n} m_{ji} \oplus m'_{ji}$；“$\oplus$”表示矩阵之间的逻辑“与”操作。

推论 4.1.3 给定集值信息系统 $S = (U, C \cup \{d\}, V, f)$，$A, B \subseteq C$ 且 $A \cap B = \varnothing$。$C(\mathrm{Cl}_t^{\geqslant}) = [c_1, c_2, \cdots, c_n]^{\mathrm{T}}$，$C(\mathrm{Cl}_t^{\leqslant}) = [c'_1, c'_2, \cdots, c'_n]^{\mathrm{T}}$ 分别为目标决策类向上、下联集 $\mathrm{Cl}_t^{\geqslant}$ 和 $\mathrm{Cl}_t^{\leqslant}$ 的特征向量，$M_A^{\supseteq} = [m_{ij}]_{n\times n}$ 为由优势关系 $R_A^{\wedge\geqslant}$ 确定的优势

矩阵。令 $M_A^{\supseteq} \cdot C(\mathrm{Cl}_t^{\geqslant}) = [\omega_1, \omega_2, \cdots, \omega_n]^{\mathrm{T}}$，$M_A^{\subseteq} \cdot C(\mathrm{Cl}_t^{\leqslant}) = [\psi_1, \psi_2, \cdots, \psi_n]^{\mathrm{T}}$。假设 $M_{A\cup B}^{\supseteq} = [m'_{ij}]_{n\times n}$ 为将属性集 B 添加到 A 后的优势矩阵，则有

$$M_{A\cup B}^{\supseteq} \cdot C(\mathrm{Cl}_t^{\geqslant}) = [\omega'_1, \omega'_2, \cdots, \omega'_n]^{\mathrm{T}},\ M_{A\cup B}^{\subseteq} \cdot C(\mathrm{Cl}_t^{\leqslant}) = [\psi'_1, \psi'_2, \cdots, \psi'_n]^{\mathrm{T}}$$

式中，$\omega'_i = \omega_i - \sum_{j=1}^{n}(m_{ij} \oplus m'_{ij})c_j$；$\psi'_i = \psi_i - \sum_{j=1}^{n}(m_{ji} \oplus m'_{ji})c'_j$。

根据定义 4.1.6 和定义 4.1.7 可知，当添加属性集 A 后，决策类向上、下联集 $\mathrm{Cl}_t^{\geqslant}$ 和 $\mathrm{Cl}_t^{\leqslant}$ 的下近似特征向量：$L_A^{\supseteq}(\mathrm{Cl}_t^{\geqslant})$，$L_A^{\supseteq}(\mathrm{Cl}_t^{\leqslant})$ 可根据推论 4.1.2 和推论 4.1.3 直接计算求得，从而实现下近似的增量计算。

推论 4.1.4 给定集值信息系统 $S = (U, C \cup \{d\}, V, f)$，$A, B \subseteq C$ 且 $A \cap B = \varnothing$。$C(\mathrm{Cl}_t^{\geqslant}) = [c_1, c_2, \cdots, c_n]^{\mathrm{T}}$，$C(\mathrm{Cl}_t^{\leqslant}) = [c'_1, c'_2, \cdots, c'_n]^{\mathrm{T}}$ 分别为目标决策类向上、下联集 $\mathrm{Cl}_t^{\geqslant}$ 和 $\mathrm{Cl}_t^{\leqslant}$ 的特征向量，$M_A^{\supseteq} = [m_{ij}]_{n\times n}$ 为优势关系 $R_A^{\wedge\geqslant}$ 的优势矩阵，$U_A^{\supseteq}(\mathrm{Cl}_t^{\geqslant}) = [\mu_1, \mu_2, \cdots, \mu_n]$，$U_A^{\supseteq}(\mathrm{Cl}_t^{\leqslant}) = [\nu_1, \nu_2, \ldots, \nu_n]$ 分别为决策类向上、下联集 $\mathrm{Cl}_t^{\geqslant}$ 和 $\mathrm{Cl}_t^{\leqslant}$ 的上近似特征向量。假设 $M_{A\cup B}^{\supseteq} = [m'_{ij}]_{n\times n}$ 为添加属性集 B 到 A 后的优势矩阵，则有

$$U_{A\cup B}^{\supseteq}(\mathrm{Cl}_t^{\geqslant}) = [\mu'_1, \mu'_2, \cdots, \mu'_n],\ U_{A\cup B}^{\supseteq}(\mathrm{Cl}_t^{\leqslant}) = [\nu'_1, \nu'_2, \cdots, \nu'_n]$$

式中，$\mu'_i = \mu_i - \sum_{j=1}^{n}(m_{ji} \oplus m'_{ji})c_j$；$\nu'_i = \nu_i - \sum_{j=1}^{n}(m_{ij} \oplus m'_{ij})c'_j$。

根据推论 4.1.4 中增加属性集时上近似特征向量的更新原理，可实现上近似集的增量计算。

4.1.3 删除属性时近似集动态更新

定理 4.1.6 给定集值信息系统 $S = (U, C \cup \{d\}, V, f)$，$A \subseteq C$，$B \subset A$。假设矩阵 $M_A^{\supseteq} = [m_{ij}]_{n\times n}$ 和 $M_{A-B}^{\supseteq} = [m'_{ij}]_{n\times n}$ 分别为优势关系 $R_A^{\wedge\geqslant}$ 和 $R_{A-B}^{\wedge\geqslant}$ 的优势矩阵。将属性集 B 从 A 中删除后，则以下成立：

(1) 若 $m_{ij} = 1$，则 $m'_{ij} = m_{ij}$。

(2) 若 $m_{ij} = 0, x_j \notin [x_i]_{A-B}^{\wedge\geqslant}$，则 $m'_{ij} = m_{ij}$。

(3) 若 $m_{ij} = 0, x_j \in [x_i]_{A-B}^{\wedge\geqslant}$，则 $m'_{ij} = 1$。

证明 由于 $M_A^{\supseteq} = [m_{ij}]_{n\times n}$ 是由属性集 A 确定的优势矩阵，如果 $m_{ij} = 1$，则 $x_j \in [x_i]_A^{\wedge\geqslant}$。当属性集 B 从 A 中删除后，可得 $x_j \in [x_i]_{A-B}^{\wedge\geqslant}$，即 $m'_{ij} = m_{ij} = 1$。如果 $m_{ij} = 0$，则 $x_j \notin [x_i]_A^{\wedge\geqslant}$ 成立。删除属性集 B 后，如果 $x_j \notin [x_i]_{A-B}^{\wedge\geqslant}$，则 $m'_{ij} = m_{ij} = 0$ 成立；否则，如果 $x_j \in [x_i]_{A-B}^{\wedge\geqslant}$，则 $m'_{ij} = 1$ 成立。 □

推论 4.1.5 给定集值信息系统 $S=(U,C\cup\{d\},V,f)$，$A\subseteq C$，$B\subset A$。$M_A^{\supseteq}=[m_{ij}]_{n\times n}$ 为优势关系 $R_A^{\wedge\geqslant}$ 确定的优势矩阵，$\Lambda_A^{\supseteq}=\mathrm{diag}\,[1/\lambda_1,1/\lambda_2,\cdots,1/\lambda_n]$，$\Lambda_A^{\subseteq}=\mathrm{diag}[1/\tau_1 1/\tau_2,\cdots,1/\tau_n]$ 分别为优势矩阵 $M_A^{\supseteq}$ 和 $M_A^{\subseteq}$ 的诱导矩阵。假设 $M_{A-B}^{\supseteq}=[m'_{ij}]_{n\times n}$ 为属性集 B 从 A 中删除后的优势矩阵，则有

$$\Lambda_{A-B}^{\supseteq}=\mathrm{diag}\,[1/\lambda'_1,1/\lambda'_2,\cdots,1/\lambda'_n]\,,\ \Lambda_{A\cup B}^{\subseteq}=\mathrm{diag}\,[1/\tau'_1,1/\tau'_2,\cdots,1/\tau'_n]$$

式中，$\lambda'_i=\lambda_i+\sum\limits_{j=1}^{n}m_{ij}\oplus m'_{ij}$；$\tau'_i=\tau_i+\sum\limits_{j=1}^{n}m_{ji}\oplus m'_{ji}$。

推论 4.1.6 给定集值信息系统 $S=(U,C\cup\{d\},V,f)$，$A\subseteq C$，$B\subset A$。$C(\mathrm{Cl}_t^{\geqslant})=[c_1,c_2,\cdots,c_n]^{\mathrm{T}}$，$C(\mathrm{Cl}_t^{\leqslant})=[c'_1,c'_2,\cdots,c'_n]^{\mathrm{T}}$ 分别为目标决策类向上、下联集 $\mathrm{Cl}_t^{\geqslant}$ 和 $\mathrm{Cl}_t^{\leqslant}$ 的特征向量，$M_A^{\supseteq}=[m_{ij}]_{n\times n}$ 为优势关系 $R_A^{\wedge\geqslant}$ 确定的优势矩阵。令 $M_A^{\supseteq}\cdot C(\mathrm{Cl}_t^{\geqslant})=[\omega_1,\omega_2,\cdots,\omega_n]^{\mathrm{T}}$，$M_A^{\subseteq}\cdot C(\mathrm{Cl}_t^{\leqslant})=[\psi_1,\psi_2,\cdots,\psi_n]^{\mathrm{T}}$。假设 $M_{A-B}^{\supseteq}=[m'_{ij}]_{n\times n}$ 为属性集 B 从 A 中删除后的优势矩阵，则有

$$M_{A-B}^{\supseteq}\cdot C(\mathrm{Cl}_t^{\geqslant})=[\omega'_1,\omega'_2,\cdots,\omega'_n]^{\mathrm{T}},\ M_{A-B}^{\subseteq}\cdot C(\mathrm{Cl}_t^{\leqslant})=[\psi'_1,\psi'_2,\cdots,\psi'_n]^{\mathrm{T}}$$

式中，$\omega'_i=\omega_i+\sum\limits_{j=1}^{n}(m_{ij}\oplus m'_{ij})c_j$；$\psi'_i=\psi_i+\sum\limits_{j=1}^{n}(m_{ji}\oplus m'_{ji})c'_j$。

推论 4.1.7 给定集值信息系统 $S=(U,C\cup\{d\},V,f)$，$A\subseteq C$，$B\subset A$。$C(\mathrm{Cl}_t^{\geqslant})=[c_1,c_2,\cdots,c_n]^{\mathrm{T}}$，$C(\mathrm{Cl}_t^{\leqslant})=[c'_1,c'_2,\cdots,c'_n]^{\mathrm{T}}$ 分别为目标决策类向上、下联集 $\mathrm{Cl}_t^{\geqslant}$ 和 $\mathrm{Cl}_t^{\leqslant}$ 的特征向量，$M_A^{\supseteq}=[m_{ij}]_{n\times n}$ 为优势关系 $R_A^{\supseteq}$ 的优势矩阵，$U_A^{\supseteq}(\mathrm{Cl}_t^{\geqslant})=[\mu_1,\mu_2,\cdots,\mu_n]$，$U_A^{\supseteq}(\mathrm{Cl}_t^{\leqslant})=[\nu_1,\nu_2,\cdots,\nu_n]$ 是优势关系 $R_A^{\supseteq}$ 下，上、下联集 $\mathrm{Cl}_t^{\geqslant}$ 和 $\mathrm{Cl}_t^{\leqslant}$ 的上近似特征向量。假设 $M_{A-B}^{\supseteq}=[m'_{ij}]_{n\times n}$ 为删除属性集 B 后的优势矩阵，则有

$$U_{A-B}^{\supseteq}(\mathrm{Cl}_t^{\geqslant})=[\mu'_1,\mu'_2,\cdots,\mu'_n]\,,\ U_{A-B}^{\supseteq}(\mathrm{Cl}_t^{\leqslant})=[\nu'_1,\nu'_2,\cdots,\nu'_n]$$

式中，$\mu'_i=\mu_i+\sum\limits_{j=1}^{n}(m_{ji}\oplus m'_{ji})c_j$；$\nu'_i=\nu_i+\sum\limits_{j=1}^{n}(m_{ij}\oplus m'_{ij})c'_j$。

根据推论 4.1.5～ 推论 4.1.7 中删除属性集时近似集特征向量的更新原理，可实现目标决策向上、下联集近似集的增量计算。

4.2 算法设计与分析

根据 4.1.1 节中对集值信息系统中基于矩阵运算的近似集构造方法的讨论与分析，我们首先给出了一种近似集的非增量计算算法，即算法 4.2.1。

算法 4.2.1 集值决策系统中基于矩阵的近似集构造算法。

输入: (1) 集值决策系统 $(U, C\cup\{d\}, V, f)$，属性集 $A\subseteq C$；(2) 决策类 $\mathrm{Cl}_t(1\leqslant t\leqslant n)$。

输出: 目标决策类上联集的近似集：$\underline{R_A^{\supseteq}}(\mathrm{Cl}_t^{\geqslant})$，$\overline{R_A^{\supseteq}}(\mathrm{Cl}_t^{\geqslant})$。

1: **for** $i=1$ to n **do**
2: **for** $j=1$ to n **do**
3: **if** $x_j\in[x_i]_A^{\wedge\geqslant}$ **then** {根据定义 4.1.2，构造优势关系矩阵 $M_A^{\supseteq}$;}
4: $m_{ij} \ = \ 1;$
5: **else**
6: $m_{ij} \ = \ 0;$
7: **end if**
8: **if** $x_i \in \mathrm{Cl}_t^{\geqslant}$ **then** {根据定义 4.1.1，构造目标决策向上联集的特征向量 $C(\mathrm{Cl}_t^{\geqslant})$;}
9: $c_i=1;$
10: **else**
11: $c_i=0;$
12: **end if**
13: $\lambda_i+=m_{ij}$;{根据定义 4.1.5，构造优势矩阵 $M_A^{\supseteq}$ 的诱导对角矩阵 $\Lambda_A^{\triangle}$；}
14: **end for**
15: **end for**
16: **for** i=1 to n **do** {根据推论4.1.1，计算$\mathrm{Cl}_t^{\geqslant}$的近似集特征向量:$L_A^{\supseteq}(\mathrm{Cl}_t^{\geqslant})$,$U_A^{\supseteq}(\mathrm{Cl}_t^{\geqslant})$；}
17: **for** $j=1$ to n **do**
18: $\omega_i+=m_{ij}c_j;$
19: $\mu_i+=m_{ji}c_j;$
20: **end for**
21: $\ell_i \ = \ \omega_i/\lambda_i;$
22: **end for**
23: **for** $i=1$ to n **do** {根据定理 4.1.3，计算 $\mathrm{Cl}_t^{\geqslant}$ 的近似集: $\underline{R_A^{\supseteq}}(\mathrm{Cl}_t^{\geqslant})$, $\overline{R_A^{\supseteq}}(\mathrm{Cl}_t^{\geqslant})$;}
24: **if** $\ell_i \ = \ 1$ **then**
25: $\underline{R_A^{\supseteq}}(\mathrm{Cl}_t^{\geqslant})\cup\{x_i\};$
26: **end if**
27: **if** $\mu_i \ != \ 0$ **then**

28: $\overline{R_{A}^{\supseteq}}(\mathrm{Cl}_t^{\geqslant}) \cup \{x_i\}$

29: **end if**

30: **end for**

31: **输出:** $\underline{R_{A}^{\supseteq}}(\mathrm{Cl}_t^{\geqslant})$, $\overline{R_{A}^{\supseteq}}(\mathrm{Cl}_t^{\geqslant})$;

算法 4.2.1 的计算时间复杂度分析如下: 步骤 3~7 构造优势关系矩阵 $M_{A}^{\supseteq}$ 的时间复杂度是 $O(|U|^2|A|)$; 步骤 8~12 构造目标决策向上联集的特征向量 $C(\mathrm{Cl}_t^{\geqslant})$ 的时间复杂度是 $O(|U|)$; 步骤 16~22 计算 $\mathrm{Cl}_t^{\geqslant}$ 的近似集特征向量: $L_{A}^{\supseteq}(\mathrm{Cl}_t^{\geqslant})$, $U_{A}^{\supseteq}(\mathrm{Cl}_t^{\geqslant})$ 的时间复杂度是 $O(|U|^2)$; 步骤 23~30 计算 $\mathrm{Cl}_t^{\geqslant}$ 的近似集: $\underline{R_{A}^{\supseteq}}(\mathrm{Cl}_t^{\geqslant})$, $\overline{R_{A}^{\supseteq}}(\mathrm{Cl}_t^{\geqslant})$ 的时间复杂度是 $O(|U|)$。因此，算法 4.2.1 的总的时间复杂度为 $O(|U|^2|A| + |U| + |U|^2 + |U|) = O(|U|^2|A| + |U|)$。

考虑到集值信息系统中属性集的动态增加，如何通过矩阵的局部更新计算实现近似集的增量维护、修改，4.1 节中已给出了相关理论分析及方法阐述，接下来进一步设计增加属性集时基于矩阵的近似集增量更新算法。

算法 4.2.2 集值决策系统中属性集动态添加时基于矩阵的近似集增量更新算法。

输入: (1) 集值决策系统 $(U, C \cup \{d\}, V, f)$; (2) 目标决策类向上联集 $\mathrm{Cl}_t^{\geqslant}$ 的特征向量: $C(\mathrm{Cl}_t^{\geqslant}) = [c_1, c_2, \cdots, c_n]^{\mathrm{T}}$; (3) 优势矩阵: $M_{A}^{\supseteq} = [m_{ij}]_{n\times n}$，优势诱导矩阵 $\Lambda_{A}^{\supseteq} = \mathrm{diag}(1/\lambda_i)$，乘积矩阵 $M_{A}^{\supseteq} \cdot C(\mathrm{Cl}_t^{\geqslant}) = [\omega_i]^{\mathrm{T}}$，上近似特征向量 $U_{A}^{\supseteq}(\mathrm{Cl}_t^{\geqslant}) = [\mu_i]^{\mathrm{T}}$; (4) 新增属性集 B 且 $A \cap B = \varnothing$。

输出: 决策类向上、下联集 $\mathrm{Cl}_t^{\geqslant}, \mathrm{Cl}_t^{\leqslant}$ 的上、下近似集; $\underline{R_{A}^{\supseteq}}(\mathrm{Cl}_t^{\geqslant})$, $\overline{R_{A}^{\supseteq}}(\mathrm{Cl}_t^{\geqslant})$。

1: $A = A \cup B$; {将新增属性集 B 添加到原有属性集 A 中; }

2: **for** $i = 1$ to n **do**

3: **for** $j = 1$ to n **do**

4: **if** $m_{ij} == 0$ **then**

5: $m_{ij} = 0$; {根据定理 4.1.5 的 (1)，优势矩阵元素 m_{ij} 保持不变; }

6: **else**

7: **if** $x_j \notin [x_i]_B^{\wedge\geqslant}$ **then**

8: $m_{ij} = 0$; {根据定理 4.1.5 的 (3)，优势矩阵元素 m_{ij} 由“1”更新为“0”; }

9: $\lambda_i = \lambda_i - 1$; {根据推论 4.1.2，更新优势对角矩阵 $\Lambda_{A\cup B}^{\supseteq}$; }

10: $\omega_i = \omega_i - c_j$; {根据推论 4.1.3，更新乘积矩阵 $M_{A\cup B}^{\supseteq} \cdot C(\mathrm{Cl}_t^{\geqslant})$; }

11: $\mu_j = \mu_j - c_i$; {根据推论 4.1.4，更新上近似特征向量 $U_{A\cup B}^{\supseteq}(\mathrm{Cl}_t^{\geqslant})$; }

12: **else**

13: $m_{ij}=1$ are constant; {根据定理 4.1.5 的 (2)，优势矩阵元素 m_{ij} 保持不变；}

14: **end if**

15: **end if**

16: **end for**

17: $\ell_i = \omega_i/\lambda_i$; {更新下近似特征向量 $L^{\supseteq}_{A\cup B}(\mathrm{Cl}_t^{\geqslant})$；}

18: **end for**

19: **for** $i=1$ to n **do** {通过更新后的近似集特征向量计算近似集；}

20: **if** $\ell_i = 1$ **then**

21: $\underline{R^{\supseteq}_A}(\mathrm{Cl}_t^{\geqslant})\cup\{x_i\}$;

22: **end if**

23: **if** $\mu_i\ != 0$ **then**

24: $\overline{R^{\supseteq}_A}(\mathrm{Cl}_t^{\geqslant})\cup\{x_i\}$

25: **end if**

26: **end for**

27: **输出:** $\underline{R^{\supseteq}_A}(\mathrm{Cl}_t^{\geqslant})$, $\overline{R^{\supseteq}_A}(\mathrm{Cl}_t^{\geqslant})$;

算法 4.2.2 的计算时间复杂度分析如下: 步骤 2~18 是属性集动态增加时，原有数据结构的增量更新核心步骤，即矩阵的局部更新计算，其时间复杂度为 $O(\theta|B|)$，其中“θ”为原有优势关系矩阵 $M^{\supseteq}_A$ 中元素为“1”的个数，同时也可以用任意数据对象 $x_i\in U$ 的优势类对象个数表示，即 $\theta=\sum\limits_{i=1}^{n}|[x_i]_A^{\wedge\geqslant}|$；步骤 19~26 计算 $\mathrm{Cl}_t^{\geqslant}$ 的近似集: $\underline{R^{\supseteq}_A}(\mathrm{Cl}_t^{\geqslant})$，$\overline{R^{\supseteq}_A}(\mathrm{Cl}_t^{\geqslant})$ 的时间复杂度是 $O(|U|)$。因此，算法 4.2.2 的总的时间复杂度为 $O\left(\sum\limits_{i=1}^{n}|[x_i]_A^{\wedge\geqslant}||B|+|U|\right)$。

根据 4.1.3 节中，对集值信息系统中属性集动态删除时，利用矩阵的局部更新计算可实现近似集的增量维护原理，以下是删除属性集时基于矩阵的近似集增量更新算法。

算法 4.2.3 集值决策系统中属性集动态删除时基于矩阵的近似集增量更新算法。

输入：(1) 集值决策系统 $(U,C\cup\{d\},V,f)$；(2) 目标决策类向上联集 $\mathrm{Cl}_t^{\geqslant}$ 的特征向量: $C(\mathrm{Cl}_t^{\geqslant})=[c_1,c_2,\cdots,c_n]^{\mathrm{T}}$；(3) 优势矩阵: $M^{\supseteq}_A=[m_{ij}]_{n\times n}$，优势诱导矩阵 $\Lambda^{\supseteq}_A=\mathrm{diag}(1/\lambda_i)$，乘积矩阵 $M^{\supseteq}_A\cdot C(\mathrm{Cl}_t^{\geqslant})=[\omega_i]^{\mathrm{T}}$，上近似特征向量 $U^{\supseteq}_A(\mathrm{Cl}_t^{\geqslant})=[\mu_i]^{\mathrm{T}}$；(4) 待删除属性集 $B\subset A$。

输出：决策类向上、下联集 $\mathrm{Cl}_t^{\geqslant},\mathrm{Cl}_t^{\leqslant}$ 的上、下近似集;

1: $A = A - B$; {将待删除属性集 B 从原有属性集 A 中删除；}
2: **for** $i = 1$ to n **do**
3: **for** $j = 1$ to n **do**
4: **if** $m_{ij} == 1$ **then**
5: $m_{ij} = 0$ are constant; {根据定理 4.1.6 的 (1)，优势矩阵元素 m_{ij} 保持不变；}
6: **else**
7: **if** $x_j \in [x_i]^{\wedge\geqslant}_{A-B}$ **then**
8: $m_{ij} = 1$; {根据定理 4.1.6 的 (3)，优势矩阵元素 m_{ij} 由"0"更新为"1"；}
9: $\lambda_i = \lambda_i + 1$; {根据推论 4.1.5，更新优势对角矩阵 $\Lambda^{\supseteq}_{A\cup B}$；}
10: $\omega_i = \omega_i + c_j$; {根据推论 4.1.6，更新乘积矩阵 $M^{\supseteq}_{A\cup B} \cdot C(\mathrm{Cl}^{\geqslant}_t)$；}
11: $\mu_j = \mu_j + c_i$; {根据推论 4.1.7，更新上近似特征向量 $U^{\supseteq}_{A\cup B}(\mathrm{Cl}^{\geqslant}_t)$；}
12: **else**
13: $m_{ij} = 1$ are constant; {根据定理 4.1.6 的 (2)，优势矩阵元素 m_{ij} 保持不变；}
14: **end if**
15: **end if**
16: **end for**
17: $\ell_i = \omega_i/\lambda_i$; {更新下近似特征向量 $L^{\supseteq}_{A\cup B}(\mathrm{Cl}^{\geqslant}_t)$；}
18: **end for**
19: **for** $i = 1$ to n **do** {通过更新后的近似集特征向量计算近似集；}
20: **if** $\ell_i = 1$ **then**
21: $\underline{R^{\supseteq}_{A}}(\mathrm{Cl}^{\geqslant}_t) \cup \{x_i\}$;
22: **end if**
23: **if** $\mu_i \ != 0$ **then**
24: $\overline{R^{\supseteq}_{A}}(\mathrm{Cl}^{\geqslant}_t) \cup \{x_i\}$
25: **end if**
26: **end for**
27: **输出**：$\underline{R^{\supseteq}_{A}}(\mathrm{Cl}^{\geqslant}_t), \overline{R^{\supseteq}_{A}}(\mathrm{Cl}^{\geqslant}_t)$。

算法 4.2.3 的计算时间复杂度分析如下：步骤 2~18 是属性集动态删除时，原有数据结构的增量更新核心步骤，即矩阵的局部更新计算，其时间复杂度为 $O((|U|^2 - \theta)(|A| - |B|))$，其中"$\theta$"为原有优势关系矩阵 $M^{\supseteq}_{A}$ 中元素为"1"的个数，即 $\theta =$

$\sum_{i=1}^{n}|[x_i]_A^{\wedge\geqslant}|$。步骤 19~26 计算 $\mathrm{Cl}_t^{\geqslant}$ 的近似集：$\underline{R_A^{\supseteq}}(\mathrm{Cl}_t^{\geqslant})$, $\overline{R_A^{\supseteq}}(\mathrm{Cl}_t^{\geqslant})$ 的时间复杂度是 $O(|U|)$。因此，算法 4.2.3 的总的时间复杂度为 $O\left((|U|^2-\sum_{i=1}^{n}|[x_i]_A^{\wedge\geqslant}|)(|A|-|B|)\right)$。

4.3 算 例

下面通过一个算例来说明如何利用矩阵运算实现集值信息系统中近似集的构造过程，即算法 4.2.1 的计算步骤。

例 4.3.1 表 4-1 是一个关于学生语言能力评价的析取集值信息系统 $(U, C\cup\{d\}, V, f)$，其中论域为 $U=\{x_1,x_2,x_3,x_4,x_5,x_6\}$，条件属性为 $C=\{a_1,a_2,a_3,a_4\}=\{$ 听，说，读，写 $\}$，d 为决策属性，并且值域分别为 $V_C=\{G,P,F\}=\{$ 德语, 波兰语, 法语 $\}$，$V_d=\{1,2,3\}$。

表 4-1 一个析取集值信息系统

U	a_1	a_2	a_3	a_4	d
x_1	$\{G\}$	$\{G\}$	$\{P,F\}$	$\{P,F\}$	1
x_2	$\{G,P,F\}$	$\{G,P,F\}$	$\{P,F\}$	$\{G,P,F\}$	3
x_3	$\{G,F\}$	$\{G,P\}$	$\{P,F\}$	$\{P,F\}$	2
x_4	$\{G,P\}$	$\{G,P,F\}$	$\{G,P,F\}$	$\{G,P\}$	1
x_5	$\{P,F\}$	$\{P,F\}$	$\{P,F\}$	$\{P\}$	3
x_6	$\{P\}$	$\{P\}$	$\{G,P\}$	$\{G,P\}$	2

根据定义 4.1.1，经计算可得目标决策向上联集 $\mathrm{Cl}_2^{\geqslant}=\{x_2,x_3,x_5,x_6\}$ 的特征向量为：$C(\mathrm{Cl}_2^{\geqslant})=[0,1,1,0,1,1]^{\mathrm{T}}$。

给定属性集 $A=\{a_1,a_2\}$，根据定义 4.1.2，可计算求得由优势关系 $R_A^{\wedge\geqslant}$ 确定的优势关系矩阵如下：

$$M_A^{\supseteq}=[m_{ij}]_{6\times 6}=\begin{bmatrix}1&1&1&1&0&0\\0&1&0&0&0&0\\0&1&1&0&0&0\\0&1&0&1&0&0\\0&1&0&0&1&0\\0&1&0&1&1&1\end{bmatrix}$$

根据定义 4.1.5，可求得由优势关系矩阵 $M_A^{\supseteq}$ 诱导的对角矩阵为：$\Lambda_A^{\supseteq}=\mathrm{diag}[1/\lambda_1, 1/\lambda_2, 1/\lambda_3, 1/\lambda_4, 1/\lambda_5, 1/\lambda_6]=\mathrm{diag}[1/4,1,1/2,1/2,1/2,1/4]$。

根据定义 4.1.6，可求得目标决策向上联集 $\mathrm{Cl}_2^{\geqslant}$ 的近似集特征向量如下：

$$L_A^{\supseteq}(\mathrm{Cl}_2^{\geqslant})=\Lambda_A^{\supseteq}\cdot\left(M_A^{\supseteq}\cdot C(\mathrm{Cl}_2^{\geqslant})\right)$$

$$=\begin{bmatrix}\frac{1}{4}&0&0&0&0&0\\0&1&0&0&0&0\\0&0&\frac{1}{2}&0&0&0\\0&0&0&\frac{1}{2}&0&0\\0&0&0&0&\frac{1}{2}&0\\0&0&0&0&0&\frac{1}{4}\end{bmatrix}\cdot\left(\begin{bmatrix}1&1&1&1&0&0\\0&1&0&0&0&0\\0&1&1&0&0&0\\0&1&0&1&0&0\\0&1&0&0&1&0\\0&1&0&1&1&1\end{bmatrix}\cdot\begin{bmatrix}0\\1\\1\\0\\1\\1\end{bmatrix}\right)$$

$$=[0,1,1/2,0,1/2,1/4]^{\mathrm{T}}$$

式中，$\left(M_A^{\supseteq}\cdot C(\mathrm{Cl}_2^{\geqslant})\right)=M_A^{\supseteq}\cdot C(\mathrm{Cl}_t^{\geqslant})=[\omega_1,\omega_2,\cdots,\omega_n]^{\mathrm{T}}=[2,1,2,1,2,3]^{\mathrm{T}}$。

$$U_A^{\supseteq}(\mathrm{Cl}_2^{\geqslant})=M_A^{\subseteq}\cdot C(\mathrm{Cl}_2^{\geqslant})$$

$$=\begin{bmatrix}1&0&0&0&0&0\\1&1&1&1&1&1\\1&0&1&0&0&0\\1&0&0&1&0&1\\0&0&0&0&1&1\\0&0&0&0&0&1\end{bmatrix}\cdot\begin{bmatrix}0\\1\\1\\0\\1\\1\end{bmatrix}$$

$$=[\mu_1,\mu_2,\cdots,\mu_n]^{\mathrm{T}}=[0,4,1,1,2,1]^{\mathrm{T}}$$

基于近似集的特征向量 $L_A^{\supseteq}(\mathrm{Cl}_2^{\geqslant})$ 和 $U_A^{\supseteq}(\mathrm{Cl}_2^{\geqslant})$，根据定理 4.1.3，可直接求得决策类向上联集 $\mathrm{Cl}_2^{\geqslant}$ 的近似集为：$\underline{R_A^{\supseteq}}(\mathrm{Cl}_2^{\geqslant})=\{x_2\},\overline{R_A^{\supseteq}}(\mathrm{Cl}_2^{\geqslant})=\{x_2,x_3,x_4,x_5,x_6\}$。

假设将属性集 $B=\{a_3,a_4\}$ 添加到属性集 $A=\{a_1,a_2\}$ 中，根据定理 4.1.5，优势关系矩阵 $M_{A\cup B}^{\supseteq}=[m'_{ij}]_{6\times6}$ 可由 $M_A^{\supseteq}=[m_{ij}]_{6\times6}$ 更新得到，如下所示：

$$\begin{bmatrix}1&1&1&1&0&0\\0&1&0&0&0&0\\0&1&1&0&0&0\\0&1&0&1&0&0\\0&1&0&0&1&0\\0&1&0&1&1&1\end{bmatrix}\to\begin{bmatrix}1&1&1&0&0&0\\0&1&0&0&0&0\\0&1&1&0&0&0\\0&0&0&1&0&0\\0&1&0&0&1&0\\0&0&0&1&0&1\end{bmatrix}$$

可以看到，优势关系矩阵中的元素 m_{14}，m_{42}，m_{62}，m_{65} 分别由“1”更新为“0”。

根据推论 4.1.2，优势对角矩阵可更新为：$\Lambda_{A\cup B}^{\supseteq}=\mathrm{diag}\,[1/\lambda'_1,1/\lambda'_2,\cdots,1/\lambda'_n]$，

其中 $\lambda_1' = \lambda_1 - 1 = 3$, $\lambda_2' = \lambda_2 = 1$, $\lambda_3' = \lambda_3 = 2$, $\lambda_4' = \lambda_4 - 1 = 1$, $\lambda_5' = \lambda_5 = 2$, $\lambda_6' = \lambda_6 - (1+1) = 2$, 即 $\Lambda_{A\cup B}^{\supseteq} = \mathrm{diag}\,[1/3, 1, 1/2, 1, 1/2, 1/2]$。

根据推论 4.1.3, 乘积矩阵 $M_A^{\supseteq} \cdot C(\mathrm{Cl}_2^{\geqslant})$ 更新为: $M_{A\cup B}^{\supseteq} \cdot C(\mathrm{Cl}_2^{\geqslant}) = [\omega_1', \omega_2', \omega_3', \omega_4', \omega_5', \omega_6']^{\mathrm{T}}$, 其中 $\omega_1' = \omega_1 - 0 = 2$, $\omega_2' = \omega_2 = 1$, $\omega_3' = \omega_3 = 2$, $\omega_4' = \omega_4 - 1 = 0$, $\omega_5' = \omega_5 = 2$, $\omega_6' = \omega_6 - (1+1) = 1$, 即 $M_{A\cup B}^{\supseteq} \cdot C(\mathrm{Cl}_2^{\geqslant}) = [2, 1, 2, 0, 2, 1]^{\mathrm{T}}$。

根据推论 4.1.4, 上近似特征向量 $U_{A\cup B}^{\supseteq}(\mathrm{Cl}_2^{\geqslant})$ 更新为: $U_{A\cup B}^{\supseteq}(\mathrm{Cl}_2^{\geqslant}) = [\mu_1', \mu_2', \mu_3', \mu_4', \mu_5', \mu_6']$, 其中 $\mu_1' = \mu_1 = 0$, $\mu_2' = \mu_2 - (0+1) = 3$, $\mu_3' = \mu_3 = 1$, $\mu_4' = \mu_4 - 0 = 1$, $\mu_5' = \mu_5 - 1 = 1$, $\mu_6' = \mu_6 = 1$, 即 $U_{A\cup B}^{\supseteq}(\mathrm{Cl}_t^{\geqslant}) = [0, 3, 1, 1, 1, 1]$。

根据定理 4.1.3, 可直接求得将属性集 $B = \{a_3, a_4\}$ 添加到 $A = \{a_1, a_2\}$ 后, 决策类向上联集 $\mathrm{Cl}_2^{\geqslant}$ 的近似集为: $\underline{R_A^{\supseteq}}(\mathrm{Cl}_2^{\geqslant}) = \{x_2, x_3, x_5\}$, $\overline{R_A^{\supseteq}}(\mathrm{Cl}_2^{\geqslant}) = \{x_2, x_3, x_4, x_5, x_6\}$。

针对属性删除的情况, 我们假设 $A = C = \{a_1, a_2, a_3, a_4\}$, $B = \{a_3, a_4\}$。

当属性集 B 从 A 中删除后, 根据定理 4.1.5, 优势关系矩阵 $M_{A-B}^{\supseteq} = [m_{ij}']_{6\times 6}$ 可由 $M_A^{\supseteq} = [m_{ij}]_{6\times 6}$ 更新得到, 如下所示:

$$\begin{bmatrix} 1 & 1 & 1 & 0 & 0 & 0 \\ 0 & 1 & 0 & 0 & 0 & 0 \\ 0 & 1 & 1 & 0 & 0 & 0 \\ 0 & 0 & 0 & 1 & 0 & 0 \\ 0 & 1 & 0 & 0 & 1 & 0 \\ 0 & 0 & 0 & 1 & 0 & 1 \end{bmatrix} \to \begin{bmatrix} 1 & 1 & 1 & 1 & 0 & 0 \\ 0 & 1 & 0 & 0 & 0 & 0 \\ 0 & 1 & 1 & 0 & 0 & 0 \\ 0 & 1 & 0 & 1 & 0 & 0 \\ 0 & 1 & 0 & 0 & 1 & 0 \\ 0 & 1 & 0 & 1 & 1 & 1 \end{bmatrix}$$

可以看到, 优势关系矩阵中的元素 m_{14}, m_{42}, m_{62}, m_{65} 分别由“0”更新为“1”。

基于优势关系矩阵的更新, 根据推论 4.1.5, 优势对角矩阵可更新为: $\Lambda_{A-B}^{\supseteq} = \mathrm{diag}[1/\lambda_1', 1/\lambda_2', 1/\lambda_3', 1/\lambda_4', 1/\lambda_5', 1/\lambda_6']$, 其中 $\lambda_1' = \lambda_1 + 1 = 4$, $\lambda_2' = \lambda_2 = 1$, $\lambda_3' = \lambda_3 = 2$, $\lambda_4' = \lambda_4 + 1 = 2$, $\lambda_5' = \lambda_5 = 2$, $\lambda_6' = \lambda_6 + (1+1) = 4$, 即 $\Lambda_{A\cup B}^{\supseteq} = \mathrm{diag}\,[1/4, 1, 1/2, 1/2, 1/2, 1/4]$。

根据推论 4.1.6, 乘积矩阵 $M_A^{\supseteq} \cdot C(\mathrm{Cl}_2^{\geqslant})$ 更新为: $M_{A-B}^{\supseteq} \cdot C(\mathrm{Cl}_2^{\geqslant}) = [\omega_1', \omega_2', \omega_3', \omega_4', \omega_5', \omega_6']^{\mathrm{T}}$, 其中 $\omega_1' = \omega_1 + 0 = 2$, $\omega_2' = \omega_2 = 1$, $\omega_3' = \omega_3 = 2$, $\omega_4' = \omega_4 + 1 = 1$, $\omega_5' = \omega_5 = 2$, $\omega_6' = \omega_6 + (1+1) = 3$, 即 $M_{A-B}^{\supseteq} \cdot C(\mathrm{Cl}_2^{\geqslant}) = [2, 1, 2, 1, 2, 3]^{\mathrm{T}}$。

根据推论 4.1.7, 上近似特征向量 $U_A^{\supseteq}(\mathrm{Cl}_2^{\geqslant})$ 更新为: $U_{A-B}^{\supseteq}(\mathrm{Cl}_2^{\geqslant}) = [\mu_1', \mu_2', \mu_3', \mu_4', \mu_5', \mu_6']$, 其中 $\mu_1' = \mu_1 = 0$, $\mu_2' = \mu_2 + (0+1) = 4$, $\mu_3' = \mu_3 = 1$, $\mu_4' = \mu_4 + 0 = 1$, $\mu_5' = \mu_5 + 1 = 2$, $\mu_6' = \mu_6 = 1$, 即 $U_{A\cup B}^{\supseteq}(\mathrm{Cl}_t^{\geqslant}) = [0, 4, 1, 1, 2, 1]$。

根据定理 4.1.3, 可直接求得将属性集 $B = \{a_3, a_4\}$ 从 $A = \{a_1, a_2, a_3, a_4\}$ 删除后, 决策类向上联集 $\mathrm{Cl}_2^{\geqslant}$ 的近似集为: $\underline{R_A^{\supseteq}}(\mathrm{Cl}_2^{\geqslant}) = \{x_2\}$, $\overline{R_A^{\supseteq}}(\mathrm{Cl}_2^{\geqslant}) = \{x_2, x_3, x_4, x_5, x_6\}$。

4.4　实验方案与性能分析

本节通过实验分析来进一步验证本章中所提出的基于集值信息系统的近似集增量更新算法在属性特征动态变化时的有效性和高效性。

4.4.1　实验方案

本章首先从 UCI 公共数据集上选取了 4 组非完备数据集，并采用集值数据生成器生成了 2 组人工数据集，数据详细信息如表 4-2 所示。对于不完备数据，我们将数据集中的缺失数据用缺失属性下所有可能的属性取值进行替换，从而获得集值数据类型，用于本章所提出算法的性能测试。另外，实验的硬件测试环境是：① CPU: Intel Core2 Quad Q8200，2.66 GHz；② 内存：4.0 GB；③ 操作系统：Windows 7，32 位；④ 开发平台：Eclipse 3.5，Java，JDK 1.6。

表 4-2　实验数据集

序号	数据集	简写	对象	属性	分类	来源
1	Mushroom	Mushroom	8124	22	2	UCI
2	Congressional voting records	CVR	435	16	2	UCI
3	Audiology (Standardized)	Audiology	226	69	24	UCI
4	Dermatology	Dermatology	336	34	6	UCI
5	Artificial data 1	AD1	10000	5	5	Data generator
6	Artificial data 2	AD2	1000	100	8	Data generator

对于属性特征的动态添加和删除，我们主要从数据集的规模大小和属性特征的更新数量两方面对所提出的算法进行测试和验证。具体实验方案如下。

(1) 数据规模大小：首先将表 4-2 中的每组数据集平均分为 10 份，记作$X_i(1 \leqslant i \leqslant 10)$，其中 $|X_i| = \dfrac{|U|}{10}$，U 表示整个数据对象集。通过逐一合并这 10 个相等大小的子数据集，生成 10 个等差容量大小的子数据集，记作 U_j，其中 $U_j = \bigcup\limits_{1 \leqslant i \leqslant j} X_i$，$j = 1, 2, \cdots, 10$，从而分别验证数据集的规模大小对算法效率的影响。针对属性特征的动态变化仿真实验，这里首先对表 4-2 中每个实验数据集的基础属性集与更新属性集分别进行设置，如表 4-3 和表 4-4 所示。

(2) 属性特征的更新数量：为验证数据集中属性特征的更新数量对算法效率的影响，我们分别从表 4-2 中的每一个实验数据集，随机地挑选 Atti-num 个属性作为实验中待添加或待删除的测试属性集，其中 Attri-num 分别为 1，2，$\cdots$，10。

表 4-3 待添加测试属性集

序号	数据集	属性个数	基础属性集	待添加属性集
1	Mushroom	22	$\{a_1, a_2, \cdots, a_{12}\}$	$\{a_{13}, a_{14}, \cdots, a_{22}\}$
2	CVR	16	$\{a_1, a_2, \cdots, a_{10}\}$	$\{a_{11}, a_{12}, \cdots, a_{16}\}$
3	Audiology	69	$\{a_1, a_2, \cdots, a_{40}\}$	$\{a_{41}, a_{22}, \cdots, a_{69}\}$
4	Dermatology	34	$\{a_1, a_2, \cdots, a_{25}\}$	$\{a_{26}, a_{27}, \cdots, a_{34}\}$
5	AD1	5	$\{a_1, a_2, a_3\}$	$\{a_4, a_5\}$
6	AD2	100	$\{a_1, a_2, \cdots, a_{80}\}$	$\{a_{81}, a_{82}, \cdots, a_{100}\}$

表 4-4 待删除测试属性集

序号	数据集	属性个数	基础属性集	待删除属性集
1	Mushroom	22	$\{a_1, a_2, \cdots, a_{22}\}$	$\{a_{13}, a_{14}, \cdots, a_{22}\}$
2	CVR	16	$\{a_1, a_2, \cdots, a_{16}\}$	$\{a_{11}, a_{12}, \cdots, a_{16}\}$
3	Audiology	69	$\{a_1, a_2, \cdots, a_{69}\}$	$\{a_{41}, a_{22}, \cdots, a_{69}\}$
4	Dermatology	34	$\{a_1, a_2, \cdots, a_{34}\}$	$\{a_{26}, a_{27}, \cdots, a_{34}\}$
5	AD1	5	$\{a_1, a_2, a_3, a_4, a_5\}$	$\{a_4, a_5\}$
6	AD2	100	$\{a_1, a_2, \cdots, a_{100}\}$	$\{a_{81}, a_{82}, \cdots, a_{100}\}$

4.4.2 性能分析

根据上述实验方案的设计，首先分析数据规模大小对所提出的增量算法计算性能的影响。针对集值信息系统中属性特征的动态添加问题，表 4-5 和图 4-1 分别记录了非增量算法 4.2.1 和增量算法 4.2.2 针对表 4-2 中 6 组数据集的近似集计算时间消耗。其中，图 4-1 中的横坐标表示 10 份数据规模从小到大的基础数据集，纵坐标表示算法在不同数据集上添加属性集时近似集的计算时间。

表 4-5 不同数据规模下添加属性特征时增量与非增量算法执行时间

序号	Mushroom		CVR		Audiology		Dermatology		AD1		AD2	
	Non-inc.	Inc.	Non-inc.	Inc.	Non-inc.	Inc.	Non-inc.	Inc.	Non-inc.	Inc.	Non-inc.	Inc.
1	0.489	0.048	0.010	0.001	0.009	0.001	0.009	0.001	0.754	0.066	0.030	0.005
2	1.890	0.155	0.020	0.004	0.010	0.002	0.016	0.002	3.016	0.239	0.068	0.012
3	4.494	0.348	0.039	0.008	0.017	0.004	0.028	0.005	7.325	0.546	0.106	0.016
4	8.414	0.621	0.057	0.010	0.035	0.005	0.042	0.008	13.669	0.917	0.173	0.020
5	13.908	0.987	0.070	0.013	0.046	0.005	0.055	0.010	21.778	1.453	0.237	0.025
6	20.669	1.330	0.087	0.014	0.056	0.008	0.065	0.011	31.679	2.117	0.331	0.031
7	28.647	1.781	0.105	0.018	0.069	0.010	0.079	0.012	42.818	2.869	0.455	0.038
8	37.821	2.406	0.128	0.017	0.078	0.012	0.089	0.013	57.721	4.081	0.565	0.049
9	47.200	2.864	0.151	0.019	0.084	0.012	0.108	0.014	72.991	5.413	0.740	0.057
10	59.237	3.705	0.180	0.023	0.098	0.012	0.131	0.016	87.133	6.499	0.847	0.066

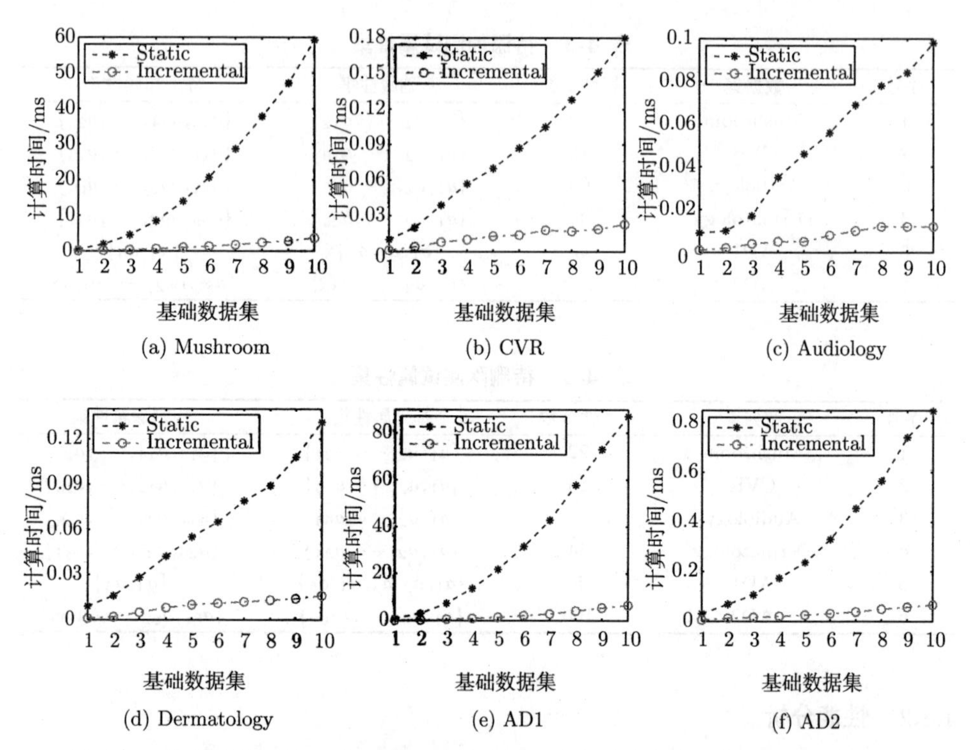

图 4-1 不同数据规模下添加属性特征时增量与非增量算法的计算性能对比趋势图

从表 4-5 和图 4-1 中的实验数据可以看出，当集值信息系统中属性特征动态添加时，非增量算法 4.2.1 和增量算法 4.2.2 对于近似集的计算时间随着数据规模的增大都呈现逐渐增大的趋势。而相对于非增量算法，本章所提出的增量算法，即算法 4.2.2，其计算性能随着数据规模的变化显得更加平稳，并且与非增量算法的计算时间差值也逐渐增大。因此，实验结果表明本章所提出的增量算法在集值信息系统中，当属性集动态添加时，其计算性能更好，高效性更加明显。

针对集值信息系统中属性特征动态删除时，数据规模大小对所提出的增量算法的性能影响，表 4-6 和图 4-2 记录了非增量算法 4.2.1 与增量算法 4.2.3 在表 4-2 中 6 组数据集的近似集计算时间消耗。

从表 4-6 和图 4-2 中的实验结果可以看出随着数据规模的增大，相比于非增量算法 4.2.1，本章所提出的增量算法 4.2.3 的计算性能优势越来越明显，很好地体现了增量算法的高效性。

考虑到不同更新属性个数对增量算法的计算性能的影响，分别针对集值信息系统中的属性的动态添加和删除对本章所提出的增量式算法 4.2.2 以及算法 4.2.3 进行了实验分析。实验结果如图 4-3 所示，其中横坐标表示从对应数据集中随机挑选的属性个数，纵坐标分别表示算法 4.2.2 以及算法 4.2.3 在不同数据集上添加属性集时近似集的计算时间。

表 4-6 不同数据规模下删除属性特征时增量与非增量算法执行时间

序号	Mushroom		CVR		Audiology		Dermatology		AD1		AD2	
	Non-inc.	Inc.	Non-inc.	Inc.	Non-inc.	Inc.	Non-inc.	Inc.	Non-inc.	Inc.	Non-inc.	Inc.
1	0.507	0.152	0.011	0.002	0.006	0.001	0.010	0.002	0.746	0.236	0.026	0.006
2	1.990	0.602	0.019	0.006	0.009	0.003	0.017	0.003	3.062	0.930	0.064	0.018
3	4.833	1.393	0.039	0.011	0.016	0.007	0.025	0.009	7.281	2.069	0.103	0.029
4	9.049	2.828	0.056	0.017	0.032	0.015	0.042	0.012	13.588	3.772	0.154	0.045
5	14.992	4.793	0.068	0.021	0.043	0.022	0.055	0.015	21.444	6.073	0.217	0.066
6	21.668	7.163	0.085	0.028	0.055	0.024	0.065	0.019	31.680	9.836	0.301	0.091
7	29.650	9.624	0.107	0.033	0.068	0.030	0.077	0.022	46.043	13.134	0.401	0.122
8	38.489	12.553	0.124	0.042	0.077	0.034	0.093	0.026	56.344	17.640	0.513	0.159
9	48.582	15.366	0.150	0.051	0.083	0.038	0.106	0.031	71.818	21.001	0.648	0.203
10	60.196	17.988	0.181	0.061	0.097	0.044	0.128	0.038	93.087	25.290	0.786	0.248

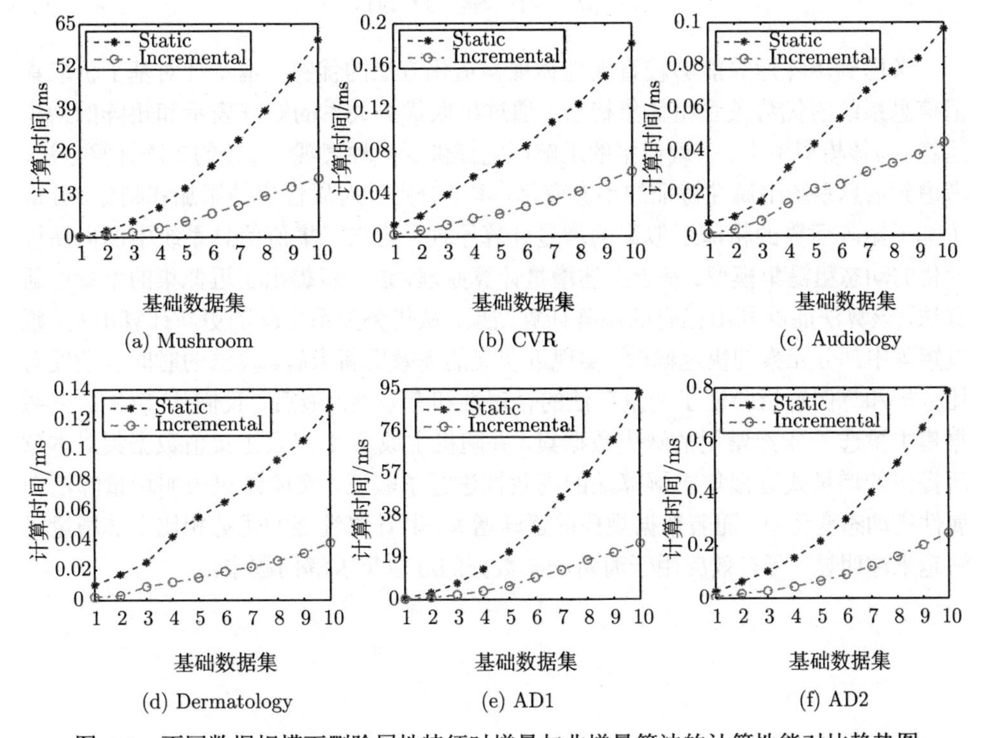

(a) Mushroom (b) CVR (c) Audiology

(d) Dermatology (e) AD1 (f) AD2

图 4-2 不同数据规模下删除属性特征时增量与非增量算法的计算性能对比趋势图

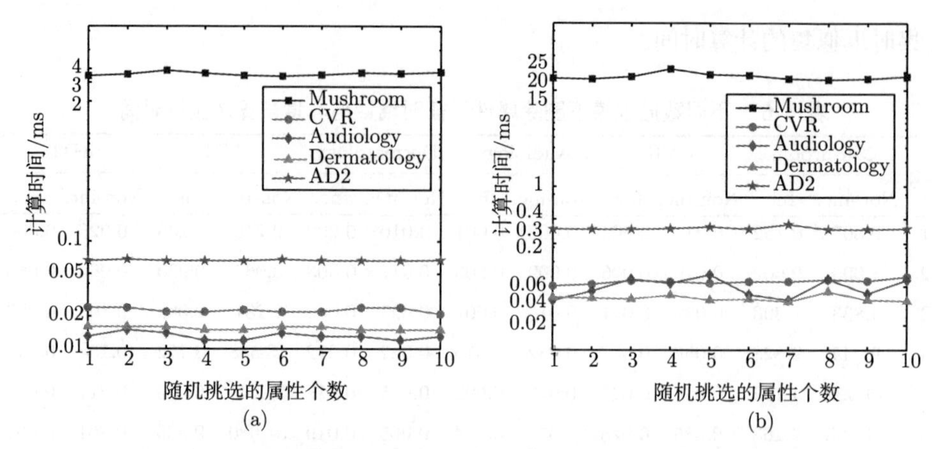

图 4-3 不同数量属性特征添加/删除时增量算法的计算性能趋势图

从图 4-3 中可以看出，随着待更新属性个数的增多，算法的计算性能趋势较平稳，即待更新的属性集大小对本章所提增量算法的性能影响不明显。

4.5 本章小结

考虑到矩阵运算能够较直观地体现构造化方法的优势，本章针对基于析取集值信息系统的优势关系粗糙集模型，通过析取优势关系的矩阵表示和矩阵的乘积运算，为该模型中上、下近似集的求解问题提供了一种直观、有效的矩阵计算方法。考虑到信息系统中属性特征的动态变化，本章分别针对属性集的添加和删除，分析了基于矩阵运算的粗糙近似集的增量计算原理，建立了集值信息系统中面向属性变化的动态粗糙集模型。基于上述增量计算原理，进一步提出了近似集的增量更新算法，该算法能够利用已有的矩阵计算结果，从优势关系矩阵的更新计算出发，通过矩阵中部分元素的快速修改，实现近似集的高效更新求解。算法的时间复杂度对比分析和算例解析验证了增量算法的合理性和有效性。最后，我们从 UCI 公共数据集中挑选了 4 组常用的缺失数据集，并随机生成了 2 组人工集值数据集对本章所提出的增量式近似集求解算法的高效性进行了验证，实验结果表明增量算法在属性集动态变化时，随着数据规模的逐渐增大，其计算性能的优势相比于非增量算法越来越明显，可有效应用于海量动态数据的近似集求解问题中。

第 5 章　不完备信息系统中优势关系粗糙集模型近似集动态更新方法

为了更好地处理多属性多准则决策应用中属性值之间存在偏序的情况，Greco 等提出了基于优势关系的粗糙集和基于优势关系的模糊粗糙集 [69, 70]。在优势关系粗糙集模型中用优势关系（劣势关系）形成的粒对向上（向下）合集进行近似描述。学者对优势关系粗糙集模型进行了扩展研究 [78, 113]，推广到区间不完备信息系统中 [75]，并提出了变精度优势关系粗糙集 [71]、集值序信息系统 [73] 和随机优势关系粗糙集等模型 [77]。

不完备数据在实际数据中大量存在。如何有效地对粗糙集模型进行扩展以适应数据不完备情况下的应用已得到广泛研究 [91,114−120]。在优势关系粗糙集模型中，Yang 等定义了相似优势关系 [74]，骆公志等定义了不完备信息系统中的限制优势关系 [79]。Grzymala-Busse 将信息系统中未知值分为缺失值（lost）和不关心值（do not care），提出了特性关系下的粗糙集模型和规则提取方法 [89]。

在信息系统的动态变化中，有效地更新近似集有利于提高知识发现效率。近年来，对象集变化时近似集动态更新 [51, 52, 54]，属性集变化时近似集动态更新 [55−57]，属性值变化时近似集动态更新 [61, 63, 64]，都取得了一定的研究的成果。在属性值粗化和细化时，不完备决策系统中优势关系粗糙集模型下近似集动态维护尚未有相关文献。

本章讨论属性值在粗化和细化和这两种变化情况下，优势特性关系粗糙集模型下知识粒变化的规律和近似集动态更新的方法。

5.1　属性值粗化细化背景及定义

5.1.1　属性值粗化细化的背景

1. 背景

在实际生活中存在大量属性值为层次结构的评价值（图 5-1）和分类值（图 5-2）。若分类的层次不同或评价值的等级数目不同，则分类的精度随之变化，评价的语义精度也随之变化 [121−123]。

在图 5-1 和图 5-2 中，当属性值域位于较高层时分类或评价相对粗略，而当属性值域位于较低层次时分类和评价则相对细致。随着应用需求的不同，属性值可能位于不同的分类或评价层。另外，在数据的修正过程中属性值也有可能修改。在属性值的变化过程中，近似集如何变化，信息粒度如何动态变化、如何动态维护，是动态知识发现的一个重要问题。

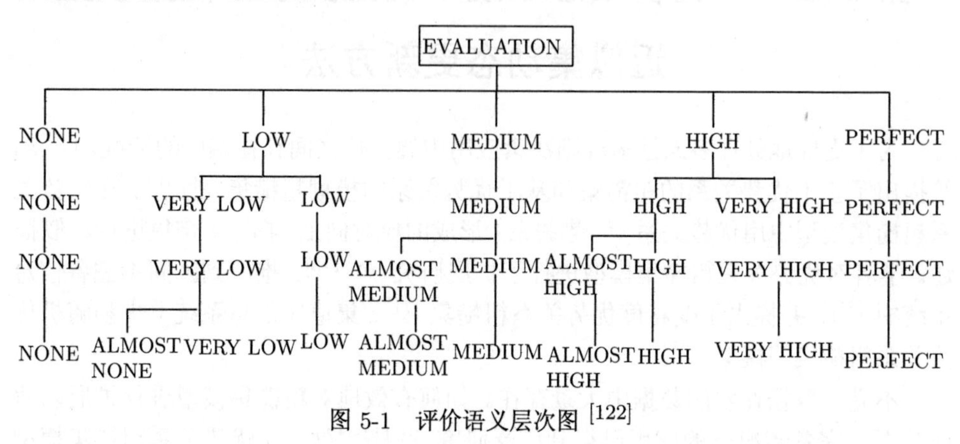

图 5-1　评价语义层次图 [122]

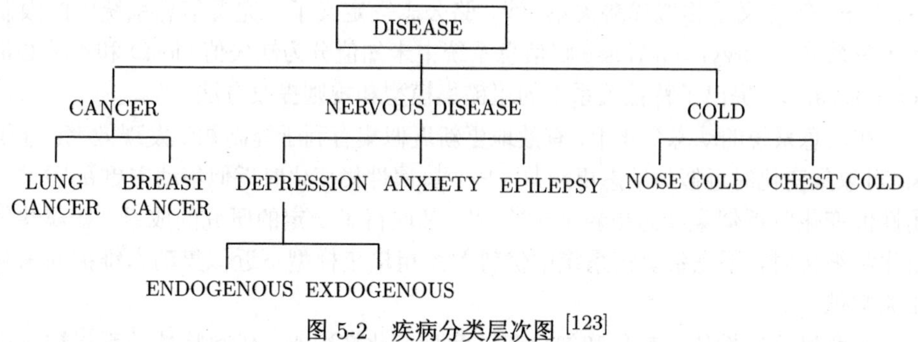

图 5-2　疾病分类层次图 [123]

2. 优势关系粗糙集模型下属性值粗化细化的特点

偏序关系是优势关系粗糙集模型的基本概念。在优势关系粗糙集模型中，随着属性值的变化，对象间的相对关系将如何变化呢？图 5-3 说明了优势关系粗糙集模型中，随着属性值的变化，对象间相互关系变化的特点。图 5-3 中表示具有两个属性 a_1 和 a_2 的对象在二维空间中的分布，图中的点表示对象。在图 5-3(a) 中，R_b 区域中的加号点是点 (2，2) 的优势类，R_c 区域中的圆圈是点 (2，2) 的劣势类。当点 (2，2) 在属性 a_2 上的属性值从 2 变化到 3.5，如图 5-3(b) 所示。对象间的优势类和劣势类发生了改变。在图 5-3(b) 中，R_{b2} 区域的点不再是点 (2，3.5) 的优势类，而 R_{a2} 区域中的点是点 (2，3.5) 的劣势类。类似地，当 R_{a2} 区域的点 (2,2) 从 2 变为 1 时（图 5-3(c)），R_{c1} 区域和 R_{d1} 区域的圆圈和星号将受到影响。从这个例子可以看出，对象间的优势关系将受到属性值变化的方向和层次的影响。

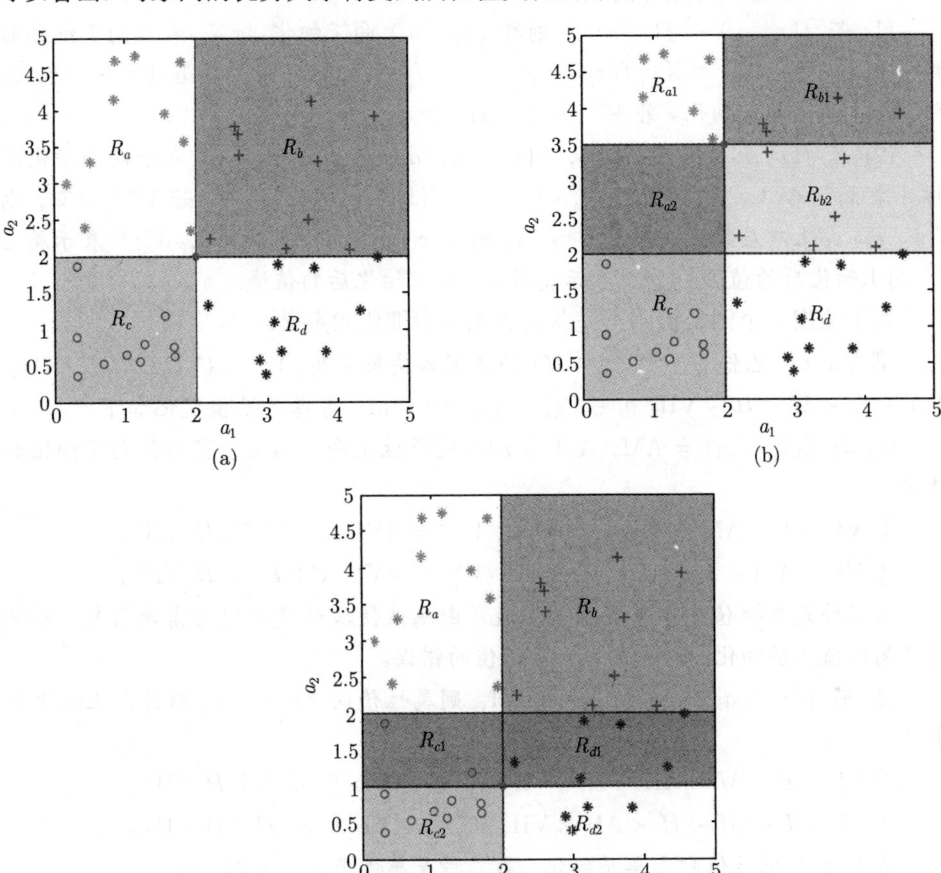

图 5-3 优势关系粗糙集模型中属性值变化示意图

5.1.2 属性值粗化细化的定义

根据优势关系的特点和数据的不完备性，以下给出不完备决策系统中属性值粗化和细化的定义。

1. 属性值细化的定义

属性值细化的定义如下。

定义 5.1.1 $S=(U,A,V,f)$ 是不完备优势决策系统，$B\subseteq A$,$a_l\in B$，$f(x_i,a_l)$ 是对象 x_i 在属性 a_l 上的属性值。若 $U_{a_l}=\{x_{i'}\in U|\,f(x_{i'},a_l)=f(x_i,a_l)\wedge f(x_i,a_l)\neq *\wedge f(x_i,a_l)\neq ?\}$。令 $f(x_{i'},a_l)=v$，$\exists x_{i'}\in U_{a_l}$，$\exists v\notin V_l$，$v\neq *$，且

$v\neq ?$，则：

(1) 若 $f(x_{i'}^{\vee},a_l)\prec f(x_{i'},a_l)$，则称 $f(x_{i'},a_l)$ 向下细化。$x_{i'}^{\vee-}$ 表示向下细化后的对象 $x_{i'}$。令 $V^{\vee-}=\{v|\,f(x_{i'}^{\vee-},a_l)\prec v\prec f(x_{i'},a_l),v\in V_{a_l}\}$。若 $V^{\vee-}=\varnothing$，则 $f(x_{i'},a_l)$ 向下单层细化。若 $V^{\vee-}\neq\varnothing$，则 $f(x_{i'},a_l)$ 向下多层细化。

(2) 若 $f(x_{i'}^{\vee},a_l)\succ f(x_{i'},a_l)$，则称 $f(x_{i'},a_l)$ 向上细化。$x_{i'}^{\vee+}$ 表示向上细化后的对象 $x_{i'}$。令 $V^{\vee+}=\{v|\,f(x_{i'},a_l)\prec v\prec f(x_{i'}^{\vee+},a_l),v\in V_{a_l}\}$。若 $V^{\vee+}=\varnothing$，则 $f(x_{i'},a_l)$ 向上单层细化。若 $V^{\vee+}\neq\varnothing$，则 $f(x_{i'},a_l)$ 向上多层细化。$V_{a_l}^{\vee+}$ 表示属性 $a_l^{\vee}$ 向上细化后的值域。$V_{a_l}^{\vee-}$ 表示属性 $a_l^{\vee}$ 向下细化后的值域。

以下给出一个例子说明不完备决策系统中细化的定义。

例 5.1.1　已知 $S=(U,A,V,f)$ 为不完备决策系统，$V_{a_l}=\{\text{VL},L,M,H,\text{VH}\}$，$\exists\text{VL}\prec L\prec M\prec H\prec\text{VH}$，$a_l\in C_1$，$\exists f(x_i,a_l)=M$。考虑属性值变化如下：

(1) 若 $f(x_i^{\vee-},a_l)=\text{AM}$，$\text{AM}\prec M$，则属性值向下细化，有两种向下细化的情况。

① $\text{VL}\prec L\prec\text{AM}\prec M\prec H\prec\text{VH}$，$V_{a_l}^{\vee-}=\{\text{VL},L,\text{AM},M,H,\text{VH}\}$。

② $\text{VL}\prec\text{AM}\prec L\prec M\prec H\prec\text{VH}$，$V_{a_l}^{\vee-}=\{\text{VL},\text{AM},L,M,H,\text{VH}\}$。

第①种是属性值向下单层细化，通常由属性值域精度变化的需求引起。第②种是属性值多层细化，通常是由于修正值的错误。

(2) 若 $f(x_i^{\vee+},a_l)=\text{AH}$，$M\prec\text{AH}$，则属性值向上细化，有两种向上细化的情况。

① $\text{VL}\prec L\prec M\prec\text{AH}\prec H\prec\text{VH}$，$V_{a_l}^{\vee+}=\{\text{VL},L,M,\text{AH},H,\text{VH}\}$。

② $\text{VL}\prec L\prec M\prec H\prec\text{AH}\prec\text{VH}$，$V_{a_l}^{\vee+}=\{\text{VL},L,M,H,\text{AH},\text{VH}\}$。

第① 种是属性值向上单层细化，第二种是属性值向上多层细化。

2. 属性值粗化的定义

属性值粗化定义的如下。

定义 5.1.2　已知 $S=(U,A,V,f)$ 是不完备决策系统，$B\subseteq A$，$a_l\in B$，$f(x_i,a_l)$ 是对象 x_i 在属性 a_l 上的属性值，$f(x_i,a_l)\neq *$，$f(x_i,a_l)=?$，$f(x_k,a_l)$ 是对象 $x_k(k\neq i)$ 在 a_l 上的属性值，$f(x_k,a_l)\neq *$，$f(x_k,a_l)\neq ?$，$f(x_i,a_l)\neq f(x_k,a_l)$。若 $U_{a_l}=\{x_{i'}\in U|\,f(x_{i'},a_l)=f(x_i,a_l)\}$。令 $f(x_{i'},a_l)=f(x_k,a_l)$，$\forall x_{i'}\in U_{a_l}$，则称属性值 $f(x_i,a_l)$ 粗化为 $f(x_k,a_l)$。

(1) 若 $\exists f(x_i,a_l)\prec f(x_k,a_l)$，则属性值 $f(x_i,a_l)$ 向上粗化。令 $x_i^{\wedge+}$ 表示向上粗化后的对象 x_i，$V^{\wedge+}=\{v|\,f(x_i,a_l)\prec v\prec f(x_k,a_l),v\in V_{a_l}\}$。若 $V^{\wedge+}=\varnothing$，则属性值 $f(x_i,a_l)$ 向上单层粗化。若 $V^{\wedge+}\neq\varnothing$，则属性值 $f(x_i,a_l)$ 向上多层粗化。

(2) 若 $\exists f(x_i,a_l)\succ f(x_k,a_l)$，则称属性值 $f(x_i,a_l)$ 向下粗化。令 $x_i^{\wedge-}$ 表示向下粗化后对象 x_i，$V^{\wedge-}=\{v|\,f(x_k,a_l)\prec v\prec f(x_i,a_l),v\in V_{a_l}\}$。若 $V^{\wedge-}=\varnothing$，则

属性值 $f(x_i, a_l)$ 向下单层粗化。若 $V^{\wedge -} \neq \varnothing$，则属性值 $f(x_i, a_l)$ 向下多层粗化。

令 $a_l^{\wedge +}$ 表示向上粗化的属性 a_l。$V_{a_l}^{\wedge +}$ 表示向上粗化后属性 $a_l^{\wedge -}$ 的值域。$a_l^{\wedge -}$ 表示向下粗化后的属性 a_l。$V_{a_l}^{\wedge -}$ 表示向下粗化后的属性 $a_l^{\wedge -}$ 的值域。

以下给出一个例子说明属性值粗化的定义。

例 5.1.2 已知 $S = (U, A, V, f)$ 为不完备决策系统。$V_{a_l} = \{VL,L,M,H,VH\}$，$\exists VL \prec L \prec M \prec H \prec VH$，$U' = \{x_i | f(x_i, a_l) = M, a_l \in C\}$，考虑属性值以下变化:

(1) 若 $f(x_i^{\wedge}, a_l) = L, \forall x_i \in U'$，则属性值向下单层粗化，$V_{a_l}^{\wedge -} = \{VL,L,H,VH\}$；

(2) 若 $f(x_i^{\wedge}, a_l) = VL, \forall x_i \in U'$，则属性值向下多层粗化，$V_{a_l}^{\wedge -} = \{VL,L,H,VH\}$；

(3) 若 $f(x_i^{\wedge}, a_l) = H, \forall x_i \in U'$，则属性值向上单层粗化，$V_{a_l}^{\wedge +} = \{VL,L,H,VH\}$；

(4) 若 $f(x_i^{\wedge}, a_l) = VH, \forall x_i \in U'$，则属性值向上多层粗化，$V_{a_l}^{\wedge +} = \{VL,L,H,VH\}$。

从以上例子可以看出，虽然属性值域在不同层次和方向的粗化后是相同的，但是对优势类和劣势类的影响是不同的。

5.2 属性值细化时近似集的动态更新原理及算法

下面分析属性值在不同情况下细化时优势特性关系粗糙集模型中优势类和劣势类的变化规律，并推导向上向下合集近似集的更新原理，最后设计近似集更新算法。

5.2.1 属性值细化时近似集的动态更新原理

在优势特性关系粗糙集模型中，由优势特性关系形成了不同的优势类和劣势类。这些优势类和劣势类成为基于粗糙集的粒计算中的信息粒。为了区别动态环境下的各近似集，令 $\overline{P}^{\vee -}(\mathrm{Cl}_t^{\geqslant})^{\kappa}$ 和 $\underline{P}^{\vee -}(\mathrm{Cl}_t^{\geqslant})^{\kappa}$ 分别表示向上合集属性值向下细化后的上、下近似集。令 $\overline{P}^{\vee +}(\mathrm{Cl}_t^{\geqslant})^{\kappa}$ 和 $\underline{P}^{\vee +}(\mathrm{Cl}_t^{\geqslant})^{\kappa}$ 分别表示向上合集属性值向上细化后的近似集。向下合集属性值向下细化后的上、下近似集分别表示为 $\overline{P}^{\vee -}(\mathrm{Cl}_t^{\leqslant})^{\kappa}$，$\underline{P}^{\vee -}(\mathrm{Cl}_t^{\leqslant})^{\kappa}$。向下合集属性值向上细化后的上、下近似集分别表示为 $\overline{P}^{\vee +}(\mathrm{Cl}_t^{\leqslant})^{\kappa}$，$\underline{P}^{\vee +}(\mathrm{Cl}_t^{\leqslant})^{\kappa}$。以下根据不同情况进行具体分析粒度变化和近似集更新原理。

1. 向下细化

若 $f(x_i, a_l) = v_1$，设 $f(x_i^{\vee -}, a_l) = v_2$，$v_2 \prec v_1$。令 $V^{\vee -} = \{v | v_1 \prec v_l \prec v_2, v_l \in V_{a_l}\}$，$v_{a_l}^{\max} = \max(V_{a_l})$，$v_{a_l}^{\min} = \min(V_{a_l})$。在属性值细化过程中，我们不仅考虑单层和多层细化，同时也考虑向下细化时细化的值比最小值更小和向上细化时比最大值更大的情况。

1) 向下多层细化（$V^{\vee-}\neq\varnothing$）

(1) 优势类和向上合集近似集更新原理。

如果 x_i 向下多层细化，则不再优势于满足条件 $x_i\in D_P^{+\kappa}(x_j)(v_2\prec f(x_j,a_l)\preceq v_1)$ 的对象 x_j。若对象 x_j 满足 $x_i\notin D_P^{+\kappa}(x_j)(v_2\prec f(x_j,a_l)\prec v_1)$，则将成为 x_i 的优势对象。因此，优势类和劣势类表示的知识粒将发生变化。优势类变化的性质如下:

性质 5.2.1 令 $C_1=\{x_j\,|x_i\in D_P^{+\kappa}(x_j)\wedge v_2\prec f(x_j,a_l)\preceq v_1\wedge(f(x_j,a_l)\neq *\vee f(x_j,a_l)\neq ?)\}$，$C_2=\{x_j|\,x_i\notin D_P^{+\kappa}(x_j)\wedge v_2\prec f(x_j,a_l)\prec v_1\wedge(f(x_j,a_l)\neq *\vee f(x_j,a_l)\neq ?\}$，$\forall x_k\in U$。对 $D_P^{+\kappa}(x_k)$，以下成立:

① $\forall x_j\in C_1$，$D_P^{+\kappa}(x_j^{\vee-})=D_P^{+\kappa}(x_j)-\{\,x_i^{\vee-}\}$；

② $\forall x_j\in C_2$，若 $C_3=\{x_j\,|x_jD_p^{+\kappa}x_i^{\vee-},x_j\in C_2\}$，则 $D_P^{+\kappa}(x_i^{\vee-})=D_P^{+\kappa}(x_i)\cup C_3$。

证明 ① $\forall x_j\in C_1$，$\because x_i\in D_P^{+\kappa}(x_j)$，$\therefore f(x_j,a_l)\preceq f(x_i,a_l)$。$\because f(x_i^{\vee-},a_l)=v_2\prec v_1$，$v_2\prec f(x_j,a_l)\preceq v_1$。$\therefore f(x_j,a_l)\succ f(x_i^{\vee-},a_l)$，$x_i^{\vee-}\notin D_P^{+\kappa}(x_j^{\vee-})$，$\therefore D_P^{+\kappa}(x_j^{\vee-})=D_P^{+\kappa}(x_j)-\{\,x_i^{\vee-}\}$。② $\forall x_j\in C_2$，$\because x_i\notin D_P^{+\kappa}(x_j)$，$v_2\prec f(x_j,a_l)\prec f(x_i,a_l)=v_1$，$f(x_i^{\vee-},a_l)=v_2\prec f(x_j,a_l)$。$\therefore$ 如果 $x_jD_p^{+\kappa}x_i^{\vee-}$，则 $D_P^{+\kappa}(x_i^{\vee-})=D_P^{+\kappa}(x_i)\cup\{x_j\}$。$\because C_3=\{x_j\,|x_jD_p^{+\kappa}x_i^{\vee-},x_j\in C_2\}$，$\therefore D_P^{+\kappa}(x_i^{\vee-})=D_P^{+\kappa}(x_i)\cup C_3$。

□

根据性质 5.2.1 中优势类的变化机理，向上合集 $\mathrm{Cl}_t^{\geqslant}$ 的近似集更新定理如下。

定理 5.2.1 对 $\underline{P}(\mathrm{Cl}_t^{\geqslant})^\kappa$ 和 $\overline{P}(\mathrm{Cl}_t^{\geqslant})^\kappa$，以下成立:

① $\forall x_j\in C_1$，

(a) 若 $x_j\in Bn_P(\mathrm{Cl}_t^{\geqslant})^\kappa$，$x_i^{\vee-}\notin\mathrm{Cl}_t^{\geqslant}$，且 $D_P^{+\kappa}(x_j^{\vee-})\subseteq\mathrm{Cl}_t^{\geqslant}$，则 $\underline{P}^{\vee-}(\mathrm{Cl}_t^{\geqslant})^\kappa=\underline{P}(\mathrm{Cl}_t^{\geqslant})^\kappa\cup\{x_j\}$。

(b) 若 $x_i^{\vee-}\notin D_P^{+\kappa}(x_k)$，$\forall x_k\in\mathrm{Cl}_t^{\geqslant}$，则 $\overline{P}^{\vee-}(\mathrm{Cl}_t^{\geqslant})^\kappa=\overline{P}(\mathrm{Cl}_t^{\geqslant})^\kappa-\{x_i\}$。

(c) 否则，$\overline{P}^{\vee-}(\mathrm{Cl}_t^{\geqslant})^\kappa=\overline{P}(\mathrm{Cl}_t^{\geqslant})^\kappa$，$\underline{P}^{\vee-}(\mathrm{Cl}_t^{\geqslant})^\kappa=\underline{P}(\mathrm{Cl}_t^{\geqslant})^\kappa$。

② $\forall x_j\in C_2$，

(a) 若 $x_i\in\underline{P}^{\vee-}(\mathrm{Cl}_t^{\geqslant})^\kappa$，$C_3\neq\varnothing$ 且 $\forall x_j\in C_3$，$\exists x_j\notin C_t^{\geqslant}$，则 $\underline{P}^{\vee-}(\mathrm{Cl}_t^{\geqslant})^\kappa=\underline{P}(\mathrm{Cl}_t^{\geqslant})^\kappa-\{x_i^{\vee-}\}$。

(b) 若 $x_i^{\vee-}\in\mathrm{Cl}_t^{\geqslant}$，则 $\overline{P}^{\vee-}(\mathrm{Cl}_t^{\geqslant})^\kappa=\overline{P}^{\vee-}(\mathrm{Cl}_t^{\geqslant})^\kappa\cup C_3$。

(c) 否则，$\overline{P}^{\vee-}(\mathrm{Cl}_t^{\geqslant})^\kappa=\overline{P}(\mathrm{Cl}_t^{\geqslant})^\kappa$，$\underline{P}^{\vee-}(\mathrm{Cl}_t^{\geqslant})^\kappa=\underline{P}(\mathrm{Cl}_t^{\geqslant})^\kappa$。

证明 ① $\forall x_j\in C_1$，由定义 5.1.1，$D_P^{+\kappa}(x_j^{\vee-})=D_P^{+\kappa}(x_j)-\{\,x_i^{\vee-}\}$。

(a) 如果 $x_j\in Bn_P(\mathrm{Cl}_t^{\geqslant})^\kappa$，$x_i^{\vee-}\notin\mathrm{Cl}_t^{\geqslant}$，则 $D_P^{+\kappa}(x_j^{\vee-})\subset D_P^{+\kappa}(x_j)$。如果 $D_P^{+\kappa}(x_j^{\vee-})\subseteq\mathrm{Cl}_t^{\geqslant}$，则 $\underline{P}^{\vee-}(\mathrm{Cl}_t^{\geqslant})^\kappa=\underline{P}(\mathrm{Cl}_t^{\geqslant})^\kappa\cup\{x_j\}$。

(b) $\because\overline{P}(\mathrm{Cl}_t^{\geqslant})^\kappa=\bigcup_{x\in\mathrm{Cl}_t^{\geqslant}}D_P^{+\kappa}(x)$，$D_P^{+\kappa}(x_j^{\vee-})=D_P^{+\kappa}(x_j)-\{\,x_i^{\vee-}\}$。$\therefore$ 如果 $x_i^{\vee-}\notin D_P^{+\kappa}(x_k)$，$\forall x_k\in\mathrm{Cl}_t^{\geqslant}$，则 $\overline{P}^{\vee-}(\mathrm{Cl}_t^{\geqslant})^\kappa=\overline{P}(\mathrm{Cl}_t^{\geqslant})^\kappa-\{x_i\}$。(c) $\because D_P^{+\kappa}(x_j^{\vee-})=D_P^{+\kappa}(x_j)-\{\,x_i^{\vee-}\}\subset D_P^{+\kappa}(x_j)$。$\therefore$ 如果 $D_P^{+\kappa}(x_j)\subseteq\mathrm{Cl}_t^{\geqslant}$，则 $D_P^{+\kappa}(x_j^{\vee-})\subseteq\mathrm{Cl}_t^{\geqslant}$；如

果 $D_P^{+\kappa}(x_j) \not\subset \mathrm{Cl}_t^{\geqslant}$，则 $D_P^{+\kappa}(x_j^{\vee-}) \not\subset \mathrm{Cl}_t^{\geqslant}$；$\therefore \underline{P}^{\vee-}(\mathrm{Cl}_t^{\geqslant})^\kappa = \underline{P}(\mathrm{Cl}_t^{\geqslant})^\kappa$。另外，如果 $\exists x_i^{\vee-} \in D_P^{+\kappa}(x_k), \forall x_k \in \mathrm{Cl}_t^{\geqslant}$，则 $\overline{P}^{\vee-}(\mathrm{Cl}_t^{\geqslant})^\kappa = \overline{P}(\mathrm{Cl}_t^{\geqslant})^\kappa$。

② $\forall x_j \in C_2$，

(a) $\because D_P^{+\kappa}(x_i^{\vee-}) = D_P^{+\kappa}(x_i) \cup C_3$，$\therefore D_P^{+\kappa}(x_i^{\vee-}) \supseteq D_P^{+\kappa}(x_i)$。$\because$ 如果 $x_i \in \underline{P}^{\vee-}(\mathrm{Cl}_t^{\geqslant})^\kappa$，则 $D_P^{+\kappa}(x_i) \subseteq \mathrm{Cl}_t^{\geqslant}$。$\therefore$ 如果 $C_3 \neq \varnothing$，且 $\forall x_j \in C_3$，$\exists x_j \notin C_t^{\geqslant}$，则 $D_P^{+\kappa}(x_i^{\vee-}) \not\subset \mathrm{Cl}_t^{\geqslant}$；$\underline{P}^{\vee-}(\mathrm{Cl}_t^{\geqslant})^\kappa = \underline{P}^{\vee-}(\mathrm{Cl}_t^{\geqslant})^\kappa - \{x_i^{\vee-}\}$。

(b) $\because \overline{P}(\mathrm{Cl}_t^{\geqslant})^\kappa = \bigcup_{x \in \mathrm{Cl}_t^{\geqslant}} D_P^{+\kappa}(x)$，$\therefore$ 如果 $x_i \in \mathrm{Cl}_t^{\geqslant}$，则 $\overline{P}^{\vee-}(\mathrm{Cl}_t^{\geqslant})^\kappa = \overline{P}^{\vee-}(\mathrm{Cl}_t^{\geqslant})^\kappa \cup C_3$。

(c) $\because \overline{P}(\mathrm{Cl}_t^{\geqslant})^\kappa = \bigcup_{x \in \mathrm{Cl}_t^{\geqslant}} D_P^{+\kappa}(x)$，$\therefore$ 如果 $x_i \notin \mathrm{Cl}_t^{\geqslant}$，则 $\overline{P}^{\vee-}(\mathrm{Cl}_t^{\geqslant})^\kappa = \overline{P}(\mathrm{Cl}_t^{\geqslant})^\kappa$。$\because D_P^{+\kappa}(x_i^{\vee-}) = D_P^{+\kappa}(x_i) \cup C_3$，$\therefore$ 如果 $x_i \notin \underline{P}^{\vee-}(\mathrm{Cl}_t^{\geqslant})^\kappa$，则 $D_P^{+\kappa}(x_i) \not\subset \mathrm{Cl}_t^{\geqslant}$。$\therefore D_P^{+\kappa}(x_i^{\vee-}) \not\subset \mathrm{Cl}_t^{\geqslant}$。$\therefore$ 如果 $x_i \in \mathrm{Cl}_t^{\geqslant}$，则 $\overline{P}^{\vee-}(\mathrm{Cl}_t^{\geqslant})^\kappa = \overline{P}^{\vee-}(\mathrm{Cl}_t^{\geqslant})^\kappa \cup C_3$。 □

(2) 劣势类和向下合集近似集更新原理。

当对象 x_i 多层粗化，满足条件 $x_j \in D_P^{-\kappa}(x_i)(v_2 \prec f(x_j, a_l) \preceq v_1)$ 的对象集不再是 x_i 的劣势集，满足条件 $x_j \notin D_P^{-\kappa}(x_i)(v_2 \prec f(x_j, a_l) \prec v_1)$ 的对象 x_j 将优势于 x_i。劣势类动态变化性质如下。

性质 5.2.2 令 $C_1 = \{x_j | x_j \in D_P^{-k}(x_i) \wedge v_2 \prec f(x_j, a_l) \preceq v_1 \wedge f(x_j, a_l) \neq * \vee f(x_j, a_l) \neq ?\}$, $C_2 = \{x_j | x_j \notin D_P^{-\kappa}(x_i) \wedge v_2 \prec f(x_j, a_l) \prec v_1 \wedge f(x_j, a_l) \neq * \vee f(x_j, a_l) \neq ?\}$，有:

① $D_P^{-\kappa}(x_i^{\vee-}) = D_P^{-\kappa}(x_i) - C_1$。

② $C_3 = \{x_j | x_i^{\vee-} D_p^{-\kappa} x_j, \forall x_j \in C_2\}, \forall x_j \in C_3, D_P^{-\kappa}(x_j^{\vee-}) = D_P^{-\kappa}(x_j) \cup \{ x_i^{\vee-}\}$ 。

证明 ① $\forall x_j \in C_1$，$\because x_j \in D_P^{-\kappa}(x_i)$，$\therefore f(x_j, a_l) \prec f(x_i, a_l)$。$\because f(x_i^{\vee-}, a_l) = v_2$，$v_2 \prec f(x_j, a_l) \preceq v_1$，$\therefore x_j \notin D_P^{-\kappa}(x_i)$；$\therefore D_P^{-\kappa}(x_i^{\vee-}) = D_P^{-\kappa}(x_i) - C_1$。

② $\forall x_j \in C_2$，$\because f(x_i^{\vee-}, a_l) = v_2 \prec f(x_j, a_l)$，$\therefore$ 如果 $x_i^{\vee-} D_p^{-\kappa} x_j$，则 $D_P^{-\kappa}(x_j^{\vee-}) = D_P^{-\kappa}(x_j) \cup \{ x_i^{\vee-}\}$ 。 □

根据劣势类的变化，向下合集 $\mathrm{Cl}_t^{\leqslant}$ 的近似集更新定理如下。

定理 5.2.2 对 $\underline{P}(\mathrm{Cl}_t^{\leqslant})^\kappa$ 和 $\overline{P}(\mathrm{Cl}_t^{\leqslant})^\kappa$，以下成立。

① (a) 若 $x_i \in Bn_P(\mathrm{Cl}_t^{\leqslant})^\kappa$，且 $D_P^{-\kappa}(x_i^{\vee-}) \subseteq \underline{P}(\mathrm{Cl}_t^{\leqslant})^\kappa$，则 $\underline{P}^{\vee-}(\mathrm{Cl}_t^{\leqslant})^\kappa = \underline{P}(\mathrm{Cl}_t^{\leqslant})^\kappa \cup \{x_i^{\vee-}\}$。

(b) 若 $x_i \in \mathrm{Cl}_t^{\geqslant}$，且 $\exists C' = \{x_k | x_k \in C_1 \wedge x_k \notin D_P^{-\kappa}(x'), \forall x' \in \mathrm{Cl}_t^{\geqslant}\}$，则 $\overline{P}^{\vee-} l(\mathrm{Cl}_t^{\leqslant})^\kappa = \overline{P}(\mathrm{Cl}_t^{\leqslant})^\kappa - C'$。

(c) 否则，$\overline{P}^{\vee-}(\mathrm{Cl}_t^{\leqslant})^\kappa = \overline{P}(\mathrm{Cl}_t^{\leqslant})^\kappa$，$\underline{P}^{\vee-}(\mathrm{Cl}_t^{\leqslant})^\kappa = \underline{P}(\mathrm{Cl}_t^{\leqslant})^\kappa$。

② $\forall x_j \in C_3$

(a) 若 $x_j \in \underline{P}(\mathrm{Cl}_t^{\leqslant})^\kappa$，且 $x_i^{\vee-} \notin \mathrm{Cl}_t^{\leqslant}$，则 $\underline{P}^{\vee-}(\mathrm{Cl}_t^{\leqslant})^\kappa = \underline{P}(\mathrm{Cl}_t^{\leqslant})^\kappa - \{x_j\}$。

(b) 若 $x_j \in \mathrm{Cl}_t^{\leqslant}$，且 $x_i \notin D_P^{-\kappa}(x'), \forall x' \in \mathrm{Cl}_t^{\leqslant}$，则 $\overline{P}^{\vee-}(\mathrm{Cl}_t^{\leqslant})^\kappa = \overline{P}(\mathrm{Cl}_t^{\leqslant})^\kappa \cup \{x_i^{\vee-}\}$。

(c) 否则，$\overline{P}^{\vee-}(\mathrm{Cl}_t^{\leqslant})^{\kappa}=\overline{P}(\mathrm{Cl}_t^{\leqslant})^{\kappa}$，$\underline{P}^{\vee-}(\mathrm{Cl}_t^{\leqslant})^{\kappa}=\underline{P}(\mathrm{Cl}_t^{\leqslant})^{\kappa}$。

证明　① (a) $\because D_P^{-\kappa}(x_i^{\vee-})=D_P^{-\kappa}(x_i)-C_1$，$\therefore D_P^{-\kappa}(x_i^{\vee-})\subseteq D_P^{-\kappa}(x_i)$。$\therefore$ 若 $x_i\in Bn_P(\mathrm{Cl}_t^{\leqslant})^{\kappa}$，且 $D_P^{-\kappa}(x_i^{\vee-})\subseteq \underline{P}(\mathrm{Cl}_t^{\leqslant})^{\kappa}$，则 $\underline{P}^{\vee-}(\mathrm{Cl}_t^{\leqslant})^{\kappa}=\underline{P}(\mathrm{Cl}_t^{\leqslant})^{\kappa}\cup\{x_i^{\vee-}\}$；(b) $\because \overline{P}(\mathrm{Cl}_t^{\geqslant})^{\kappa}=\bigcup_{x\in \mathrm{Cl}_t^{\geqslant}}D_P^{+\kappa}(x)$，$D_P^{-\kappa}(x_i^{\vee-})=D_P^{-\kappa}(x_i)-C_1$，$\therefore x_i\in \mathrm{Cl}_t^{\geqslant}$，且 $\exists C'=\{x_k|\,x_k\in C_1\wedge x_k\notin D_P^{-\kappa}(x'),\forall x'\in \mathrm{Cl}_t^{\geqslant}\}$。因此 $\overline{P}^{\vee-}(\mathrm{Cl}_t^{\leqslant})^{\kappa}=\overline{P}(\mathrm{Cl}_t^{\leqslant})^{\kappa}-C'$；(c) 显然成立。□

2) 向下单层细化 ($V^{\vee-}=\varnothing$)

(1) 优势类和向上合集近似集更新原理。

如果 x_i 向下单层细化，则它不再优势于满足 $x_i\in D_P^{+\kappa}(x_j)$，且 $f(x_j,a_l)=v_1$ 条件的对象 x_j。优势类动态性质如下。

性质 5.2.3　令 $C_1=\{x_j|\,x_i\in D_P^{+\kappa}(x_j)\wedge f(x_j,a_l)=v_1\}$。则 $\forall x_j\in C_1$，$D_P^{+\kappa}(x_j^{\vee-})=D_P^{+\kappa}(x_j)-\{\,x_i^{\vee-}\}$。

证明　$\forall x_j\in C_1$，$\because x_i\in D_P^{+\kappa}(x_j)$，$\therefore f(x_j,a_l)=v_1\prec f(x_i,a_l)$。$\because f(x_j,a_l)=v_1\succ f(x_i^{\vee-},a_l)=v_2$，$\therefore D_P^{+\kappa}(x_j^{\vee-})=D_P^{+\kappa}(x_j)-\{\,x_i^{\vee-}\}$。□

向上合集 $\mathrm{Cl}_t^{\geqslant}$ 的更新定理如下。

定理 5.2.3　对 $\underline{P}(\mathrm{Cl}_t^{\geqslant})^{\kappa}$ 和 $\overline{P}(\mathrm{Cl}_t^{\geqslant})^{\kappa}$，$\forall x_j\in C_1$，以下成立:

① 若 $x_j\in Bn_P(\mathrm{Cl}_t^{\leqslant})^{\kappa}$，$x_i\notin \mathrm{Cl}_t^{\geqslant}$，且 $D_P^{+\kappa}(x_j^{\vee-})\subseteq \mathrm{Cl}_t^{\geqslant}$，则 $\underline{P}(\mathrm{Cl}_t^{\geqslant})^{\kappa}=\underline{P}(\mathrm{Cl}_t^{\geqslant})^{\kappa}\cup\{x_j\}$。

② 若 $x_j\in \mathrm{Cl}_t^{\geqslant}$，且 $x_i\notin D_P^{-\kappa}(x')$，$x'\in \mathrm{Cl}_t^{\geqslant}$，则 $\overline{P}(\mathrm{Cl}_t^{\geqslant})^{\kappa}=\overline{P}(\mathrm{Cl}_t^{\geqslant})^{\kappa}-\{x_i^{\vee-}\}$。

③ 否则，$\overline{P}^{\vee-}(\mathrm{Cl}_t^{\geqslant})^{\kappa}=\overline{P}(\mathrm{Cl}_t^{\geqslant})^{\kappa}$，$\underline{P}^{\vee-}(\mathrm{Cl}_t^{\geqslant})^{\kappa}=\underline{P}(\mathrm{Cl}_t^{\geqslant})^{\kappa}$。

证明　证明与定理 5.2.1 中① 类似，略。□

(2) 劣势类和向下合集近似集更新原理。

若 x_j 满足 $x_j\in D_P^{-\kappa}(x_i)$，且 $f(x_j,a_l)=v_1$，则它不再是 x_i 的劣势类。劣势类动态性质如下。

性质 5.2.4　令 $C_1=\{x_j\,|x_j\in D_P^{-\kappa}(x_i)\wedge f(x_j,a_l)=v_1\}$。则 $D_P^{-\kappa}(x_i^{\vee-})=D_P^{-\kappa}(x_i)-C_1$。

证明　证明与性质 5.2.2 类似。□

根据劣势类的变化性质，以下给出更新向下合集 $\mathrm{Cl}_t^{\leqslant}$ 近似集的定理。

定理 5.2.4　对 $\underline{P}(\mathrm{Cl}_t^{\leqslant})^{\kappa}$ 和 $\overline{P}(\mathrm{Cl}_t^{\leqslant})^{\kappa}$，以下成立:

① 若 $x_i\notin Bn_P(\mathrm{Cl}_t^{\leqslant})^{\kappa}$，且 $D_P^{-\kappa}(x_i^{\vee-})\subseteq \mathrm{Cl}_t^{\leqslant}$，则 $\underline{P}(\mathrm{Cl}_t^{\leqslant})^{\kappa}=\underline{P}(\mathrm{Cl}_t^{\leqslant})^{\kappa}\cup\{x_i\}$。

② 若 $x_i\in \mathrm{Cl}_t^{\leqslant}$，且 $\exists C'=\{x_k|\,x_k\in C_1\wedge x_k\notin D_P^{-\kappa}(x'),x'\in \mathrm{Cl}_t^{\leqslant}\}$，则 $\overline{P}(\mathrm{Cl}_t^{\leqslant})^{\kappa}=\overline{P}(\mathrm{Cl}_t^{\leqslant})^{\kappa}-C'$。

③ 否则，$\overline{P}^{\vee-}(\mathrm{Cl}_t^{\leqslant})^{\kappa}=\overline{P}(\mathrm{Cl}_t^{\leqslant})^{\kappa}$，$\underline{P}^{\vee-}(\mathrm{Cl}_t^{\leqslant})^{\kappa}=\underline{P}(\mathrm{Cl}_t^{\leqslant})^{\kappa}$。

证明　证明和定理 5.2.2 类似，略。□

3) 细化属性值小于细化属性 a_l 上的最小值 $(v_2 \prec v_{a_l}^{\min})$

(1) 优势类和向上合集近似集更新原理。

在这种情况下，x_i 不优势于任何对象。如果 x_j 满足 $x_i \notin D_P^{+\kappa}(x_j)$，$f(x_j,a_l) \prec v_1$，则它将优势于 x_i。优势类的动态性质如下：

性质 5.2.5 令 $C_1=\{x_j \mid x_i \in D_P^{+\kappa}(x_j)\}$, $C_2=\{x_j \mid x_i \notin D_P^{+\kappa}(x_j) \wedge f(x_j,a_l) \prec v_1\}$, 则以下成立:

① $\forall x_j \in C_1$，$D_P^{+\kappa}(x_j^{\vee -})=D_P^{+\kappa}(x_j)-\{x_i\}$。

② $C_3=\{x_j \mid x_j D_P^{+\kappa} x_i^{\vee -}, \forall x_j \in C_2\}$，$D_P^{+\kappa}(x_i^{\vee -})=D_P^{+\kappa}(x_i)\cup C_3$。

证明 证明类似性质 5.2.1。 □

根据优势类的变化性质，向上合集 $\mathrm{Cl}_t^{\geqslant}$ 的近似集动态更新定理如下。

定理 5.2.5 对 $\underline{P}(\mathrm{Cl}_t^{\geqslant})^\kappa$ 和 $\overline{P}(\mathrm{Cl}_t^{\geqslant})^\kappa$，以下成立:

① $\forall x_j \in C_1$，

(a) 若 $x_j \in Bn_P(\mathrm{Cl}_t^{\leqslant})^\kappa$，且 $D_P^{+\kappa}(x_j^{\vee -}) \subseteq \mathrm{Cl}_t^{\geqslant}$，则 $\underline{P}(\mathrm{Cl}_t^{\geqslant})^\kappa=\underline{P}(\mathrm{Cl}_t^{\geqslant})^\kappa \cup \{x_j\}$。

(b) 若 $x_j \in \mathrm{Cl}_t^{\leqslant}$，且 $x_i \notin D_P^{+\kappa}(x'), x' \in \mathrm{Cl}_t^{\leqslant}$，则 $\overline{P}(\mathrm{Cl}_t^{\geqslant})^\kappa=\overline{P}(\mathrm{Cl}_t^{\geqslant})^\kappa-\{x_i\}$。

(c) 否则，$\overline{P}^{\vee -}(\mathrm{Cl}_t^{\geqslant})^\kappa=\overline{P}(\mathrm{Cl}_t^{\geqslant})^\kappa$，$\underline{P}^{\vee -}(\mathrm{Cl}_t^{\geqslant})^\kappa=\underline{P}(\mathrm{Cl}_t^{\geqslant})^\kappa$。

② $\forall x_j \in C_2$，

(a) 若 $x_i \in \underline{P}^{\vee -}(\mathrm{Cl}_t^{\geqslant})^\kappa$ 和 $C_3 \not\subset \mathrm{Cl}_t^{\geqslant}$，则 $\underline{P}^{\vee -}(\mathrm{Cl}_t^{\geqslant})^\kappa=\underline{P}(\mathrm{Cl}_t^{\geqslant})^\kappa-\{x_i\}$。

(b) 若 $x_i \in \mathrm{Cl}_t^{\leqslant}$，则 $\overline{P}^{\vee -}(\mathrm{Cl}_t^{\geqslant})^\kappa=\overline{P}(\mathrm{Cl}_t^{\geqslant})^\kappa \cup C_3$。

(c) 否则，$\overline{P}^{\vee -}(\mathrm{Cl}_t^{\geqslant})^\kappa=\overline{P}(\mathrm{Cl}_t^{\geqslant})^\kappa$，$\underline{P}^{\vee -}(\mathrm{Cl}_t^{\geqslant})^\kappa=\underline{P}(\mathrm{Cl}_t^{\geqslant})^\kappa$。

证明 证明过程和定理 5.2.1 类似，略。 □

(2) 劣势类和向下合集近似集更新原理。

当 $f(x_i^{\vee -},a_l) \prec v_{a_l}^{\min}$，没有任何对象属于 x_i 的劣势类。若对象 x_j 满足 $x_j \notin D_P^{-\kappa}(x_i)$，且 $f(x_j,a_l) \prec v_1$ 将优势于 x_i。劣势类的动态性质如下。

性质 5.2.6 令 $C_2=\{x_j \mid x_i \notin D_P^{-\kappa}(x_j) \wedge f(x_j,a_l) \prec v_1\}$，以下成立:

① $D_P^{-\kappa}(x_i^{\vee -})=\{x_i\}$。

② $C_3=\{x_j \mid x_i^{\vee -} D_P^{-\kappa} x_j, \forall x_j \in C_2\}$, $\forall x_j \in C_3$，$D_P^{-\kappa}(x_j^{\vee -})=D_P^{-\kappa}(x_j)\cup\{x_i^{\vee -}\}$。

证明 证明过程和性质 5.2.2 类似，略。 □

根据劣势类的动态性质，向下合集近似集更新定理如下。

定理 5.2.6 对 $\underline{P}(\mathrm{Cl}_t^{\leqslant})^\kappa$，且 $\overline{P}(\mathrm{Cl}_t^{\leqslant})^\kappa$，以下成立:

① (a) 若 $x_i \notin \underline{P}(\mathrm{Cl}_t^{\leqslant})^\kappa$，且 $x_i \in \mathrm{Cl}_t^{\leqslant}$，则 $\underline{P}^{\vee -}(\mathrm{Cl}_t^{\leqslant})^\kappa=\underline{P}(\mathrm{Cl}_t^{\leqslant})^\kappa \cup \{x_i^{\vee -}\}$。

(b) 若 $x_i \in Bn_p(\mathrm{Cl}_t^{\leqslant})^\kappa$，且 $x_i \notin \mathrm{Cl}_t^{\leqslant}$，则 $\underline{P}^{\vee -}(\mathrm{Cl}_t^{\leqslant})^\kappa=\underline{P}(\mathrm{Cl}_t^{\leqslant})^\kappa-\{x_i^{\vee -}\}$。

(c) 若 $x_i \in \mathrm{Cl}_t^{\leqslant}$，且 $C'=\{x_k \mid x_k \in D_P^{-\kappa}(x_i) \wedge x_k \notin D_P^{-\kappa}(x'), x' \in \mathrm{Cl}_t^{\leqslant}\}$，则 $\overline{P}(\mathrm{Cl}_t^{\leqslant})^\kappa=\overline{P}(\mathrm{Cl}_t^{\leqslant})^\kappa - C'$。

(d) 否则，$\overline{P}^{\vee -}(\mathrm{Cl}_t^{\leqslant})^\kappa=\overline{P}(\mathrm{Cl}_t^{\leqslant})^\kappa$，$\underline{P}^{\vee -}(\mathrm{Cl}_t^{\leqslant})^\kappa=\underline{P}(\mathrm{Cl}_t^{\leqslant})^\kappa$。

② $\forall x_j \in C_3$，有

(a) 若 $x_j \in \underline{P}(\mathrm{Cl}_t^{\leqslant})^{\kappa}$，且 $x_i \notin \mathrm{Cl}_t^{\leqslant}$，则 $\underline{P}^{\vee-}(\mathrm{Cl}_t^{\leqslant})^{\kappa} = \underline{P}(\mathrm{Cl}_t^{\leqslant})^{\kappa} - \{x_j\}$。

(b) 若 $x_j \in \mathrm{Cl}_t^{\leqslant}$，且 $x_i \notin \overline{P}(\mathrm{Cl}_t^{\leqslant})^{\kappa}$，则 $\overline{P}^{\vee-}(\mathrm{Cl}_t^{\leqslant})^{\kappa} = \overline{P}(\mathrm{Cl}_t^{\leqslant})^{\kappa} \cup \{x_i^{\vee-}\}$。

(c) 否则，$\overline{P}^{\vee-}(\mathrm{Cl}_t^{\leqslant})^{\kappa} = \overline{P}(\mathrm{Cl}_t^{\leqslant})^{\kappa}$，$\underline{P}^{\vee-}(\mathrm{Cl}_t^{\leqslant})^{\kappa} = \underline{P}(\mathrm{Cl}_t^{\leqslant})^{\kappa}$。

证明 证明过程和定理 5.2.2 类似，略。 □

2. 向上细化

若 $f(x_i, a_l) = v_1$，$f(x_i^{\vee+}, a_l) = v_2$，$v_2 \succ v_1$，则属性值向上细化。令 $V^{\vee+} = \{v\,|v_1 \prec v \prec v_2, v \in V_{a_l}\}$，$v_{a_l}^{\max} = \max(V_{a_l})$。

1) 向上多层细化（$V^{\vee+} \neq \varnothing$）

当 x_i 向上多层细化，满足 $x_j \in D_P^{+\kappa}(x_i)(v_1 \preceq f(x_j, a_l) \prec v_2)$ 的对象 x_j 将不再优势于 x_i，而满足 $x_j \notin D_P^{+\kappa}(x_i)(v_1 \preceq f(x_j, a_l) \prec v_2)$ 的对象 x_j 可以成为 x_i 的劣势对象。

(1) 优势类和向上合集近似集更新原理。

性质 5.2.7 令 $C_1 = \{x_j\,|x_j \in D_P^{+\kappa}(x_i) \wedge v_1 \preceq f(x_j, a_l) \prec v_2, i \neq j\}$，$C_2 = \{x_j|x_j \notin D_P^{+\kappa}(x_i) \wedge v_1 \preceq f(x_j, a_l) \prec v_2\}$，有

① $D_P^{+\kappa}(x_i^{\vee+}) = D_P^{+\kappa}(x_i) - C_1$。

② $C_3 = \{x_j\,|x_i^{\vee+} D_P^{+\kappa} x_j, \forall x_j \in C_2\}$，$\forall x_j \in C_3$，$D_P^{+\kappa}(x_j^{\vee+}) = D_P^{+\kappa}(x_j) \cup \{x_i^{\vee+}\}$。

证明 ① $\forall x_j \in C_1$，$\because x_j \in D_P^{+\kappa}(x_i)$，$\therefore f(x_j, a_l) \succeq f(x_i, a_l)$。$\because v_1 \preceq f(x_j, a_l) \prec v_2$，$f(x_i^{\vee+}, a_l) = v_2 \succ f(x_j, a_l)$。$\because x_j \notin D_P^{+\kappa}(x_i^{\vee+})$，$\therefore D_P^{+\kappa}(x_i^{\vee+}) = D_P^{+\kappa}(x_i) - C_1$。

② $\forall x_j \in C_2$，$\because x_j \notin D_P^{+\kappa}(x_i)$，$v_1 \preceq f(x_k, a_l) \prec v_2$，$f(x_i^{\vee+}, a_l) = v_2 \succ f(x_j, a_l)$。$\therefore$ 若 $x_i^{\vee+} D_P^{+\kappa} x_j$，则 $D_P^{+\kappa}(x_j^{\vee+}) = D_P^{+\kappa}(x_j) \cup \{x_i^{\vee+}\}$。$\therefore C_3 = \{x_j|x_i^{\vee+} D_P^{+\kappa} x_j, \forall x_j \in C_2\}$，$\forall x_j \in C_3$，$D_P^{+\kappa}(x_j^{\vee+}) = D_P^{+\kappa}(x_j) \cup \{x_i^{\vee+}\}$。 □

属性值向上多层细化向上合集 $\mathrm{Cl}_t^{\geqslant}$ 的近似集更新定理如下。

定理 5.2.7 对 $\underline{P}(\mathrm{Cl}_t^{\geqslant})^{\kappa}$ 和 $\overline{P}(\mathrm{Cl}_t^{\geqslant})^{\kappa}$，以下成立:

① 对 $x_i^{\vee+}$，

(a) 若 $x_i \in Bn_P(\mathrm{Cl}_t^{\geqslant})^{\kappa}$，且 $D_P^{+\kappa}(x_i^{\vee+}) \subseteq \mathrm{Cl}_t^{\geqslant}$，则 $\underline{P}^{\vee+}(\mathrm{Cl}_t^{\geqslant})^{\kappa} = \underline{P}(\mathrm{Cl}_t^{\geqslant})^{\kappa} \cup \{x_i^{\vee+}\}$。

(b) 若 $x_i \in \mathrm{Cl}_t^{\geqslant}$，且 $C' = \{x_k|\,x_k \in C_1 \wedge x_k \notin D_P^{+\kappa}(x'), x' \in \mathrm{Cl}_t^{\geqslant}\}$，则 $\overline{P}^{\vee+}(\mathrm{Cl}_t^{\geqslant})^{\kappa} = \overline{P}(\mathrm{Cl}_t^{\geqslant})^{\kappa} - C'$。

(c) 否则，$\overline{P}^{\vee+}(\mathrm{Cl}_t^{\geqslant})^{\kappa} = \overline{P}(\mathrm{Cl}_t^{\geqslant})^{\kappa}$，$\underline{P}^{\vee+}(\mathrm{Cl}_t^{\geqslant})^{\kappa} = \underline{P}(\mathrm{Cl}_t^{\geqslant})^{\kappa}$。

② $\forall x_j \in C_3$，

(a) 若 $x_j \in \underline{P}(\mathrm{Cl}_t^{\geqslant})^{\kappa}$，且 $C_3 \not\subset \mathrm{Cl}_t^{\geqslant}$，则 $\underline{P}^{\vee+}(\mathrm{Cl}_t^{\geqslant})^{\kappa} = \underline{P}(\mathrm{Cl}_t^{\geqslant})^{\kappa} - \{x_j\}$。

(b) 若 $x_i \notin \overline{P}(\mathrm{Cl}_t^{\geqslant})^{\kappa}$，且 $x_j \in \mathrm{Cl}_t^{\geqslant}$，则 $\overline{P}^{\vee+}(\mathrm{Cl}_t^{\geqslant})^{\kappa} = \overline{P}(\mathrm{Cl}_t^{\geqslant})^{\kappa} \cup \{x_i\}$。

(c) 否则，$\overline{P}^{\vee+}(\mathrm{Cl}_t^{\geqslant})^{\kappa} = \overline{P}(\mathrm{Cl}_t^{\geqslant})^{\kappa}$，$\underline{P}^{\vee+}(\mathrm{Cl}_t^{\geqslant})^{\kappa} = \underline{P}(\mathrm{Cl}_t^{\geqslant})^{\kappa}$。

证明 证明过程和定理 5.2.1 类似，略。□

(2) 劣势类和向下合集近似集更新原理。

当属性向上多层细化时若 x_j 满足 $x_i \in D_P^{-\kappa}(x_j)(v_1 \preceq f(x_j,a_l) \prec v_2)$，则 x_i 不再优势于 x_j。若 x_j 满足 $x_i \notin D_P^{-\kappa}(x_j)(v_1 \prec f(x_j,a_l) \prec v_2)$，则它将不再劣势于 x_i。劣势类的动态性质如下。

性质 5.2.8 令 $C_1 = \{x_j \,| x_i \in D_P^{-\kappa}(x_j) \wedge v_1 \preceq f(x_j,a_l) \prec v_2, i \neq j\}$，$C_2 = \{x_j \,| x_i \notin D_P^{-\kappa}(x_j) \wedge v_1 \prec f(x_j,a_l) \prec v_2\}$。则

① $\forall x_j \in C_1$，$D_P^{-\kappa}(x_j^{\vee+}) = D_P^{-\kappa}(x_j) - \{x_i\}$。

② $C_3 = \{x_j |\, x_j D_P^{-\kappa} x_i, \forall x_j \in C_2\}$，$D_P^{-\kappa}(x_i^{\vee+}) = D_P^{-\kappa}(x_i) \cup C_3$。

证明 ① $\forall x_j \in C_1$，$\because x_i \in D_P^{-\kappa}(x_j)$，$\therefore f(x_i,a_l) \preceq f(x_j,a_l)$。$\because f(x_i^{\vee+},a_l) = v_{l2} \succ f(x_j,a_l)$，$\therefore x_i \notin D_P^{-\kappa}(x_j)$，$D_P^{-\kappa}(x_j^{\vee+}) = D_P^{-\kappa}(x_j) - \{x_i\}$。

② $\because \forall x_j \in C_2$，$x_i \notin D_P^{-\kappa}(x_j)$，$\therefore f(x_i,a_l) \succ f(x_j,a_l)$，$\therefore \forall x_j \in C_2$。如果 $x_j D_P^{-\kappa} x_i$，那么 $D_P^{-\kappa}(x_i^{\vee+}) = D_P^{-\kappa}(x_i) \cup \{x_j\}$。$\therefore C_3 = \{x_j |\, x_j D_P^{-\kappa} x_i, \forall x_j \in C_2\}$,$D_P^{-\kappa}(x_i^{\vee+}) = D_P^{-\kappa}(x_i) \cup C_3$。□

向下合集 $\mathrm{Cl}_t^{\leqslant}$ 的近似集更新定理如下。

定理 5.2.8 对 $\underline{P}^{\vee+}(\mathrm{Cl}_t^{\leqslant})^\kappa$ 和 $\overline{P}^{\vee+}(\mathrm{Cl}_t^{\leqslant})^\kappa$，以下成立:

① $\forall x_j \in C_1$，

(a) 若 $x_i \notin \mathrm{Cl}_t^{\leqslant}$，$D_P^{-\kappa}(x_j) \in Bnp(\mathrm{Cl}_t^{\leqslant})^\kappa$，且 $D_P^{-\kappa}(x_j^{\vee+}) \subset \mathrm{Cl}_t^{\leqslant}$，则 $\underline{P}^{\vee+}(\mathrm{Cl}_t^{\leqslant})^\kappa = \underline{P}(\mathrm{Cl}_t^{\leqslant})^\kappa \cup \{x_j^{\vee+}\}$。

(b) 若 $x_j \in \mathrm{Cl}_t^{\leqslant}$，$x_i \notin \mathrm{Cl}_t^{\leqslant}$，且 $x_i \notin D_P^{-\kappa}(x'), \forall x' \in \mathrm{Cl}_t^{\leqslant}$，则 $\overline{P}^{\vee+}(\mathrm{Cl}_t^{\leqslant})^\kappa = \overline{P}(\mathrm{Cl}_t^{\leqslant})^\kappa - \{x_i\}$。

(c) 否则，$\overline{P}^{\vee+}(\mathrm{Cl}_t^{\leqslant})^\kappa = \overline{P}(\mathrm{Cl}_t^{\leqslant})^\kappa$，$\underline{P}^{\vee+}(\mathrm{Cl}_t^{\leqslant})^\kappa = \underline{P}(\mathrm{Cl}_t^{\leqslant})^\kappa$。

② (a) 若 $x_i \in \underline{P}(\mathrm{Cl}_t^{\leqslant})^\kappa$，且 $C_3 \not\subset \mathrm{Cl}_t^{\leqslant}$，则 $\underline{P}^{\vee+}(\mathrm{Cl}_t^{\leqslant})^\kappa = \underline{P}(\mathrm{Cl}_t^{\leqslant})^\kappa - \{x_i\}$。

(b) 若 $x_i \in \mathrm{Cl}_t^{\leqslant}$，则 $\overline{P}^{\vee+}(\mathrm{Cl}_t^{\leqslant})^\kappa = \overline{P}(\mathrm{Cl}_t^{\leqslant})^\kappa \cup C_3$。

(c) 否则，$\overline{P}^{\vee+}(\mathrm{Cl}_t^{\leqslant})^\kappa = \overline{P}(\mathrm{Cl}_t^{\leqslant})^\kappa$，$\underline{P}^{\vee+}(\mathrm{Cl}_t^{\leqslant})^\kappa = \underline{P}(\mathrm{Cl}_t^{\leqslant})^\kappa$。

证明 证明过程和定理 5.2.2 类似，略。□

2) 向上单层细化 ($V^{\vee+} = \varnothing$)

当属性值 x_i 向上单层细化，满足 $x_j \in D_P^{+\kappa}(x_i)$，且 $f(x_j,a_l) = v_1$ 的对象 x_j 将不再优势于 x_i。

(1) 优势类和向上合集近似集更新原理。

性质 5.2.9 令 $C_1 = \{x_j \,| x_j \in D_P^{+\kappa}(x_i) \wedge f(x_j,a_l) = v_1\}$，则 $D_P^{+\kappa}(x_i^{\vee+}) = D_P^{+\kappa}(x_i) - C_1$。

证明 $\because x_j \in D_P^{+\kappa}(x_i)$，$\therefore f(x_j,a_l) \succeq f(x_i,a_l)$，$f(x_i^{\vee+},a_l) = v_{l2} \succ v_{l1}$，$\therefore x_j \notin D_P^{+\kappa}(x_i)$，$D_P^{+\kappa}(x_i^{\vee+}) = D_P^{+\kappa}(x_i) - \{x_j\}$。$\therefore$ 如果 $C_1 = \{x_j \,| x_j \in D_P^{+\kappa}(x_i) \wedge f(x_j,a_l) = v_{l1}\}$，因此 $D_P^{+\kappa}(x_i^{\vee+}) = D_P^{+\kappa}(x_i) - C_1$。□

当向上单层细化，向上合集 $\mathrm{Cl}_t^{\geqslant}$ 的近似集仅受到 x_i 的优势类影响。

定理 5.2.9 对 $\underline{P}^{\vee+}(\mathrm{Cl}_t^{\geqslant})^{\kappa}$ 和 $\overline{P}^{\vee+}(\mathrm{Cl}_t^{\geqslant})^{\kappa}$，以下成立：

① 若 $x_i \in Bn_P(\mathrm{Cl}_t^{\geqslant})^{\kappa}$，且 $D_P^{+\kappa}(x_i^{\vee+}) \subseteq \mathrm{Cl}_t^{\geqslant}$，则 $\underline{P}^{\vee+}(\mathrm{Cl}_t^{\geqslant})^{\kappa} = \underline{P}(\mathrm{Cl}_t^{\geqslant})^{\kappa} \cup \{x_i^{\vee+}\}$。

② 若 $x_i \in \mathrm{Cl}_t^{\geqslant}$，且 $C' = \{x_k | x_k \in C_1 \wedge x_k \notin D_P^{+\kappa}(x'), x' \in \mathrm{Cl}_t^{\geqslant}\} \neq \varnothing$，则 $\overline{P}^{\vee+}(\mathrm{Cl}_t^{\geqslant})^{\kappa} = \overline{P}(\mathrm{Cl}_t^{\geqslant})^{\kappa} - C'$。

③ 否则，$\overline{P}^{\vee+}(\mathrm{Cl}_t^{\geqslant})^{\kappa} = \overline{P}(\mathrm{Cl}_t^{\leqslant})^{\kappa}$，$\underline{P}^{\vee+}(\mathrm{Cl}_t^{\geqslant})^{\kappa} = \underline{P}(\mathrm{Cl}_t^{\leqslant})^{\kappa}$。

证明 证明过程和定理 5.2.1 类似，略。 □

(2) 劣势类和向下合集近似集更新原理。

满足 $x_i \in D_P^{-\kappa}(x_j)$，且 $f(x_j, a_l) = v_1$ 的 x_i 将不再是 x_j 的劣势对象。劣势类动态性质如下。

性质 5.2.10 令 $C_1 = \{x_j | x_i \in D_P^{-\kappa}(x_j) \wedge f(x_j, a_l) = v_1\}$，则 $\forall x_j \in C_1$，$D_P^{-\kappa}(x_j^{\vee+}) = D_P^{-\kappa}(x_j) - \{x_i\}$。

证明 $\forall x_j \in C_1$，$\because x_i \in D_P^{-\kappa}(x_j)$，$\therefore f(x_j, a_l) \succeq f(x_i, a_l)$，$f(x_i, a_l) = v_{l2} \succ v_{l1}$。$\therefore x_i \notin D_P^{-\kappa}(x_j)$，$D_P^{-\kappa}(x_j^{\vee+}) = D_P^{-\kappa}(x_j) - \{x_i\}$。 □

$\forall x_j \in C_1$，x_j 的劣势类将变化。向下合集 $\mathrm{Cl}_t^{\leqslant}$ 近似集更新定理如下。

定理 5.2.10 对 $\underline{P}^{\vee+}(\mathrm{Cl}_t^{\leqslant})^{\kappa}$ 和 $\overline{P}^{\vee+}(\mathrm{Cl}_t^{\leqslant})^{\kappa}$，$\forall x_j \in C_1$，以下成立：

① 若 $x_i \notin \mathrm{Cl}_t^{\leqslant}$，$x_j \in Bn_P(\mathrm{Cl}_t^{\leqslant})^{\kappa}$，且 $D_P^{-\kappa}(x_j) \subseteq \mathrm{Cl}_t^{\leqslant}$，则 $\underline{P}^{\vee+}(\mathrm{Cl}_t^{\leqslant})^{\kappa} = \underline{P}(\mathrm{Cl}_t^{\leqslant})^{\kappa} \cup \{x_j\}$。

② 若 $x_j \in \mathrm{Cl}_t^{\leqslant}$，且 $x_i \notin D_P^{-\kappa}(x'), \forall x' \in \mathrm{Cl}_t^{\leqslant}$，则 $\overline{P}^{\vee+}(\mathrm{Cl}_t^{\leqslant})^{\kappa} = \overline{P}(\mathrm{Cl}_t^{\leqslant})^{\kappa} - \{x_i\}$。

③ 否则，$\overline{P}^{\vee+}(\mathrm{Cl}_t^{\leqslant})^{\kappa} = \overline{P}(\mathrm{Cl}_t^{\leqslant})^{\kappa}$，$\underline{P}^{\vee+}(\mathrm{Cl}_t^{\leqslant})^{\kappa} = \underline{P}(\mathrm{Cl}_t^{\leqslant})^{\kappa}$。

证明 证明过程和定理 5.2.2 中①类似。 □

3) 细化属性值大于细化属性 a_l 上的最大值 ($v_2 \succ v_{a_l}^{\max}$)

(1) 优势类和向上合集近似集更新原理。

如果 $v_2 \succ v_{a_l}^{\max}$，则除了 x_i 的其他对象都不再优势于 x_i。满足 $x_j \notin D_P^{+\kappa}(x_i)(v_1 \prec f(x_j, a_l))$ 的对象 x_j，x_i 将成为它的优势对象。优势类的动态性质如下。

性质 5.2.11 令 $C_2 = \{x_j | x_j \notin D_P^{+\kappa}(x_i) \wedge v_1 \prec f(x_j, a_l)\}$，则有

① $D_P^{+\kappa}(x_i^{\vee+}) = \{x_i\}$。

② $C_3 = \{x_i^{\vee+} D_P^{+\kappa} x_j, \forall x_j \in C_2\}$，$\forall x_j \in C_3$，$D_P^{+\kappa}(x_j^{\vee+}) = D_P^{+\kappa}(x_j) \cup \{x_i^{\vee+}\}$。

证明 ① $\because v_2 \succ v_{a_l}^{\max}$，$\therefore \neg\exists x_j\ s.t.\ x_j D_P^{+\kappa} x_i$，$D_P^{+\kappa}(x_i^{\vee+}) = \{x_i\}$。

② $\forall x_j \in C_2$，如果 $x_i^{\vee+} D_P^{+\kappa} x_j$，则 $D_P^{+\kappa}(x_j^{\vee+}) = D_P^{+\kappa}(x_j) \cup \{x_i^{\vee+}\}$。$\therefore C_3 = \{x_i^{\vee+} D_P^{+\kappa} x_j, \forall x_j \in C_2\}$，$\forall x_j \in C_3$，$D_P^{+\kappa}(x_j^{\vee+}) = D_P^{+\kappa}(x_j) \cup \{x_i^{\vee+}\}$。 □

根据优势类动态变化的性质，向上合集 $\mathrm{Cl}_t^{\geqslant}$ 近似集的增量更新原理如下。

定理 5.2.11 对 $\underline{P}^{\vee+}(\mathrm{Cl}_t^{\geqslant})^{\kappa}$ 和 $\overline{P}^{\vee+}(\mathrm{Cl}_t^{\geqslant})^{\kappa}$，以下成立：

① (a) 若 $x_i \in \mathrm{Cl}_t^{\geqslant}$，则 $\underline{P}^{\vee+}(\mathrm{Cl}_t^{\geqslant})^{\kappa} = \underline{P}(\mathrm{Cl}_t^{\geqslant})^{\kappa} \cup \{x_i^{\vee+}\}$。

(b) $C'=D_P^{+\kappa}(x_i)-\{x_i\}$，若 $x_i\in \mathrm{Cl}_t^{\geqslant}$，且 $C''=\{x_k|\,x_k\in C'\wedge x_k\notin D_P^{+\kappa}(x'),x'\in \mathrm{Cl}_t^{\geqslant}\}\neq\varnothing$，则 $\overline{P}^{\vee+}(\mathrm{Cl}_t^{\geqslant})^\kappa=\overline{P}(\mathrm{Cl}_t^{\geqslant})^\kappa-C''$。

(c) 否则，$\overline{P}^{\vee+}(\mathrm{Cl}_t^{\geqslant})^\kappa=\overline{P}(\mathrm{Cl}_t^{\leqslant})^\kappa$，$\underline{P}^{\vee+}(\mathrm{Cl}_t^{\geqslant})^\kappa=\underline{P}(\mathrm{Cl}_t^{\leqslant})^\kappa$。

② $\forall x_j\in C_3$，

(a) 若 $x_i\notin \mathrm{Cl}_t^{\geqslant}$，且 $x_j\in\underline{P}(\mathrm{Cl}_t^{\geqslant})^\kappa$，则 $\underline{P}^{\vee+}(\mathrm{Cl}_t^{\geqslant})^\kappa=\underline{P}(\mathrm{Cl}_t^{\leqslant})^\kappa-\{x_j\}$。

(b) 若 $x_j\in \mathrm{Cl}_t^{\geqslant}$，且 $x_i\notin D_P^{+\kappa}(x'),x'\in \mathrm{Cl}_t^{\geqslant}$，则 $\overline{P}^{\vee+}(\mathrm{Cl}_t^{\geqslant})^\kappa=\overline{P}(\mathrm{Cl}_t^{\leqslant})^\kappa\cup\{x_i^{\vee+}\}$。

(c) 否则，$\overline{P}^{\vee+}(\mathrm{Cl}_t^{\geqslant})^\kappa=\overline{P}(\mathrm{Cl}_t^{\leqslant})^\kappa$，$\underline{P}^{\vee+}(\mathrm{Cl}_t^{\geqslant})^\kappa=\underline{P}(\mathrm{Cl}_t^{\leqslant})^\kappa$。

证明 证明过程和定理 5.2.1 类似，略。 □

(2) 劣势类和向下合集近似集更新原理。

x_i 不再是任何对象的劣势对象。满足 $x_i\notin D_P^{-\kappa}(x_j)$，且 $f(x_j,a_l)\succ v_1$ 的对象 x_j 将劣势于对象 x_i。

性质 5.2.12 令 $C_1=\{x_j\,|x_i\in D_P^{-\kappa}(x_j)\}$，$C_2=\{x_j\,|x_i\notin D_P^{-\kappa}(x_j)\wedge f(x_j,a_l)\succ v_1\}$，则有：

① $\forall x_j\in C_1$，$D_P^{-\kappa}(x_j^{\vee+})=D_P^{-\kappa}(x_j)-\{x_i\}$。

② 令 $C_3=\{x_j|\,x_jD_P^{-\kappa}x_i,\forall x_j\in C_2\}$，则 $D_P^{-\kappa}(x_i^{\vee+})=D_P^{-\kappa}(x_i)\cup C_3$。

证明 证明过程和定理 5.2.1 类似，略。 □

以下，我们给出向下合集 $\mathrm{Cl}_t^{\leqslant}$ 近似集更新原理。

定理 5.2.12 对 $\underline{P}^{\vee+}(\mathrm{Cl}_t^{\leqslant})^\kappa$ 和 $\overline{P}^{\vee+}(\mathrm{Cl}_t^{\leqslant})^\kappa$，以下成立。

① $\forall x_j\in C_1$，

(a) 若 $x_i\notin \mathrm{Cl}_t^{\leqslant}$，$x_j\in Bn_P(\mathrm{Cl}_t^{\leqslant})^\kappa$，且 $D_P^{-\kappa}(x_j^{\vee+})\subseteq \mathrm{Cl}_t^{\leqslant}$，则 $\underline{P}^{\vee+}(\mathrm{Cl}_t^{\leqslant})^\kappa=\underline{P}(\mathrm{Cl}_t^{\leqslant})^\kappa\cup\{x_j^{\vee+}\}$。

(b) 若 $x_j\in \mathrm{Cl}_t^{\leqslant}$，且 $x_i\notin D_P^{+\kappa}(x'),x'\in \mathrm{Cl}_t^{\leqslant}$，则 $\overline{P}^{\vee+}(\mathrm{Cl}_t^{\leqslant})^\kappa=\overline{P}(\mathrm{Cl}_t^{\leqslant})^\kappa-\{x_i\}$。

(c) 否则，$\overline{P}^{\vee+}(\mathrm{Cl}_t^{\leqslant})^\kappa=\overline{P}(\mathrm{Cl}_t^{\leqslant})^\kappa$，$\underline{P}^{\vee+}(\mathrm{Cl}_t^{\leqslant})^\kappa=\underline{P}(\mathrm{Cl}_t^{\leqslant})^\kappa$。

② (a) 若 $x_i\in\underline{P}^{\vee+}(\mathrm{Cl}_t^{\leqslant})^\kappa$，且 $C'=\{x_j|\,\exists x_j\notin \mathrm{Cl}_t^{\leqslant}\wedge x_j\in C_3\}$，则 $\underline{P}^{\vee+}(\mathrm{Cl}_t^{\leqslant})^\kappa=\underline{P}(\mathrm{Cl}_t^{\leqslant})^\kappa-C'$。

(b) 若 $x_i\in \mathrm{Cl}_t^{\leqslant}$，且 $C''=\{x_j|\,x_j\notin\overline{P}(\mathrm{Cl}_t^{\leqslant})^\kappa,x\in C_3\}$，则 $\overline{P}^{\vee+}(\mathrm{Cl}_t^{\leqslant})^\kappa=\overline{P}(\mathrm{Cl}_t^{\leqslant})^\kappa\cup C''$。

证明 证明过程和定理 5.2.2 类似，略。 □

5.2.2 属性值细化时近似集的动态更新算法

令 $\overline{P}^{\vee*}(\mathrm{Cl}_t^{\geqslant})^\kappa(\overline{P}^{\vee*}(\mathrm{Cl}_t^{\leqslant})^\kappa)$ 和 $\underline{P}^{\vee*}(\mathrm{Cl}_t^{\geqslant})^\kappa(\underline{P}^{\vee*}(\mathrm{Cl}_t^{\leqslant})^\kappa)$ 分别表示 $\mathrm{Cl}_t^{\geqslant}(\mathrm{Cl}_t^{\leqslant})$ 属性值细化后的上、下近似集。上标 $*$ 表示所有情况的属性值细化，即它可以根据属性值不同的变化为 $^+$ 或 $^-$ 所替代。如果 $f(x_i,a_l)=v_1$，令 $f(x_i,a_l)=v_2$，$v_2\notin V_{a_l}$，即属性值 $f(x_i,a_l)$ 细化为 v_2。更新向上和向下合集近似集的算法如下。

算法 5.2.1　不完备决策系统中属性值细化时增量更新近似集算法(Algorithm for Incremental Updating Approximations while Attributes Refining in the IODS, AIUAARI)。

输入: (1) 每个对象的优势类和劣势类 x_i: $D_P^{+\kappa}(x_i)$，$D_P^{-\kappa}(x_i)(0<\kappa\leqslant 1, \forall x_i\in U)$。

(2) 向上向下合集: $\mathrm{Cl}_t^{\geqslant}$，$\mathrm{Cl}_t^{\leqslant}(0\leqslant t\leqslant n)$。

(3) 向上向下合集近似集和边界域: $\underline{P}(\mathrm{Cl}_t^{\geqslant})^{\kappa}$, $\overline{P}(\mathrm{Cl}_t^{\geqslant})^{\kappa}$, $\underline{P}(\mathrm{Cl}_t^{\leqslant})^{\kappa}$, $\overline{P}(\mathrm{Cl}_t^{\leqslant})^{\kappa}$, $Bn_P(\mathrm{Cl}_t^{\geqslant})^{\kappa}$，$Bn_P(\mathrm{Cl}_t^{\leqslant})^{\kappa}$。

(4) 属性值: v_1 和 v_2 (注: 属性值 v_1 细化为 v_2，$v_2\notin V$)。

输出: $\underline{P}^{\vee *}(\mathrm{Cl}_t^{\geqslant})^{\kappa}$，$\overline{P}^{\vee *}(\mathrm{Cl}_t^{\geqslant})^{\kappa}$，$\underline{P}^{\vee *}(\mathrm{Cl}_t^{\leqslant})^{\kappa}$，$\overline{P}^{\vee *}(\mathrm{Cl}_t^{\leqslant})^{\kappa}$。

1: **if** $v_2\prec v_1$ **then**
2: 　**if** $v_2\prec v_{a_l}^{\min}$ **then**
3: 　　Call RefiningMin();
4: 　**else**
5: 　　**if** $\exists v_2\prec v\prec v_1$ **then**
6: 　　　Call RefiningDM();
7: 　　**else**
8: 　　　Call RefiningDS();
9: 　　**end if**
10: 　**end if**
11: **else**
12: 　**if** $v_2\succ v_{\max}$ **then**
13: 　　Call RefiningMax();
14: 　**else**
15: 　　**if** $\exists v_1\prec v\prec v_2$ **then**
16: 　　　Call RefiningUM();
17: 　　**else**
18: 　　　Call RefiningUS();
19: 　　**end if**
20: 　**end if**
21: **end if**
22: **return** $\underline{P}^{\vee *}(\mathrm{Cl}_t^{\geqslant})^{\kappa}$，$\overline{P}^{\vee *}(\mathrm{Cl}_t^{\geqslant})^{\kappa}$，$\underline{P}^{\vee *}(\mathrm{Cl}_t^{\leqslant})^{\kappa}$，$\overline{P}^{\vee *}(\mathrm{Cl}_t^{\leqslant})^{\kappa}$

Function RefiningMin() // 属性值 v_2 小于 $v_{a_l}^{\min}$ 时更新近似集

1: **for each** x_j in U **do**
2: 　**if** $x_i\in D_P^{+\kappa}(x_j)$ **then**

3: $D_P^{+\kappa}(x_j^{\vee-}) \leftarrow D_P^{+\kappa}(x_j) - \{x_i\}$;
4: **if** $x_j \in Bn_P(\mathrm{Cl}_t^{\leqslant})^\kappa$ and $D_P^{+\kappa}(x_j^{\vee-}) \subseteq \mathrm{Cl}_t^{\geqslant}$ **then**
5: $\underline{P}(\mathrm{Cl}_t^{\geqslant})^\kappa \leftarrow \underline{P}(\mathrm{Cl}_t^{\geqslant})^\kappa \cup \{x_j\}$;
6: **end if**
7: **if** $x_j \in \mathrm{Cl}_t^{\leqslant}$ and $x_i \notin \mathrm{Cl}_t^{\leqslant}$ and $x_i \notin D_P^{+\kappa}(x')(x' \in \mathrm{Cl}_t^{\leqslant})$ **then**
8: $\overline{P}(\mathrm{Cl}_t^{\geqslant})^\kappa \leftarrow \overline{P}(\mathrm{Cl}_t^{\geqslant})^\kappa - \{x_i\}$;
9: **end if**
10: **else**
11: **if** $f(x_j, a_l) \prec v_1$ and $x_j D_P^{+\kappa} x_i^{\vee-}$ **then**
12: $D_P^{+\kappa}(x_i^{\vee-}) \leftarrow D_P^{+\kappa}(x_i) \cup \{x_j\}$;
13: **if** $x_i \in \underline{P}^{\vee-}(\mathrm{Cl}_t^{\geqslant})^\kappa$ and $x_j \notin \mathrm{Cl}_t^{\geqslant}$ **then**
14: $\underline{P}^{\vee-}(\mathrm{Cl}_t^{\geqslant})^\kappa \leftarrow \underline{P}^{\vee-}(\mathrm{Cl}_t^{\geqslant})^\kappa - \{x_i\}$;
15: **end if**
16: **if** $x_i \in \mathrm{Cl}_t^{\leqslant}$ **then**
17: $\overline{P}^{\vee-}(\mathrm{Cl}_t^{\geqslant})^\kappa \leftarrow \overline{P}(\mathrm{Cl}_t^{\geqslant})^\kappa \cup \{x_j\}$;
18: **end if**
19: **end if**
20: **end if**
21: **if** $x_i \notin D_P^{-\kappa}(x_j)$ and $f(x_j, a_l) \prec v_1$ and $x_i^{\vee-} D_P^{-\kappa} x_j$ **then**
22: $D_P^{-\kappa}(x_j^{\vee-}) \leftarrow D_P^{-\kappa}(x_j) \cup \{x_i^{\vee-}\}$;
23: **if** $x_j \in \underline{P}(\mathrm{Cl}_t^{\leqslant})^\kappa$ and $x_i \notin \mathrm{Cl}_t^{\leqslant}$ **then**
24: $\underline{P}^{\vee-}(\mathrm{Cl}_t^{\leqslant})^\kappa \leftarrow \underline{P}(\mathrm{Cl}_t^{\leqslant})^\kappa - \{x_j\}$;
25: **end if**
26: **if** $x_j \in \mathrm{Cl}_t^{\leqslant}$ and $x_i \notin \overline{P}(\mathrm{Cl}_t^{\leqslant})^\kappa$ **then**
27: $\overline{P}^{\vee-}(\mathrm{Cl}_t^{\leqslant})^\kappa \leftarrow \overline{P}(\mathrm{Cl}_t^{\leqslant})^\kappa \cup \{x_i^{\vee-}\}$;
28: **end if**
29: **end if**
30: **end for**$D_P^{-\kappa}(x_i^{\vee-}) \leftarrow \{x_i\}$;
31: **if** $x_i \notin \underline{P}(\mathrm{Cl}_t^{\leqslant})^\kappa$ and $x_i \in \mathrm{Cl}_t^{\leqslant}$ **then**
32: $\underline{P}^{\vee-}(\mathrm{Cl}_t^{\leqslant})^\kappa \leftarrow \underline{P}(\mathrm{Cl}_t^{\leqslant})^\kappa \cup \{x_i^{\vee-}\}$;
33: **end if**
34: **if** $x_i \in Bn_P(\mathrm{Cl}_t^{\leqslant})^\kappa$ and $x_i \notin \mathrm{Cl}_t^{\leqslant}$ **then**
35: $\underline{P}^{\vee-}(\mathrm{Cl}_t^{\leqslant})^\kappa \leftarrow \underline{P}(\mathrm{Cl}_t^{\leqslant})^\kappa - \{x_i^{\vee-}\}$;
36: **end if**
37: **if** $x_i \in \mathrm{Cl}_t^{\leqslant}$ and $C' = \{x_k | x_k \in D_P^{-\kappa}(x_i) \wedge x_k \notin D_P^{-\kappa}(x'), x' \in \mathrm{Cl}_t^{\leqslant}\}$ **then**

38: $\quad\overline{P}(\mathrm{Cl}_t^{\leqslant})^{\kappa} \leftarrow \overline{P}(\mathrm{Cl}_t^{\leqslant})^{\kappa} - C'$;
39: **end if**
40: **return** $\underline{P}^{\vee *}(\mathrm{Cl}_t^{\geqslant})^{k}$, $\overline{P}^{\vee *}(\mathrm{Cl}_t^{\geqslant})^{k}$, $\underline{P}^{\vee *}(\mathrm{Cl}_t^{\leqslant})^{k}$, $\overline{P}^{\vee *}(\mathrm{Cl}_t^{\leqslant})^{k}$

Function RefiningDS() // 属性值向下单层细化时更新近似集

1: **for each** x_j in U **do**
2: $\quad$**if** $x_i \in D_P^{+\kappa}(x_j)$ and $f(x_j, a_l) = v_1$ **then**
3: $\quad\quad D_P^{+\kappa}(x_j^{\vee -}) \leftarrow D_P^{+\kappa}(x_j) - \{\ x_i^{\vee -}\}$;
4: $\quad\quad$**if** $x_j \in Bn_P(\mathrm{Cl}_t^{\leqslant})^{\kappa}$, $x_i \notin \mathrm{Cl}_t^{\geqslant}$ and $D_P^{+\kappa}(x_j^{\vee -}) \subseteq \mathrm{Cl}_t^{\geqslant}$ **then**
5: $\quad\quad\quad\underline{P}(\mathrm{Cl}_t^{\geqslant})^{\kappa} \leftarrow \underline{P}(\mathrm{Cl}_t^{\geqslant})^{\kappa} \cup \{x_j\}$;
6: $\quad\quad$**end if**
7: $\quad\quad$**if** $x_j \in \mathrm{Cl}_t^{\geqslant}$ and $x_i \notin \mathrm{Cl}_t^{\geqslant}$ and $x_i \notin D_P^{-\kappa}(x')(x' \in \mathrm{Cl}_t^{\geqslant} - \{x_j\})$ **then**
8: $\quad\quad\quad\overline{P}(\mathrm{Cl}_t^{\geqslant})^{\kappa} \leftarrow \overline{P}(\mathrm{Cl}_t^{\geqslant})^{\kappa} - \{x_i^{\vee -}\}$;
9: $\quad\quad$**end if**$D_P^{-\kappa}(x_i^{\vee -}) \leftarrow D_P^{-\kappa}(x_i) - \{x_j\}$;
10: $\quad\quad$**if** $x_i \notin Bn_P(\mathrm{Cl}_t^{\leqslant})^{\kappa}$ and $D_P^{-\kappa}(x_i^{\vee -}) \subseteq \mathrm{Cl}_t^{\leqslant}$ **then**
11: $\quad\quad\quad\underline{P}(\mathrm{Cl}_t^{\leqslant})^{\kappa} \leftarrow \underline{P}(\mathrm{Cl}_t^{\leqslant})^{\kappa} \cup \{x_i\}$;
12: $\quad\quad$**end if**
13: $\quad\quad$**if** $x_i \in \mathrm{Cl}_t^{\leqslant}$ and $x_j \notin \mathrm{Cl}_t^{\leqslant}$ and $x_k \notin D_P^{-\kappa}(x')(x' \in \mathrm{Cl}_t^{\leqslant})$ **then**
14: $\quad\quad\quad\overline{P}(\mathrm{Cl}_t^{\leqslant})^{\kappa} \leftarrow \overline{P}(\mathrm{Cl}_t^{\leqslant})^{\kappa} - \{x_j\}$;
15: $\quad\quad$**end if**
16: $\quad$**end if**
17: **end for**
18: **return** $\underline{P}^{\vee *}(\mathrm{Cl}_t^{\geqslant})^{k}$, $\overline{P}^{\vee *}(\mathrm{Cl}_t^{\geqslant})^{k}$, $\underline{P}^{\vee *}(\mathrm{Cl}_t^{\leqslant})^{k}$, $\overline{P}^{\vee *}(\mathrm{Cl}_t^{\leqslant})^{k}$

Function RefiningDM() // 属性值向下多层细化时更新近似集

1: **for each** x_j in U **do**
2: $\quad$**if** $x_i \in D_P^{+\kappa}(x_j)$ and $v_2 \prec f(x_j, a_l) \preceq v_1$ **then**
3: $\quad\quad D_P^{+\kappa}(x_j^{\vee -}) \leftarrow D_P^{+\kappa}(x_j) - \{\ x_i^{\vee -}\}$;
4: $\quad\quad$**if** $x_j \in Bn_P(\mathrm{Cl}_t^{\geqslant})^{\kappa}$ and $x_i^{\vee -} \notin \mathrm{Cl}_t^{\geqslant}$ and $D_P^{+\kappa}(x_j^{\vee -}) \subseteq \mathrm{Cl}_t^{\geqslant}$ **then**
5: $\quad\quad\quad\underline{P}^{\vee -}(\mathrm{Cl}_t^{\geqslant})^{\kappa} \leftarrow \underline{P}(\mathrm{Cl}_t^{\geqslant})^{\kappa} \cup \{x_j\}$;
6: $\quad\quad$**end if**
7: $\quad\quad$**if** $x_j \in \mathrm{Cl}_t^{\geqslant}$, $x_i^{\vee -} \notin D_P^{+\kappa}(x_k)$, $\forall x_k \in \mathrm{Cl}_t^{\geqslant} - \{x_j\}$ **then**
8: $\quad\quad\quad\overline{P}^{\vee -}(\mathrm{Cl}_t^{\geqslant})^{\kappa} \leftarrow \overline{P}(\mathrm{Cl}_t^{\geqslant})^{\kappa} - \{x_i\}$;
9: $\quad\quad$**end if**
10: $\quad$**else**

11: **if** $x_i \notin D_P^{+\kappa}(x_j)$ and $v_2 \prec f(x_j, a_l) \prec v_1$ and $x_j D_p^{+\kappa} x_i^{\vee-}$ **then**
12: $D_P^{+\kappa}(x_i^{\vee-}) \leftarrow D_P^{+\kappa}(x_i) \cup \{x_j\}$;
13: **if** $x_i \in \underline{P}^{\vee-}(\mathrm{Cl}_t^{\geqslant})^\kappa$ and $x_j \notin C_t^{\geqslant}$ **then**
14: $\underline{P}^{\vee-}(\mathrm{Cl}_t^{\geqslant})^\kappa = \underline{P}(\mathrm{Cl}_t^{\geqslant})^\kappa - \{x_i^{\vee-}\}$;
15: **end if**
16: **if** $x_i^{\vee-} \in \mathrm{Cl}_t^{\geqslant}$ **then**
17: $\overline{P}^{\vee-}(\mathrm{Cl}_t^{\geqslant})^\kappa \leftarrow \overline{P}(\mathrm{Cl}_t^{\geqslant})^\kappa \cup \{x_j\}$;
18: **end if**
19: **end if**
20: **end if**
21: **if** $x_j \in D_P^{-\kappa}(x_i)$ and $v_2 \prec f(x_j, a_l) \preceq v_1$ **then**
22: $D_P^{-\kappa}(x_i^{\vee-}) \leftarrow D_P^{-\kappa}(x_i) - \{x_j\}$;
23: **if** $x_i \in Bn_P(\mathrm{Cl}_t^{\leqslant})^\kappa$ and $D_P^{-\kappa}(x_i^{\vee-}) \subseteq \underline{P}(\mathrm{Cl}_t^{\leqslant})^\kappa$ **then**
24: $\underline{P}^{\vee-}(\mathrm{Cl}_t^{\leqslant})^\kappa \leftarrow \underline{P}(\mathrm{Cl}_t^{\leqslant})^\kappa \cup \{x_i^{\vee-}\}$;
25: **end if**
26: **if** $x_i \in \mathrm{Cl}_t^{\geqslant}$ and $x_k \notin D_P^{-\kappa}(x'), \forall x' \in \mathrm{Cl}_t^{\geqslant}$ **then**
27: $\overline{P}^{\vee-}(\mathrm{Cl}_t^{\leqslant})^\kappa \leftarrow \overline{P}(\mathrm{Cl}_t^{\leqslant})^\kappa - \{x_j\}$;
28: **end if**
29: **else**
30: **if** $x_j \notin D_P^{-\kappa}(x_i)$ and $v_2 \prec f(x_j, a_l) \prec v_1$ **then**
31: $D_P^{-\kappa}(x_j^{\vee-}) \leftarrow D_P^{-\kappa}(x_j) \cup \{\ x_i^{\vee-}\}$;
32: **if** $x_j \in \underline{P}(\mathrm{Cl}_t^{\leqslant})^\kappa$ and $x_i^{\vee-} \notin \mathrm{Cl}_t^{\leqslant}$ **then**
33: $\underline{P}^{\vee-}(\mathrm{Cl}_t^{\leqslant})^\kappa \leftarrow \underline{P}(\mathrm{Cl}_t^{\leqslant})^\kappa - \{x_j\}$;
34: **end if**
35: **if** $x_j \in \mathrm{Cl}_t^{\leqslant}$ and $x_i \notin D_P^{-\kappa}(x')(\forall x' \in \mathrm{Cl}_t^{\leqslant})$ **then**
36: $\overline{P}^{\vee-}(\mathrm{Cl}_t^{\leqslant})^\kappa \leftarrow \overline{P}(\mathrm{Cl}_t^{\leqslant})^\kappa \cup \{x_i^{\vee-}\}$;
37: **end if**
38: **end if**
39: **end if**
40: **end for**
41: **return** $\underline{P}^{\vee*}(\mathrm{Cl}_t^{\geqslant})^k$, $\overline{P}^{\vee*}(\mathrm{Cl}_t^{\geqslant})^k$, $\underline{P}^{\vee*}(\mathrm{Cl}_t^{\leqslant})^k$, $\overline{P}^{\vee*}(\mathrm{Cl}_t^{\leqslant})^k$

Function RefiningMax() // 属性值 v_2 大于 $v_{\max}$ 时更新近似集

1: $D_P^{+\kappa}(x_i^{\vee+}) \leftarrow \{x_i\}$;
2: **if** $x_i \in \mathrm{Cl}_t^{\geqslant}$ **then**

3: $\underline{P}^{\vee+}(\mathrm{Cl}_t^{\geqslant})^\kappa \leftarrow \underline{P}(\mathrm{Cl}_t^{\geqslant})^\kappa \cup \{x_i^{\vee+}\}$;
4: **end if**
5: **if** $x_i \in \mathrm{Cl}_t^{\geqslant}$ and $C'' = \{x_k | x_k \in D_P^{+\kappa}(x_i) - \{x_i\} \wedge x_k \notin D_P^{+\kappa}(x'), x' \in \mathrm{Cl}_t^{\geqslant}\} \neq \varnothing$ **then**
6: $\overline{P}^{\vee+}(\mathrm{Cl}_t^{\geqslant})^\kappa \leftarrow \overline{P}(\mathrm{Cl}_t^{\geqslant})^\kappa - C''$;
7: **end if**
8: **for each** x_j in U **do**
9: **if** $x_j \notin D_P^{+\kappa}(x_i)$ and $x_i^{\vee+} D_P^{+\kappa} x_j$ **then**
10: $D_P^{+\kappa}(x_j^{\vee+}) \leftarrow D_P^{+\kappa}(x_j) \cup \{x_i^{\vee+}\}$;
11: **if** $x_i \notin \mathrm{Cl}_t^{\geqslant}$ and $x_j \in \underline{P}(\mathrm{Cl}_t^{\geqslant})^\kappa$ **then**
12: $\underline{P}^{\vee+}(\mathrm{Cl}_t^{\geqslant})^\kappa \leftarrow \underline{P}(\mathrm{Cl}_t^{\leqslant})^\kappa - \{x_j\}$;
13: **end if**
14: **if** $x_j \in \mathrm{Cl}_t^{\geqslant}$ and $x_i \notin D_P^{+\kappa}(x')(x' \in \mathrm{Cl}_t^{\geqslant})$ **then**
15: $\overline{P}^{\vee+}(\mathrm{Cl}_t^{\geqslant})^\kappa \leftarrow \overline{P}(\mathrm{Cl}_t^{\leqslant})^\kappa \cup \{x_i^{\vee+}\}$;
16: **end if**
17: **end if**
18: **if** $x_i \in D_P^{-\kappa}(x_j)$ **then**
19: $D_P^{-\kappa}(x_j^{\vee+}) \leftarrow D_P^{-\kappa}(x_j) - \{x_i\}$;
20: **if** $x_i \notin \mathrm{Cl}_t^{\leqslant}$ and $x_j \in Bn_P(\mathrm{Cl}_t^{\leqslant})^\kappa$ and $D_P^{-\kappa}(x_j^{\vee+}) \subseteq \mathrm{Cl}_t^{\leqslant}$ **then**
21: $\underline{P}^{\vee+}(\mathrm{Cl}_t^{\leqslant})^\kappa \leftarrow \underline{P}^{\vee+}(\mathrm{Cl}_t^{\leqslant})^\kappa \cup \{x_j^{\vee+}\}$;
22: **end if**
23: **if** $x_j \in \mathrm{Cl}_t^{\leqslant}$ and $x_i \notin D_P^{+\kappa}(x')(x' \in \mathrm{Cl}_t^{\leqslant})$ **then**
24: $\overline{P}^{\vee+}(\mathrm{Cl}_t^{\leqslant})^\kappa \leftarrow \overline{P}(\mathrm{Cl}_t^{\leqslant})^\kappa - \{x_i\}$;
25: **end if**
26: **else**
27: **if** $f(x_j, a_l) \succ v_1$ and $x_j D_P^{-\kappa} x_i$ **then**
28: $D_P^{-\kappa}(x_i^{\vee+}) \leftarrow D_P^{-\kappa}(x_i) \cup \{x_j\}$;
29: **if** $x_i \in \underline{P}^{\vee+}(\mathrm{Cl}_t^{\leqslant})^\kappa$ and $x_j \notin \mathrm{Cl}_t^{\leqslant}$ **then**
30: $\underline{P}^{\vee+}(\mathrm{Cl}_t^{\leqslant})^\kappa \leftarrow \underline{P}^{\vee+}(\mathrm{Cl}_t^{\leqslant})^\kappa - \{x_i\}$;
31: **end if**
32: **if** $x_i \in \mathrm{Cl}_t^{\leqslant}$ and $x_j \notin \overline{P}(\mathrm{Cl}_t^{\leqslant})^\kappa$ **then**
33: $\overline{P}^{\vee+}(\mathrm{Cl}_t^{\leqslant})^\kappa \leftarrow \overline{P}(\mathrm{Cl}_t^{\leqslant})^\kappa \cup \{x_j\}$;
34: **end if**
35: **end if**
36: **end if**

37: **end for**
38: **return** $\underline{P}^{\vee *}(\mathrm{Cl}_t^{\geqslant})^{\kappa}$, $\overline{P}^{\vee *}(\mathrm{Cl}_t^{\geqslant})^{\kappa}$, $\underline{P}^{\vee *}(\mathrm{Cl}_t^{\leqslant})^{\kappa}$, $\overline{P}^{\vee *}(\mathrm{Cl}_t^{\leqslant})^{\kappa}$

Function RefiningUM() // 属性值向上多层细化时更新近似集

1: **for each** x_j in U **do**
2:   **if** $x_j \in D_P^{+\kappa}(x_i)$ and $v_1 \preceq f(x_j, a_l) \prec v_2$ **then**
3:     $D_P^{+\kappa}(x_i^{\vee +}) \leftarrow D_P^{+\kappa}(x_i) - \{x_j\}$;
4:     **if** $x_i \in Bn_P(\mathrm{Cl}_t^{\geqslant})^{\kappa}$ and $D_P^{+\kappa}(x_i^{\vee +}) \subseteq \mathrm{Cl}_t^{\geqslant}$ **then**
5:       $\underline{P}^{\vee +}(\mathrm{Cl}_t^{\geqslant})^{\kappa} \leftarrow \underline{P}(\mathrm{Cl}_t^{\geqslant})^{\kappa} \cup \{x_i^{\vee +}\}$;
6:     **end if**
7:     **if** $x_i \in \mathrm{Cl}_t^{\geqslant}$ and $x_i \notin \mathrm{Cl}_t^{\geqslant}$and $x_k \notin D_P^{+\kappa}(x')(x' \in \mathrm{Cl}_t^{\geqslant})$ **then**
8:       $\overline{P}^{\vee +}(\mathrm{Cl}_t^{\geqslant})^{\kappa} \leftarrow \overline{P}(\mathrm{Cl}_t^{\geqslant})^{\kappa} - \{x_j\}$;
9:     **end if**
10:   **else**
11:     **if** $x_j \notin D_P^{+\kappa}(x_i)$ and $v_1 \preceq f(x_j, a_l) \prec v_2$ and $x_i^{\vee +} D_P^{+\kappa} x_j$ **then**
12:       $D_P^{+\kappa}(x_j^{\vee +}) \leftarrow D_P^{+\kappa}(x_j) \cup \{x_i^{\vee +}\}$;
13:       **if** $x_j \in \underline{P}(\mathrm{Cl}_t^{\geqslant})^{\kappa}$ and $x_i \not\subset \mathrm{Cl}_t^{\geqslant}$ **then**
14:         $\underline{P}^{\vee +}(\mathrm{Cl}_t^{\geqslant})^{\kappa} \leftarrow \underline{P}(\mathrm{Cl}_t^{\geqslant})^{\kappa} - \{x_j\}$;
15:       **end if**
16:       **if** $x_i \notin \overline{P}(\mathrm{Cl}_t^{\geqslant})^{\kappa}$ and $x_j \in \mathrm{Cl}_t^{\geqslant}$ **then**
17:         $\overline{P}^{\vee +}(\mathrm{Cl}_t^{\geqslant})^{\kappa} \leftarrow \overline{P}(\mathrm{Cl}_t^{\geqslant})^{\kappa} \cup \{x_i\}$;
18:       **end if**
19:     **end if**
20:   **end if**
21:   **if** $x_i \in D_P^{-\kappa}(x_j)$ and $v_1 \preceq f(x_j, a_l) \preceq v_2$ **then**
22:     $D_P^{-\kappa}(x_j^{\vee +}) \leftarrow D_P^{-\kappa}(x_j) - \{x_i\}$;
23:     **if** $x_i \notin \mathrm{Cl}_t^{\leqslant}$ and $D_P^{-\kappa}(x_j) \in Bn_p(\mathrm{Cl}_t^{\leqslant})^{\kappa}$ and $D_P^{-\kappa}(x_j^{\vee +}) \subset \mathrm{Cl}_t^{\leqslant}$ **then**
24:       $\underline{P}^{\vee +}(\mathrm{Cl}_t^{\leqslant})^{\kappa} \leftarrow \underline{P}(\mathrm{Cl}_t^{\leqslant})^{\kappa} \cup \{x_j^{\vee +}\}$;
25:     **end if**
26:     **if** $x_j \in \mathrm{Cl}_t^{\leqslant}$ and $x_i \notin \mathrm{Cl}_t^{\leqslant}$ and $x_i \notin D_P^{-\kappa}(x')(\forall x' \in \mathrm{Cl}_t^{\leqslant})$ **then**
27:       $\overline{P}^{\vee +}(\mathrm{Cl}_t^{\leqslant})^{\kappa} \leftarrow \overline{P}^{\vee +}(\mathrm{Cl}_t^{\leqslant})^{\kappa} - \{x_i\}$;
28:     **end if**
29:   **else**
30:     **if** $x_i \notin D_P^{-\kappa}(x_j)$ and $v_1 \prec f(x_j, a_l) \prec v_2$ and $x_j D_P^{-\kappa} x_i$ **then**
31:       $D_P^{-\kappa}(x_i^{\vee +}) \leftarrow D_P^{-\kappa}(x_i) \cup \{x_j\}$;

```
32:         if x_i ∈ P(Cl_t^≤)^κ and x_j ∉ Cl_t^≤ then
33:           P^{∨+}(Cl_t^≤)^κ ← P(Cl_t^≤)^κ − {x_i};
34:         end if
35:         if x_i ∈ Cl_t^≤ then
36:           P̄^{∨+}(Cl_t^≤)^κ ← P̄(Cl_t^≤)^κ ∪ {x_j};
37:         end if
38:       end if
39:     end if
40: end for
41: return P^{∨*}(Cl_t^≥)^κ, P̄^{∨*}(Cl_t^≥)^κ, P^{∨*}(Cl_t^≤)^κ, P̄^{∨*}(Cl_t^≤)^κ
```

Function RefiningUS() // 属性值向上单层细化时更新近似集

```
1: for each x_j in U and f(x_j, a_l) = v_1 do
2:   if x_j ∈ D_P^{+κ}(x_i) then
3:     D_P^{+κ}(x_i^{∨+}) ← D_P^{+κ}(x_i) − {x_j};
4:     if x_i ∈ Cl_t^≥ and x_i ∈ Bn_P(Cl_t^≥)^κ and D_P^{+κ}(x_i^{∨+}) ⊆ Cl_t^≥ then
5:       P^{∨+}(Cl_t^≥)^κ ← P^{∨+}(Cl_t^≥)^κ ∪ {x_i^{∨+}};
6:     end if
7:     if x_i ∈ Cl_t^≥ and x_j ∉ Cl_t^≥ and x_j ∉ D_P^{+κ}(x')(x' ∈ Cl_t^≥) then
8:       P̄^{∨+}(Cl_t^≥)^κ ← P̄(Cl_t^≥)^κ − {x_j};
9:     end if
10:  end if
11:  if x_i ∈ D_P^{−κ}(x_j) then
12:    D_P^{−κ}(x_j^{∨+}) ← D_P^{−κ}(x_j) − {x_i};
13:    if x_i ∉ Cl_t^≤ and x_j ∈ Bn_P(Cl_t^≤)^κ and D_P^{−κ}(x_j) ⊆ Cl_t^≤ then
14:      P^{∨+}(Cl_t^≤)^κ ← P(Cl_t^≤)^κ ∪ {x_j};
15:    end if
16:    if x_j ∈ Cl_t^≤ and x_i ∉ Cl_t^≤ and x_i ∉ D_P^{−κ}(x')(∀x' ∈ Cl_t^≤) then
17:      P̄^{∨+}(Cl_t^≤)^κ ← P̄(Cl_t^≤)^κ − {x_i};
18:    end if
19:  end if
20: end for
21: return P^{∨*}(Cl_t^≥)^κ, P̄^{∨*}(Cl_t^≥)^κ, P^{∨*}(Cl_t^≤)^κ, P̄^{∨*}(Cl_t^≤)^κ
```

5.3 属性值粗化时近似集的动态更新原理及算法

5.3.1 属性值粗化时近似集的动态更新原理

本小节给出属性值粗化时近似集更新的原理。为区别动态变化的近似集，令 $\overline{P}^{\wedge -}(\mathrm{Cl}_t^{\geqslant})^\kappa$，$\underline{P}^{\wedge -}(\mathrm{Cl}_t^{\geqslant})^\kappa$，$\overline{P}^{\wedge +}(\mathrm{Cl}_t^{\geqslant})^\kappa$ 和 $\underline{P}^{\wedge +}(\mathrm{Cl}_t^{\geqslant})^\kappa$ 分别表示向上合集向上和向下粗化后的近似集。向下合集粗化后的向上向下近似集分别表示为: $\overline{P}^{\wedge -}(\mathrm{Cl}_t^{\leqslant})^\kappa$，$\underline{P}^{\wedge -}(\mathrm{Cl}_t^{\leqslant})^\kappa$，$\overline{P}^{\wedge +}(\mathrm{Cl}_t^{\leqslant})^\kappa$，$\underline{P}^{\wedge +}$ $(\mathrm{Cl}_t^{\leqslant})^\kappa$。

1. 向下粗化

令 $f(x_i^{\wedge -}, a_l) = v_2$，其中 $\forall f(x_i, a_l) = v_1$，$\exists v_1, v_2 \in V_l$，$v_1 \succ v_2$。令 $V^{\wedge -} = \{v |\, v_2 \prec v \prec_1, v \in V_l\}$。

1) 向下多层粗化（$V^{\wedge -} \neq \varnothing$）

当属性值向下多层粗化，满足 $x_i \in D_p^{+\kappa}(x_j)$，且 $v_1 \succeq f(x_j, a_l) \succ v_2$ 的对象 x_j 将不劣势于对象 x_i，x_j 满足 $x_i \notin D_p^{+\kappa}(x_j)$，且 $v_1 \succ f(x_j, a_l) \succeq v_2$ 将优势于 x_i。优势类动态性质如下。

(1) 优势类和向上合集近似集更新原理。

性质 5.3.1 对 $D_p^{+\kappa}(x_j)$, 令 $C^{\wedge -} = \{x_i |\, f(x_i, a_i) = v_1\ , x_i \in U\}$, $C_1 = \{x_j |\, x_i \in D_p^{+\kappa}(x_j) \wedge v_1 \succeq f(x_j,\ a_l) \succ v_2, x_i, x_j \in U, x_i \neq x_j, x_i \in C^{\wedge -}\}$，$C_2 = \{x_j |\, x_i \notin D_p^{+\kappa}(x_j) \wedge v_1 \succ f(x_j, a_l) \succeq v_2, x_i, x_j \in U, x_i \neq x_j, x_i \in C^{\wedge -}\}$，则

① $\forall x_j \in C_1$，$D_p^{+}(x_j^{\wedge -}) = D_p^{+}(x_j) - C^{\wedge -}$。

② 令 $C_3 = \{x_j |\, x_j D_P^{+\kappa} x_i, \forall x_j \in C_2\}$，则 $D_p^{+}(x_i^{\wedge -}) = D_p^{+}(x_i) \cup C_3$。

证明 证明过程和性质 5.2.1 类似，略。 □

向上合集 $\mathrm{Cl}_t^{\geqslant}$ 近似集更新原理如下。

定理 5.3.1 对 $\underline{P}^{\wedge -}(\mathrm{Cl}_t^{\geqslant})^\kappa$ 和 $\overline{P}^{\wedge -}(\mathrm{Cl}_t^{\geqslant})^\kappa$，以下成立:

① $\forall x_j \in C_1$，

(a) 若 $x_j \in Bn_P(\mathrm{Cl}_t^{\geqslant})^\kappa$，且 $D_p^{+}(x_j^{\wedge -}) \subseteq \mathrm{Cl}_t^{\geqslant}$，则 $\underline{P}^{\wedge -}(\mathrm{Cl}_t^{\geqslant})^\kappa = \underline{P}(\mathrm{Cl}_t^{\geqslant})^\kappa \cup \{x_j^{\wedge -}\}$。

(b) 若 $x_j \in \mathrm{Cl}_t^{\geqslant}$，且 $C'' = \{x_k |\, x_k \in C^{\wedge -} \wedge x_k \notin D_P^{+\kappa}(x'), x' \in \mathrm{Cl}_t^{\geqslant}\} \neq \varnothing$，则 $\overline{P}^{\wedge -}(\mathrm{Cl}_t^{\geqslant})^\kappa = \overline{P}(\mathrm{Cl}_t^{\geqslant})^\kappa - C''$。

(c) 否则，$\underline{P}^{\wedge -}(\mathrm{Cl}_t^{\geqslant})^\kappa = \underline{P}(\mathrm{Cl}_t^{\geqslant})^\kappa$，$\overline{P}^{\wedge -}(\mathrm{Cl}_t^{\geqslant})^\kappa = \overline{P}(\mathrm{Cl}_t^{\geqslant})^\kappa$；

② (a) 若 $x_i \in \underline{P}(\mathrm{Cl}_t^{\geqslant})^\kappa$，且 $C' = \{x_j |\, x_j \notin \mathrm{Cl}_t^{\geqslant}, x_j \in C_3\} \neq \varnothing$，$\underline{P}^{\wedge -}(\mathrm{Cl}_t^{\geqslant})^\kappa = \underline{P}(\mathrm{Cl}_t^{\geqslant})^\kappa - \{x_i\}$。

(b) 若 $x_i \in \mathrm{Cl}_t^{\geqslant}$，且 $C'' = \{x_j |\, x_j \notin \overline{P}(\mathrm{Cl}_t^{\geqslant})^k, x_j \in C_3\} \neq \varnothing$，则 $\overline{P}^{\wedge -}(\mathrm{Cl}_t^{\geqslant})^\kappa = \overline{P}(\mathrm{Cl}_t^{\geqslant})^\kappa \cup C'$。

(c) 否则，$\underline{P}^{\wedge-}(\mathrm{Cl}_t^{\geqslant})^\kappa = \underline{P}(\mathrm{Cl}_t^{\geqslant})^\kappa$，$\overline{P}^{\wedge-}(\mathrm{Cl}_t^{\geqslant})^\kappa = \overline{P}(\mathrm{Cl}_t^{\geqslant})^\kappa$。

证明 证明过程和定理 5.2.1 类似，略。 □

(2) 劣势类和向下合集近似集更新原理。

x_i 将不再优势于满足 $x_j \in D_p^{-\kappa}(x_i)(v_2 \prec f(x_j, a_i) \preceq v_1)$ 的对象 x_j，满足 $x_j \notin D_p^{-\kappa}(x_i)(v_2 \preceq f(x_j, a_i) \prec v_1)$ 的对象 x_j 将优势于 x_i，则劣势类的动态性质如下。

性质 5.3.2 令 $C^{\wedge-} = \{x_i | f(x_i, a_i) = v_1, x_i \in U\}$，$C_1 = \{x_j | x_j \in D_p^{-\kappa}(x_i) \wedge v_2 \prec f(x_j, a_i) \preceq v_1, x_j \in U, x_i \in C^{\wedge-}, i \neq j\}$，$C_2 = \{x_j | x_j \notin D_p^{-\kappa}(x_i) \wedge v_2 \preceq f(x_j, a_i) \prec v_1, x_j \in U, x_i \in C^{\wedge-}, i \neq j\}$，则

① $\forall x_i \in C^{\wedge-}$，$D_P^{-\kappa}(x_i^{\wedge-}) = D_P^{-\kappa}(x_i) - C_1$。

② $C_3 = \{x_j \,|x_i^{\wedge-} D_p^{-\kappa} x_j, \forall x_j \in C_2\,, x_i \in C^{\wedge-}\}, C_{4j} = \{x_i \,|x_i D_p^{-\kappa} x_j, \exists x_j \in C_3\}$，$\forall x_j \in C_3$，$D_p^{-\kappa}\ (x_j^{\wedge-}) = D_p^{-\kappa}(x_j) \cup C_{4j}$。

证明 证明过程和性质 5.2.2 类似，略。 □

考虑劣势类的变化，向下合集 $\mathrm{Cl}_t^{\leqslant}$ 的近似集更新原理如下。

定理 5.3.2 *对 $\underline{P}^{\wedge-}(\mathrm{Cl}_t^{\leqslant})^\kappa$ 和 $\overline{P}^{\wedge-}(\mathrm{Cl}_t^{\leqslant})^\kappa$，以下成立：*

① $\forall x_i \in C^{\wedge-}$，

(a) 若 $x_i \in Bn_P(\mathrm{Cl}_t^{\leqslant})^\kappa$，且 $D_p^{-\kappa}(x_i^{\wedge-}) \subseteq \mathrm{Cl}_t^{\leqslant}$，则 $\underline{P}^{\wedge-}(\mathrm{Cl}_t^{\leqslant})^\kappa = \underline{P}(\mathrm{Cl}_t^{\leqslant})^\kappa \cup \{x_i^{\wedge-}\}$。

(b) 若 $x_i \in \mathrm{Cl}_t^{\leqslant}$，且 $C'' = \{x_k \,|x_k \in C_1 \wedge x_k \notin D_p^{-\kappa}(x'), x' \in \mathrm{Cl}_t^{\leqslant}\} \neq \varnothing$，则 $\overline{P}^{\wedge-}(\mathrm{Cl}_t^{\leqslant})^\kappa = \overline{P}(\mathrm{Cl}_t^{\leqslant})^\kappa - C''$。

(c) 否则，$\overline{P}^{\wedge-}(\mathrm{Cl}_t^{\leqslant})^\kappa = \overline{P}(\mathrm{Cl}_t^{\leqslant})^\kappa$，$\underline{P}^{\wedge-}(\mathrm{Cl}_t^{\leqslant})^\kappa = \underline{P}(\mathrm{Cl}_t^{\leqslant})^\kappa$。

② $\forall x_j \in C_3$，

(a) 若 $x_j \in \underline{P}(\mathrm{Cl}_t^{\leqslant})^\kappa$，且 $C_{4j} \not\subset \mathrm{Cl}_t^{\leqslant}$，则 $\underline{P}^{\wedge-}(\mathrm{Cl}_t^{\leqslant})^\kappa = \underline{P}(\mathrm{Cl}_t^{\leqslant})^\kappa - \{x_j\}$。

(b) 若 $x_j \in \mathrm{Cl}_t^{\leqslant}$，则 $\overline{P}^{\wedge-}(\mathrm{Cl}_t^{\leqslant})^\kappa = \overline{P}(\mathrm{Cl}_t^{\leqslant})^\kappa \cup C_{4j}$。

(c) 否则，$\overline{P}^{\wedge-}(\mathrm{Cl}_t^{\leqslant})^\kappa = \overline{P}(\mathrm{Cl}_t^{\leqslant})^\kappa$，$\underline{P}^{\wedge-}(\mathrm{Cl}_t^{\leqslant})^\kappa = \underline{P}(\mathrm{Cl}_t^{\leqslant})^\kappa$。

证明 证明过程和定理 5.2.2 类似，略。 □

2) 向下单层粗化（$V^{\wedge-} = \varnothing$）

(1) 优势类和向上合集近似集更新原理。

当属性值向下单层粗化，$f(x_j, a_i) = v_2$，且 $x_i \notin D_p^{+\kappa}(x_j)$ 的 x_j 将优势于 x_i。以下给出优势类的动态性质。

性质 5.3.3 令 $C^{\wedge-} = \{x_i | f(x_i, a_i) = v_1\}$，$C_2 = \{x_j | f(x_j, a_i) = v_2 \wedge x_i \notin D_p^{+\kappa}(x_j), x_i \in C^{\wedge-}\}$，$C_3 = \{x_j \,|x_j\ D_p^{+\kappa} x_i,\ \exists x_j \in C_2\}$，则 $D_p^{+\kappa}(x_j^{\wedge-}) = D_p^{+\kappa}(x_j) \cup C_3$，$\forall x_i \in C^{\wedge-}$。

证明 $\because \forall x_i \in C^{\wedge-}$，$x_i \notin D_p^{+\kappa}(x_j)$，$f(x_i, a_i) \succ f(x_j, a_i)$。$\because \forall x_j \in C_2$，$f(x_i^{\wedge-}$，

$a_i) = f(x_j, a_i)$。$\therefore$ 如果 $x_j D_p^{+\kappa} x_i$，则 $D_p^{+\kappa}(x_j^{\wedge -}) = D_p^{+\kappa}(x_j) \cup x_j$。$\therefore$ 如果 $C_{3i} = \{x_j \,|x_j\ D_p^{+\kappa} x_i, \exists x_j \in C_2\}$，则 $D_p^{+\kappa}(x_i^{\wedge -}) = D_p^{+\kappa}(x_i) \cup C_{3i}$，$\forall x_i \in C^{\wedge -}$。 □

因为 x_i 属于 $C^{\wedge -}$ 的优势类可能改变，所以当更新近似集时我们只需要考虑这些改变的优势类。向上合集 $\mathrm{Cl}_t^{\geqslant}$ 近似集更新原理如下。

定理 5.3.3 对 $\underline{P}^{\wedge -}(\mathrm{Cl}_t^{\geqslant})^\kappa$，且 $\overline{P}^{\wedge -}(\mathrm{Cl}_t^{\geqslant})^\kappa$，$\forall x_i \in C^{\wedge -}$，以下成立:

① 若 $x_i \in \underline{P}(\mathrm{Cl}_t^{\geqslant})^\kappa$，且 $C_3 \not\subset \mathrm{Cl}_t^{\geqslant}$，则 $\underline{P}^{\wedge -}(\mathrm{Cl}_t^{\geqslant})^\kappa = \underline{P}(\mathrm{Cl}_t^{\geqslant})^\kappa - \{x_i\}$。

② 若 $x_i \in \mathrm{Cl}_t^{\geqslant}$，则 $\overline{P}^{\wedge -}(\mathrm{Cl}_t^{\geqslant})^\kappa = \overline{P}(\mathrm{Cl}_t^{\geqslant})^\kappa \cup C_3$。

③ 否则，$\underline{P}^{\wedge -}(\mathrm{Cl}_t^{\geqslant})^\kappa = \underline{P}(\mathrm{Cl}_t^{\geqslant})^\kappa$，$\overline{P}^{\wedge -}(\mathrm{Cl}_t^{\geqslant})^\kappa = \overline{P}(\mathrm{Cl}_t^{\geqslant})^\kappa$。

证明 证明过程和定理 5.2.1 类似。 □

(2) 劣势类和向下合集近似集更新原理。

当 x_i 的属性值向下单层粗化时，满足条件 $f(x_j, a_i) = v_2$，且 $x_j \notin D_p^{-\kappa}(x_i)$ 的 x_j 可能优势于 x_i。

性质 5.3.4 令 $C^{\wedge -} = \{x_i \,|f(x_i, a_i) = v_1, x_i \in U\}$，$C_2 = \{x_j \,|f(x_j, a_i) = v_2 \wedge x_j \notin D_p^{-\kappa}(x_i), x_i \in C^{\wedge -}, x_j \in U\}$，$C_3 = \{x_i^{\wedge -} \,|x_i^{\wedge -} D_p^{-\kappa} x_j, \forall x_i \in C^{\wedge -}, x_j \in C_2\}$，则 $\forall x_j \in C_2$，$D_p^{-k}(x_j^{\wedge -}) = D_p^{-k}(x_j) \cup C_3$。

证明 $\because \forall x_i \in C^{\wedge -}$，$x_j \in U$，$x_j \notin D_p^{-\kappa}(x_i)$，$f(x_j, a_i) = v_2 \prec f(x_i, a_i) = v_1$。$\because f(x_i^{\wedge -}, a_i) = f(x_j, a_i) = v_2$，$\therefore$ 若 $x_i^{\wedge -} D_p^{-\kappa} x_j$，则 $D_P^{-\kappa}(x_j^{\wedge -}) = D_P^{-\kappa}(x_j) \cup x_i^{\wedge -}$。$\therefore$ 令 $C_3 = \{x_i^{\wedge -} | x_i^{\wedge -} D_p^{-\kappa} x_j, \forall x_i \in C^{\wedge -}, x_j \in C_2\}$，则 $\forall x_j \in C_2$，$D_P^{-\kappa}(x_j^{\wedge -}) = D_P^{-\kappa}(x_j) \cup C_3$。 □

向下合集 $\mathrm{Cl}_t^{\leqslant}$ 近似集更新原理如下。

定理 5.3.4 对 $\underline{P}^{\wedge -}(\mathrm{Cl}_t^{\leqslant})^\kappa$ 和 $\overline{P}^{\wedge -}(\mathrm{Cl}_t^{\leqslant})^\kappa$，$\forall x_j \in C_2$，以下成立:

① 若 $x_j \in \underline{P}(\mathrm{Cl}_t^{\leqslant})^\kappa$，且 $C_3 \not\subset \mathrm{Cl}_t^{\leqslant}$，则 $\underline{P}^{\wedge -}(\mathrm{Cl}_t^{\leqslant})^\kappa = \underline{P}(\mathrm{Cl}_t^{\leqslant})^\kappa - \{x_j\}$。

② 若 $x_j \in \mathrm{Cl}_t^{\leqslant}$，则 $\overline{P}^{\wedge -}(\mathrm{Cl}_t^{\leqslant})^\kappa = \overline{P}(\mathrm{Cl}_t^{\leqslant})^\kappa \cup C_3$。

③ 否则，$\underline{P}^{\wedge -}(\mathrm{Cl}_t^{\leqslant})^\kappa = \underline{P}(\mathrm{Cl}_t^{\leqslant})^\kappa$，$\overline{P}^{\wedge -}(\mathrm{Cl}_t^{\leqslant})^\kappa = \overline{P}(\mathrm{Cl}_t^{\leqslant})^\kappa$。

证明 证明过程和定理 5.2.2 类似，略。 □

2. 向上粗化

令 $f(x_i^{\wedge +}, a_i) = v_2$，$\forall f(x_i, a_i) = v_1$，$\exists v_1, v_2 \in V_{a_i}$，$v_2 \succ v_1$。

1) 向上多层粗化（$V^{\wedge +} \neq \varnothing$）

(1) 优势类和向上合集近似集更新原理。

当属性值向上多层粗化，若 x_j 满足 $x_j \in D_p^{+\kappa}(x_i)(v_1 \preceq f(x_j, a_i) \prec v_2)$，则不再优势于 x_i。若 x_j 满足 $x_j \notin D_P^{+\kappa}(x_i)(v_1 \preceq f(x_j, a_i) \prec v_2)$ 将劣势于 x_i。优势类的动态性质如下。

性质 5.3.5 对 $D_p^{+\kappa}(x_i)$，令 $C^{\wedge +} = \{x_i | f(x_i, a_i) = v_1\}$，$C_1 = \{x_j | x_j \in D_p^{+\kappa}(x_i), v_1 \preceq f(x_j, a_i) \prec v_2, x_j \in U\}$，$C_2 = \{x_j | x_j \notin D_P^{+\kappa}(x_i) \wedge v_1 \preceq f(x_j, a_i) \prec$

$v_2, x_j \in U, x_i \in C^{\wedge+}\}$，$C_3 = \{x_i | x_i^{\wedge+} D_P^{\kappa} x_j, \forall x_i \in C^{\wedge}, x_j \in C_2\}$，则有

① $\forall x_i \in C^{\wedge+}$，$D_P^{+\kappa}(x_i^{\wedge+}) = D_P^{+\kappa}(x_i) - C_1$。

② $\forall x_j \in C_2$，$D_P^{+\kappa}(x_j^{\wedge+}) = D_P^{+\kappa}(x_j) \cup C_3$。

证明 ① $\because \forall x_i \in C^{\wedge+}$，$x_j \in U$，若 $x_j \in D_p^{+\kappa}(x_i)$，则 $f(x_j, a_i) \succ f(x_i, a_i)$。$\therefore f(x_i^{\wedge+}, a_i) = v_2 \succ f(x_j, a_i) = v_1$，$\therefore x_j \notin D_p^{+\kappa}(x_i)$，$D_P^{+\kappa}(x_i^{\wedge+}) = D_P^{+\kappa}(x_i) - \{x_j\}$。$\therefore$ 令 $C_1 = \{x_j | x_j \in D_p^{+\kappa}(x_i), v_1 \preceq f(x_j, a_i) \prec v_2, x_j \in U\}$，则 $\forall x_i \in C^{\wedge+}$，$D_P^{+\kappa}(x_i^{\wedge+}) = D_P^{+\kappa}(x_i) - C_1$。

② $\because x_j \in U$，$x_j \notin D_p^{+\kappa}(x_i)$，$f(x_j, a_i) \succeq f(x_i, a_i)$，$f(x_j, a_i) \prec f(x_i^{\wedge+}, a_i)$。若 $x_i^{\wedge+} D_P^{\kappa} x_j$，则 $D_P^{+\kappa}(x_j^{\wedge+}) = D_P^{+\kappa}(x_j) \cup x_i^{\wedge+}$。$\therefore$ 令 $C_2 = \{x_j | x_j \notin D_p^{+\kappa}(x_i), v_1 \preceq f(x_j, a_i) \prec v_2, x_j \in U, x_i \in C^{\wedge+}\}$，$C_3 = \{x_i | x_i^{\wedge+} D_P^{\kappa} x_j, \forall x_i \in C^{\wedge}, x_j \in C_2\}$，则 $\forall x_j \in C_2$，$D_P^{+\kappa}(x_j^{\wedge+}) = D_P^{+\kappa}(x_j) \cup C_3$。 □

根据优势类的不同变化，向上合集近似集更新原理如下。

定理 5.3.5 对 $\underline{P}^{\wedge+}(\mathrm{Cl}_t^{\geqslant})^{\kappa}$，且 $\overline{P}^{\wedge+}(\mathrm{Cl}_t^{\geqslant})^{\kappa}$，以下成立。

① $\forall x_i \in C^{\wedge+}$，

(a) 若 $x_i \in Bn_P(\mathrm{Cl}_t^{\geqslant})^{\kappa}$，且 $D_P^{+}(x_i^{\wedge+}) \subseteq \mathrm{Cl}_t^{\geqslant}$，则 $\underline{P}^{\wedge+}(\mathrm{Cl}_t^{\geqslant})^{\kappa} = \underline{P}(\mathrm{Cl}_t^{\geqslant})^{\kappa} \cup \{x_i^{\wedge+}\}$。

(b) 若 $x_i \in \mathrm{Cl}_t^{\geqslant}$，且 $C'' = \{x_k | x_k \in C_1 \wedge x_k \notin D_P^{+}(x'), x' \in \mathrm{Cl}_t^{\geqslant}\} \neq \varnothing$，则 $\overline{P}^{\wedge+}(\mathrm{Cl}_t^{\geqslant})^{\kappa} = \overline{P}(\mathrm{Cl}_t^{\geqslant})^{\kappa} - C''$。

(c) 否则，$\underline{P}^{\wedge+}(\mathrm{Cl}_t^{\geqslant})^{\kappa} = \underline{P}(\mathrm{Cl}_t^{\geqslant})^{\kappa}$，$\overline{P}^{\wedge+}(\mathrm{Cl}_t^{\geqslant})^{\kappa} = \overline{P}(\mathrm{Cl}_t^{\geqslant})^{\kappa}$。

② $\forall x_j \in C_2$，

(a) 若 $x_j \in \underline{P}(\mathrm{Cl}_t^{\geqslant})^{\kappa}$，且 $C_3 \not\subset \mathrm{Cl}_t^{\geqslant}$，则 $\underline{P}^{\wedge+}(\mathrm{Cl}_t^{\geqslant})^{\kappa} = \underline{P}(\mathrm{Cl}_t^{\geqslant})^{\kappa} - \{x_j\}$。

(b) 若 $x_j \in \mathrm{Cl}_t^{\geqslant}$，则 $\overline{P}^{\wedge+}(\mathrm{Cl}_t^{\geqslant})^{\kappa} = \overline{P}(\mathrm{Cl}_t^{\geqslant})^{\kappa} \cup C_3$。

(c) 否则，$\underline{P}^{\wedge+}(\mathrm{Cl}_t^{\geqslant})^{\kappa} = \underline{P}(\mathrm{Cl}_t^{\geqslant})^{\kappa}$，$\overline{P}^{\wedge+}(\mathrm{Cl}_t^{\geqslant})^{\kappa} = \overline{P}(\mathrm{Cl}_t^{\geqslant})^{\kappa}$。

证明 证明过程和定理 5.2.1 类似，略。 □

(2) 劣势类和向下合集近似集更新原理。

若 x_j 满足 $x_i \in D_p^{-\kappa}(x_j)(v_1 \preceq f(x_j, a_i) \prec v_2)$ 将不再优势于 x_i。若 x_j 满足 $x_i \notin D_p^{-\kappa}(x_j)(v_1 \preceq f(x_j, a_i) \prec v_2)$ 将劣势于 x_i，则劣势类动态性质如下。

性质 5.3.6 令 $C^{\wedge+} = \{f(x_i, a_1) = v_1, \forall x_i \in U\}$，$C_1 = \{x_j | x_i \in D_p^{-\kappa}(x_j) \wedge v_1 \preceq f(x_j, a_i) \prec v_2, \forall x_i \in C^{\wedge+}, x_j \in U\}$，$C_2 = \{x_j | x_i \notin D_p^{-\kappa}(x_j) \wedge v_1 \preceq f(x_j, a_i) \prec v_2, x_i \in C^{\wedge+}, x_j \in U\}$，则

① $\forall x_j \in C_1$，$D_p^{-\kappa}(x_j^{\wedge+}) = D_p^{-\kappa}(x_j) - C^{\wedge+}$。

② $C_3 = \{x_j | x_j D_p^{-\kappa} x_i, x_i \in C^{\wedge+}, \forall x_j \in C_2\}$。$\forall x_i \in C^{\wedge+}$，$D_p^{-\kappa}(x_i^{\wedge+}) = D_p^{-\kappa}(x_i) \cup C_3$。

证明 ① $\because \forall x_j \in C_1$，$x_i \in D_p^{-\kappa}(x_j)$，$\therefore f(x_i, a_i) \preceq f(x_j, a_i)$。$\because f(x_i^{\wedge+}, a_i) = v_2 \succ f(x_j, a_i)$，$\therefore x_i^{\wedge+} \notin D_p^{-\kappa}(x_j)$，$D_p^{-\kappa}(x_j^{\wedge+}) = D_p^{-\kappa}(x_j) - \{x_i\}$。$\therefore$ 令 $C^{\wedge+} = \{f(x_i, a_1) = v_1, \forall x_i \in U\}$，则 $\forall x_j \in C_1$，$D_p^{-\kappa}(x_j^{\wedge+}) = D_p^{-\kappa}(x_j) - C^{\wedge+}$。

② $\because \forall x_j \in C_2$，$x_i \notin D_p^{-\kappa}(x_j)$，$v_1 \preceq f(x_j,a_i) \prec v_2$。$\because f(x_i^{\wedge+},a_i)=v_2 \succ f(x_j,a_i)$，$\therefore$ 若 $x_j \in D_p^{-\kappa}(x_i^{\wedge+})$，则 $D_p^{-\kappa}(x_i^{\wedge+})=D_p^{-\kappa}(x_i)\cup\{x_j\}$。$\therefore$ 令 $C_3=\{x_j|\, x_jD_p^{-\kappa}x_i, x_i\in C^{\wedge+}, \forall x_j\in C_2\}$，则 $\forall x_i\in C^{\wedge+}$，$D_p^{-\kappa}(x_i^{\wedge+})=D_p^{-\kappa}(x_i)\cup C_3$。□

考虑劣势类的不同变化，向下合集 $\mathrm{Cl}_t^{\leqslant}$ 的近似集更新原理如下。

定理 5.3.6 对 $\underline{P}^{\wedge+}(\mathrm{Cl}_t^{\leqslant})^\kappa$ 和 $\overline{P}^{\wedge+}(\mathrm{Cl}_t^{\leqslant})^\kappa$，以下成立:

① $\forall x_j\in C_1$，

(a) 若 $x_j\in Bn_p(\mathrm{Cl}_t^{\leqslant})^\kappa$，且 $D_p^+(x_j^{\wedge+})\subseteq \mathrm{Cl}_t^{\leqslant}$，则 $\underline{P}^{\wedge+}(\mathrm{Cl}_t^{\leqslant})^\kappa=\underline{P}(\mathrm{Cl}_t^{\leqslant})^\kappa\cup\{x_i^{\wedge+}\}$。

(b) 若 $x_j\in \mathrm{Cl}_t^{\leqslant}$，且 $C''=\{x_k|\, x_k\in C_1\wedge x_k\notin D_P^+(x'), x'\in \mathrm{Cl}_t^{\leqslant}\}\neq\varnothing$，则 $\overline{P}^{\wedge+}(\mathrm{Cl}_t^{\leqslant})^\kappa=\overline{P}(\mathrm{Cl}_t^{\leqslant})^\kappa-C''$。

(c) 否则，$\overline{P}^{\wedge+}(\mathrm{Cl}_t^{\leqslant})^\kappa=\overline{P}(\mathrm{Cl}_t^{\leqslant})^\kappa$，$\underline{P}^{\wedge+}(\mathrm{Cl}_t^{\leqslant})^\kappa=\underline{P}(\mathrm{Cl}_t^{\leqslant})^\kappa$。

② $\forall x_i\in C^{\wedge+}$，

(a) 若 $x_i\in \underline{P}(\mathrm{Cl}_t^{\leqslant})^\kappa$，且 $C_3\not\subset \mathrm{Cl}_t^{\leqslant}$，则 $\underline{P}^{\wedge+}(\mathrm{Cl}_t^{\leqslant})^\kappa=\underline{P}(\mathrm{Cl}_t^{\leqslant})^\kappa-\{x_i\}$。

(b) 若 $x_i\in \mathrm{Cl}_t^{\leqslant}$，则 $\overline{P}^{\wedge+}(\mathrm{Cl}_t^{\leqslant})^\kappa=\overline{P}(\mathrm{Cl}_t^{\leqslant})^\kappa\cup C_3$。

(c) 否则，$\overline{P}^{\wedge+}(\mathrm{Cl}_t^{\leqslant})^\kappa=\overline{P}(\mathrm{Cl}_t^{\leqslant})^\kappa$，$\underline{P}^{\wedge+}(\mathrm{Cl}_t^{\leqslant})^\kappa=\underline{P}(\mathrm{Cl}_t^{\leqslant})^\kappa$。

证明 证明过程和定理 5.2.2 类似，略。□

2) 向上单层粗化 $V^{\wedge+}=\varnothing$

(1) 优势类和向上合集近似集更新原理。

令 $\forall f(x_i^{\wedge+},a_i)=v_2$，若 $\forall f(x_i,a_i)=v_1$ 满足 $\neg\exists v\in V_i\wedge v_1\prec v\prec v_2$，即属性值向上单层粗化。若 x_j 满足 $f(x_j,a_i)=v_2$ 和 $x_j\notin D_p^{+\kappa}(x_i)$ 将成为 x_i 的劣势对象。优势类动态性质如下。

性质 5.3.7 $\forall x_j\in C_1$，令 $C^{\wedge+}=\{x_i|\, f(x_i,a_i)=v_1\}$，$C_1=\{x_j|\, f(x_j,a_i)=v_2\wedge x_j\notin D_p^{+\kappa}(x_i), x_i\in C^{\wedge+}, x_j\in U\}$，$C_2=\{x_i^{\wedge+}|\, x_i^{\wedge+}D_p^{+\kappa}x_j, \forall x_i\in C^{\wedge}, x_i\in C^{\wedge+}, x_j\in C_1\}$，则若 $x_i^{\wedge+}D_p^{+\kappa}x_j$，则 $D_p^{+\kappa}(x_j)=D_p^{+\kappa}(x_j)\cup C_2$。

证明 $\because \forall x_j\in C_1, f(x_j,a_i)=v_2\succ f(x_i,a_i)=v_1, x_j\notin D_p^{+\kappa}(x_i)$。$\because f(x_i^{\wedge+},a_i)=v_2$，$\therefore$ 若 $x_i^{\wedge+}D_p^{+\kappa}x_j$，则 $D_p^{+\kappa}(x_j)=D_p^{+\kappa}(x_j)\cup\{x_i^{\wedge+}\}$。$\therefore$ 令 $C_2=\{x_i^{\wedge+}|\, x_i^{\wedge+}D_p^{+\kappa}x_j, \forall x_i\in C^{\wedge}, x_i\in C^{\wedge+}, x_j\in C_1\}$，则 $\forall x_j\in C_1$，$D_p^{+\kappa}(x_j)=D_p^{+\kappa}(x_j)\cup C_2$。□

向上合集 $\mathrm{Cl}_t^{\geqslant}$ 的近似集更新原理如下。

定理 5.3.7 $\forall x_j\in C_1$，对 $\underline{P}^{\wedge+}(\mathrm{Cl}_t^{\geqslant})^\kappa$ 和 $\overline{P}^{\wedge+}(\mathrm{Cl}_t^{\geqslant})^\kappa$，以下成立:

① 若 $x_j\in \underline{P}(\mathrm{Cl}_t^{\geqslant})^\kappa$，且 $C_2\not\subset \mathrm{Cl}_t^{\geqslant}$，则 $\underline{P}^{\wedge+}(\mathrm{Cl}_t^{\geqslant})^\kappa=\underline{P}(\mathrm{Cl}_t^{\geqslant})^\kappa-\{x_j\}$。

② 若 $x_j\in \mathrm{Cl}_t^{\geqslant}$，则 $\overline{P}^{\wedge+}(\mathrm{Cl}_t^{\geqslant})^\kappa=\overline{P}(\mathrm{Cl}_t^{\geqslant})^\kappa\cup C_2$。

③ 否则，$\underline{P}^{\wedge+}(\mathrm{Cl}_t^{\geqslant})^\kappa=\underline{P}(\mathrm{Cl}_t^{\geqslant})^\kappa$，$\overline{P}^{\wedge+}(\mathrm{Cl}_t^{\geqslant})^\kappa=\overline{P}(\mathrm{Cl}_t^{\geqslant})^\kappa$。

证明 证明过程和定理 5.2.1 类似，略。□

(2) 劣势类和向下合集近似集更新原理。

在这种情况下，x_i 可能优势于满足 $f(x_j,a_i)=v_2$ 和 $x_i\notin D_p^{-\kappa}(x_j)$ 条件的 x_j，即 x_i 的劣势类的势可能增大。劣势类动态性质如下。

性质 5.3.8 令 $C^{\wedge+}=\{x_i|\,f(x_i,a_i)=v_1,x_i\in U,a_i\in A\}$，$C_2=\{x_j|\,f(x_j,a_i)=v_2\wedge x_i\notin D_p^{-\kappa}(x_j),x_i\in U,a_i\in A\}$，$C_3=\{x_j\,|x_jD_p^{-\kappa}x_i,\forall x_i\in C^{\wedge+},x_j\in C_2\}$，则 $\forall x_i\in C^{\wedge+}$，$D_p^{-\kappa}(x_i^{\wedge+})=D_p^{-\kappa}(x_i)\cup C_3$。

证明 $\because\forall x_i\in C^{\wedge+}$，$x_j\in C_2$，$x_i\notin D_p^{-\kappa}(x_j)$，$f(x_i,a_i)\prec f(x_j,a_i)=v_2$。$\therefore$ 若 $x_jD_p^{-\kappa}x_i$，则 $D_p^{-\kappa}(x_i^{\wedge+})=D_p^{-\kappa}(x_i)\cup\{x_j\}$。$\therefore$ 令 $C_3=\{x_j\,|x_jD_p^{-\kappa}x_i,\forall x_i\in C^{\wedge+},x_j\in C_2\}$，$\forall x_i\in C^{\wedge+}$，$D_p^{-\kappa}(x_i^{\wedge+})=D_p^{-\kappa}(x_i)\cup C_3$。 □

根据以上性质，当属性值单层向上粗化，向下合集 $\mathrm{Cl}_t^{\leqslant}$ 的近似集更新原理如下。

定理 5.3.8 $\forall x_i\in C^{\wedge+}$，

① 若 $x_i\in\underline{P}(\mathrm{Cl}_t^{\leqslant})^\kappa$，且 $C_3\not\subset\mathrm{Cl}_t^{\leqslant}$，则 $\underline{P}^{\wedge-}(\mathrm{Cl}_t^{\leqslant})^\kappa=\underline{P}(\mathrm{Cl}_t^{\leqslant})^\kappa-\{x_i\}$。

② 若 $x_i\in\mathrm{Cl}_t^{\leqslant}$，则 $\overline{P}^{\wedge+}(\mathrm{Cl}_t^{\leqslant})^\kappa=\overline{P}(\mathrm{Cl}_t^{\leqslant})^\kappa\cup C_3$。

③ 否则，$\overline{P}^{\wedge+}(\mathrm{Cl}_t^{\leqslant})^\kappa=\overline{P}(\mathrm{Cl}_t^{\leqslant})^\kappa$，$\underline{P}^{\wedge+}(\mathrm{Cl}_t^{\leqslant})^\kappa=\underline{P}(\mathrm{Cl}_t^{\leqslant})^\kappa$。

证明 证明过程和定理 5.2.2 类似，略。 □

5.3.2 属性值粗化时近似集的动态更新算法

在不完备决策系统中，基本知识粒由优势特性关系诱导。随着属性值的粗化细化粒度的势可能增大或变小，则向上向下合集近似集可能发生变化。以下给出属性值粗化近似集更新算法。令 $\overline{P}^{\wedge*}(\mathrm{Cl}_t^{\geqslant})^\kappa(\overline{P}^{\wedge*}(\mathrm{Cl}_t^{\leqslant})^\kappa)$，且 $\underline{P}^{\wedge*}(\mathrm{Cl}_t^{\geqslant})^\kappa(\underline{P}^{\wedge*}(\mathrm{Cl}_t^{\leqslant})^\kappa)$ 表示 $\mathrm{Cl}_t^{\geqslant}$ $(\mathrm{Cl}_t^{\leqslant})$ 属性值粗化后的近似集。上标 $*$ 表示所有情况下的属性值粗化，即根据属性值的不同变化它可以为 + 或 − 替代。

算法 5.3.1 不完备决策系统中属性值粗化增量更新近似集算法。

输入：(1) 每个对象 x_i 的优势类和劣势类：$D_P^{+\kappa}(x_i)$，$D_P^{-\kappa}(x_i)(0<\kappa\leqslant1,\forall x_i\in U)$。

(2) 向上和向下合集：$\mathrm{Cl}_t^{\geqslant}$，$\mathrm{Cl}_t^{\leqslant}(0\leqslant t\leqslant n)$。

(3) 向上和向下合集近似集及边界域：$\underline{P}(\mathrm{Cl}_t^{\geqslant})^\kappa$，$\overline{P}(\mathrm{Cl}_t^{\geqslant})^\kappa$，$\underline{P}(\mathrm{Cl}_t^{\leqslant})^\kappa$，$\overline{P}(\mathrm{Cl}_t^{\leqslant})^\kappa$，$Bn_P(\mathrm{Cl}_t^{\geqslant})^\kappa$，$Bn_P(\mathrm{Cl}_t^{\leqslant})^\kappa$。

(4) 属性值：v_1，v_2（注：属性值 v_1 粗化为 v_2）。

输出：$\underline{P}^{\wedge*}(\mathrm{Cl}_t^{\geqslant})^\kappa$，$\overline{P}^{\wedge*}(\mathrm{Cl}_t^{\geqslant})^\kappa$，$\underline{P}^{\wedge*}(\mathrm{Cl}_t^{\leqslant})^\kappa$，$\overline{P}^{\wedge*}(\mathrm{Cl}_t^{\leqslant})^\kappa$。

1: **for each** x_i in U and $f(x_i,a_i)=v_1$ **do**
2: **if** $v_2\prec v_1$ **then**
3: **if** $\exists v_2\prec v\prec v_1(v\in V_l)$ **then**
4: Call CoarseningDM();
5: **else**
6: Call CoarseningDS();
7: **end if**
8: **else**

9: **if** $\exists v_1 \prec v \prec v_2 (v \in V_l)$ **then**
10: Call CoarseningUM();
11: **else**
12: Call CoarseningUS();
13: **end if**
14: **end if**
15: **end for**
16: **return** $\underline{P}^{\wedge *}(\mathrm{Cl}_t^{\geqslant})^k$, $\overline{P}^{\wedge *}(\mathrm{Cl}_t^{\geqslant})^k$, $\underline{P}^{\wedge *}(\mathrm{Cl}_t^{\leqslant})^k$, $\overline{P}^{\wedge *}(\mathrm{Cl}_t^{\leqslant})^k$

Function CoarseningDM()// 属性值向下多层粗化时更新近似集

1: **for each** x_i in U and $f(x_i, a_l) = v_1$ **do**
2: **for each** x_j in U and $v_1 \succeq f(x_j, a_l) \succeq v_2$ **do**
3: **if** $x_i \in D_p^{+\kappa}(x_j)$ **then**
4: $D_p^{+}(x_j^{\wedge -}) \leftarrow D_p^{+}(x_j) - C^{\wedge -}$;
5: **if** $x_j \in Bn_P(\mathrm{Cl}_t^{\geqslant})^{\kappa}$ and $D_p^{+}(x_j^{\wedge -}) \subseteq \mathrm{Cl}_t^{\geqslant}$ **then**
6: $\underline{P}^{\wedge -}(\mathrm{Cl}_t^{\geqslant})^{\kappa} \leftarrow \underline{P}(\mathrm{Cl}_t^{\geqslant})^{\kappa} \cup \{x_j^{\wedge -}\}$;
7: **end if**
8: **if** $x_j \in \mathrm{Cl}_t^{\geqslant}$ and $C'' = \{x_k | x_k \in C^{\wedge -} \wedge x_k \notin D_P^{+\kappa}(x'), x' \in \mathrm{Cl}_t^{\geqslant}\} \neq \varnothing$ **then**
9: $\overline{P}^{\wedge -}(\mathrm{Cl}_t^{\geqslant})^{\kappa} \leftarrow \overline{P}(\mathrm{Cl}_t^{\geqslant})^{\kappa} - C''$;
10: **end if**
11: **else**
12: **if** $x_i \notin D_p^{+\kappa}(x_j)$ and $x_j D_P^{+\kappa} x_i$ **then**
13: $D_p^{+}(x_i^{\wedge -}) \leftarrow D_p^{+}(x_i) \cup \{x_j\}$;
14: **if** $x_i \in \underline{P}(\mathrm{Cl}_t^{\geqslant})^{\kappa}$ and $x_j \notin \mathrm{Cl}_t^{\geqslant}$ **then**
15: $\underline{P}^{\wedge -}(\mathrm{Cl}_t^{\geqslant})^{\kappa} \leftarrow \underline{P}(\mathrm{Cl}_t^{\geqslant})^{\kappa} - \{x_i\}$;
16: **end if**
17: **if** $x_i \in \mathrm{Cl}_t^{\geqslant}$ and $x_j \notin \overline{P}(\mathrm{Cl}_t^{\geqslant})^k$ **then**
18: $\overline{P}^{\wedge -}(\mathrm{Cl}_t^{\geqslant})^{\kappa} \leftarrow \overline{P}(\mathrm{Cl}_t^{\geqslant})^{\kappa} \cup \{x_j\}$;
19: **end if**
20: **end if**
21: **end if**
22: **if** $x_j \in D_p^{-\kappa}(x_i)$ **then**
23: $D_P^{-\kappa}(x_i^{\wedge -}) \leftarrow D_P^{-\kappa}(x_i) - \{x_j\}$;
24: **if** $x_i \in Bn_P(\mathrm{Cl}_t^{\leqslant})^{\kappa}$ and $D_p^{-\kappa}(x_i^{\wedge -}) \subseteq \mathrm{Cl}_t^{\leqslant}$ **then**

25: $\underline{P}^{\wedge-}(\mathrm{Cl}_t^{\leqslant})^{\kappa} \leftarrow \underline{P}(\mathrm{Cl}_t^{\leqslant})^{\kappa} \cup \{x_i^{\wedge-}\}$;

26: **end if**

27: **if** $x_i \in \mathrm{Cl}_t^{\leqslant}$ and $x_j \notin D_p^{-\kappa}(x')(x' \in \mathrm{Cl}_t^{\leqslant})$ **then**

28: $\overline{P}^{\wedge-}(\mathrm{Cl}_t^{\leqslant})^{\kappa} \leftarrow \overline{P}(\mathrm{Cl}_t^{\leqslant})^{\kappa} - \{x_j\}$;

29: **end if**

30: **else**

31: **if** $x_j \notin D_p^{-\kappa}(x_i)$ and $x_i^{\wedge-} D_p^{-\kappa} x_j$ **then**

32: $D_p^{-\kappa}(x_j^{\wedge-}) \leftarrow D_p^{-\kappa}(x_j) \cup \{x_i^{\wedge-}\}$;

33: **if** $x_j \in \underline{P}(\mathrm{Cl}_t^{\leqslant})^{\kappa}$ and $x_i \notin \mathrm{Cl}_t^{\leqslant}$ **then**

34: $\underline{P}^{\wedge-}(\mathrm{Cl}_t^{\leqslant})^{\kappa} \leftarrow \underline{P}(\mathrm{Cl}_t^{\leqslant})^{\kappa} - \{x_j\}$;

35: **end if**

36: **if** $x_j \in \mathrm{Cl}_t^{\leqslant}$ **then**

37: $\overline{P}^{\wedge-}(\mathrm{Cl}_t^{\leqslant})^{\kappa} \leftarrow \overline{P}(\mathrm{Cl}_t^{\leqslant})^{\kappa} \cup \{x_i^{\wedge-}\}$;

38: **end if**

39: **end if**

40: **end if**

41: **end for**

42: **end for**

43: **return** $\underline{P}^{\wedge*}(\mathrm{Cl}_t^{\geqslant})^k$，$\overline{P}^{\wedge*}(\mathrm{Cl}_t^{\geqslant})^k$，$\underline{P}^{\wedge*}(\mathrm{Cl}_t^{\leqslant})^k$，$\overline{P}^{\wedge*}(\mathrm{Cl}_t^{\leqslant})^k$

Function CoarseningDS()// 属性值向下单层粗化时更新近似集

1: **for each** x_j in U and $f(x_j, a_i) = v_2$ **do**

2: **for each** x_i in U and $f(x_i, a_i) = v_1$ **do**

3: **if** $x_i \notin D_p^{+\kappa}(x_j)$ and $x_j D_p^{+\kappa} x_i$ **then**

4: $D_P^{+\kappa}(x_i^{\wedge-}) \leftarrow D_P^{+\kappa}(x_i) \cup \{x_j\}$;

5: **if** $x_i \in \underline{P}(\mathrm{Cl}_t^{\geqslant})^{\kappa}$ and $x_j \notin \mathrm{Cl}_t^{\geqslant}$ **then**

6: $\underline{P}^{\wedge-}(\mathrm{Cl}_t^{\geqslant})^{\kappa} \leftarrow \underline{P}(\mathrm{Cl}_t^{\geqslant})^{\kappa} - \{x_i\}$;

7: **end if**

8: **if** $x_i \in \mathrm{Cl}_t^{\geqslant}$ and $x_j \notin \overline{P}(\mathrm{Cl}_t^{\geqslant})^{\kappa}$ **then**

9: $\overline{P}^{\wedge-}(\mathrm{Cl}_t^{\geqslant})^{\kappa} \leftarrow \overline{P}(\mathrm{Cl}_t^{\geqslant})^{\kappa} \cup \{x_j\}$;

10: **end if**

11: **end if**

12: **if** $x_j \notin D_p^{-\kappa}(x_i)$ and $x_i^{\wedge-} D_p^{-\kappa} x_j$ **then**

13: $D_p^{-k}(x_j^{\wedge-}) \leftarrow D_p^{-k}(x_j) \cup \{x_i\}$;

14: **if** $x_j \in \underline{P}(\mathrm{Cl}_t^{\leqslant})^{\kappa}$ and $x_i \notin \mathrm{Cl}_t^{\leqslant}$ **then**

15: $\underline{P}^{\wedge -}(\mathrm{Cl}_t^{\leqslant})^{\kappa} \leftarrow \underline{P}(\mathrm{Cl}_t^{\leqslant})^{\kappa} - \{x_j\}$;
16: **end if**
17: **if** $x_j \in \mathrm{Cl}_t^{\leqslant}$ and $x_i \notin \overline{P}(\mathrm{Cl}_t^{\leqslant})^{\kappa}$ **then**
18: $\overline{P}^{\wedge -}(\mathrm{Cl}_t^{\leqslant})^{\kappa} \leftarrow \overline{P}(\mathrm{Cl}_t^{\leqslant})^{\kappa} \cup \{x_i\}$;
19: **end if**
20: **end if**
21: **end for**
22: **end for**
23: **return** $\underline{P}^{\wedge *}(\mathrm{Cl}_t^{\geqslant})^{k}$, $\overline{P}^{\wedge *}(\mathrm{Cl}_t^{\geqslant})^{k}$, $\underline{P}^{\wedge *}(\mathrm{Cl}_t^{\leqslant})^{k}$, $\overline{P}^{\wedge *}(\mathrm{Cl}_t^{\leqslant})^{k}$

Function CoarseningUM() // 属性值向上多层粗化时更新近似集

1: **for each** x_i in U and $f(x_i, a_i) = v_1$ **do**
2: **for each** x_j in U and $v_1 \preceq f(x_j, a_i) \prec v_2$ **do**
3: **if** $x_j \in D_P^{+\kappa}(x_i)$ **then**
4: $D_P^{+\kappa}(x_i^{\wedge +}) \leftarrow D_P^{+\kappa}(x_i) - \{x_j\}$;
5: **if** $x_i \in Bn_P(\mathrm{Cl}_t^{\geqslant})^{\kappa}$ and $x_j \notin \mathrm{Cl}_t^{\geqslant}$ and $D_P^{+}(x_i^{\wedge +}) \subseteq \mathrm{Cl}_t^{\geqslant}$ **then**
6: $\underline{P}^{\wedge +}(\mathrm{Cl}_t^{\geqslant})^{\kappa} \leftarrow \underline{P}(\mathrm{Cl}_t^{\geqslant})^{\kappa} \cup \{x_i^{\wedge +}\}$;
7: **end if**
8: **if** $x_i \in \mathrm{Cl}_t^{\geqslant}$ and $x_j \notin D_P^{+}(x')(x' \in \mathrm{Cl}_t^{\geqslant})$ **then**
9: $\overline{P}^{\wedge +}(\mathrm{Cl}_t^{\geqslant})^{\kappa} \leftarrow \overline{P}(\mathrm{Cl}_t^{\geqslant})^{\kappa} - \{x_j\}$;
10: **end if**
11: **else**
12: **if** $x_j \notin D_P^{+\kappa}(x_i)$ and $x_i^{\wedge +} D_P^{\kappa} x_j$ **then**
13: $D_P^{+\kappa}(x_j^{\wedge +}) \leftarrow D_P^{+\kappa}(x_j) \cup \{x_i\}$;
14: **if** $x_j \in \underline{P}(\mathrm{Cl}_t^{\geqslant})^{\kappa}$ and $x_i \notin \mathrm{Cl}_t^{\geqslant}$ **then**
15: $\underline{P}^{\wedge +}(\mathrm{Cl}_t^{\geqslant})^{\kappa} \leftarrow \underline{P}(\mathrm{Cl}_t^{\geqslant})^{\kappa} - \{x_j\}$;
16: **end if**
17: **if** $x_j \in \mathrm{Cl}_t^{\geqslant}$ and $x_i \notin \overline{P}(\mathrm{Cl}_t^{\geqslant})^{\kappa}$ **then**
18: $\overline{P}^{\wedge +}(\mathrm{Cl}_t^{\geqslant})^{\kappa} \leftarrow \overline{P}(\mathrm{Cl}_t^{\geqslant})^{\kappa} \cup \{x_j\}$;
19: **end if**
20: **end if**
21: **end if**
22: **if** $x_i \in D_p^{-\kappa}(x_j)$ **then**
23: $D_p^{-\kappa}(x_j^{\wedge +}) \leftarrow D_p^{-\kappa}(x_j) - \{x_i\}$;
24: **if** $x_j \in Bn_p(\mathrm{Cl}_t^{\leqslant})^{\kappa}$ and $x_i \notin \mathrm{Cl}_t^{\leqslant}$ and $D_p^{+}(x_j^{\wedge +}) \subseteq \mathrm{Cl}_t^{\geqslant}$ **then**

25: $\underline{P}^{\wedge+}(\text{Cl}_t^{\leqslant})^\kappa \leftarrow \underline{P}(\text{Cl}_t^{\leqslant})^\kappa \cup \{x_i^{\wedge+}\}$;
26: **end if**
27: **if** $x_j \in \text{Cl}_t^{\leqslant}$ and $x_i \notin D_P^+(x')(x' \in \text{Cl}_t^{\leqslant})$ **then**
28: $\overline{P}^{\wedge+}(\text{Cl}_t^{\leqslant})^\kappa \leftarrow \overline{P}(\text{Cl}_t^{\leqslant})^\kappa - \{x_i\}$;
29: **end if**
30: **else**
31: **if** $x_i \notin D_p^{-\kappa}(x_j)$ and $x_j D_p^{-\kappa} x_i$ **then**
32: $D_p^{-\kappa}(x_i^{\wedge+}) \leftarrow D_p^{-\kappa}(x_i) \cup \{x_j\}$;
33: **if** $x_i \in \underline{P}(\text{Cl}_t^{\leqslant})^\kappa$ and $x_j \notin \text{Cl}_t^{\leqslant}$ **then**
34: $\underline{P}^{\wedge+}(\text{Cl}_t^{\leqslant})^\kappa \leftarrow \underline{P}(\text{Cl}_t^{\leqslant})^\kappa - \{x_i\}$;
35: **end if**
36: **if** $x_i \in \text{Cl}_t^{\leqslant}$ and $x_j \notin \overline{P}(\text{Cl}_t^{\leqslant})^\kappa$ **then**
37: $\overline{P}^{\wedge+}(\text{Cl}_t^{\leqslant})^\kappa \leftarrow \overline{P}(\text{Cl}_t^{\leqslant})^\kappa \cup \{x_j\}$;
38: **end if**
39: **end if**
40: **end if**
41: **end for**
42: **end for**
43: **return** $\underline{P}^{\wedge*}(\text{Cl}_t^{\geqslant})^k$, $\overline{P}^{\wedge*}(\text{Cl}_t^{\geqslant})^k$, $\underline{P}^{\wedge*}(\text{Cl}_t^{\leqslant})^k$, $\overline{P}^{\wedge*}(\text{Cl}_t^{\leqslant})^k$

Function CoarseningUS() // 属性值向上单层粗化时更新近似集

1: **for each** x_i in U and $f(x_j, a_i) = v_1$ **do**
2: **for each** x_j in U and $f(x_j, a_i) = v_2$ **do**
3: **if** $x_j \notin D_p^{+\kappa}(x_i)$ and $x_i^{\wedge+} D_p^{+\kappa} x_j$ **then**
4: $D_p^{+\kappa}(x_j) \leftarrow D_p^{+\kappa}(x_j) \cup \{x_i\}$;
5: **if** $x_j \in \underline{P}(\text{Cl}_t^{\geqslant})^\kappa$ and $x_i \notin \text{Cl}_t^{\geqslant}$ **then**
6: $\underline{P}^{\wedge+}(\text{Cl}_t^{\geqslant})^\kappa \leftarrow \underline{P}(\text{Cl}_t^{\geqslant})^\kappa - \{x_j\}$;
7: **end if**
8: **if** $x_j \in \text{Cl}_t^{\geqslant}$ and $x_i \notin \overline{P}(\text{Cl}_t^{\geqslant})^\kappa$ **then**
9: $\overline{P}^{\wedge+}(\text{Cl}_t^{\geqslant})^\kappa \leftarrow \overline{P}(\text{Cl}_t^{\geqslant})^\kappa \cup \{x_i\}$;
10: **end if**
11: **end if**
12: **if** $x_i \notin D_p^{-\kappa}(x_j)$ and $x_j D_p^{-\kappa} x_i$ **then**
13: $D_p^{-\kappa}(x_i^{\wedge+}) \leftarrow D_p^{-\kappa}(x_i) \cup \{x_j\}$;
14: **if** $x_i \in \underline{P}(\text{Cl}_t^{\leqslant})^\kappa$ and $x_j \notin \text{Cl}_t^{\leqslant}$ **then**

15: $\underline{P}^{\wedge-}(\mathrm{Cl}_t^{\leqslant})^\kappa \leftarrow \underline{P}(\mathrm{Cl}_t^{\leqslant})^\kappa - \{x_i\}$;

16: **end if**;

17: **if** $x_i \in \mathrm{Cl}_t^{\leqslant}$ and $x_j \notin \overline{P}(\mathrm{Cl}_t^{\geqslant})^\kappa$ **then**

18: $\overline{P}^{\wedge+}(\mathrm{Cl}_t^{\geqslant})^\kappa \leftarrow \overline{P}(\mathrm{Cl}_t^{\geqslant})^\kappa \cup \{x_j\}$;

19: **end if**;;

20: **end if**

21: **end for**

22: **end for**

23: **return** $\underline{P}^{\wedge*}(\mathrm{Cl}_t^{\geqslant})^\kappa$，$\overline{P}^{\wedge*}(\mathrm{Cl}_t^{\geqslant})^\kappa$，$\underline{P}^{\wedge*}(\mathrm{Cl}_t^{\leqslant})^\kappa$，$\overline{P}^{\wedge*}(\mathrm{Cl}_t^{\leqslant})^\kappa$。

5.4 算　例

以下仅以属性值粗化为例说明近似集增量更新的原理。

例 5.4.1 (续例 2.4.1)　令 $f(x_i^{\wedge-}, a_2) = 1$, $\forall x_i \in U'$, $U' = \{x_i \,|\, f(x_i, a_2) = 4, x_i \in U\}$, $V^{\wedge-} = \{v | 1 \prec v \prec 4, v \in V_2\} = \{2\} \neq \varnothing$。即属性值向下多层粗化。粗化后的不完备决策系统如表 5-1 所示。

表 5-1　粗化后的不完备决策系统

U	a_1	a_2	a_3	a_4	d	U	a_1	a_2	a_3	a_4	d
x_1	1	2	1	2	0	x_5	0	⋆	?	⋆	0
x_2	0	1	1	?	0	x_6	2	1	1	⋆	3
x_3	⋆	0	0	1	1	x_7	1	1	?	3	0
x_4	1	3	?	⋆	2	x_8	2	0	0	3	2

① (a) $C^{\wedge-} = \{x_6, x_7\}$,$C_1 = \{x_1, x_4\}$，$C_2 = \{x_5\}$。

(b) $\forall x_j \in C_1$，$D_p^+(x_1^{\wedge-}) = D_p^+(x_1) - C^{\wedge-} = \{x_1, x_4\}$，$D_p^+(x_4^{\wedge-}) = D_p^+(x_4) - C^{\wedge-} = \{x_4\}$。

(c) $C_3 = \varnothing$。

(d) $x_1 \in Bn_P(\mathrm{Cl}_1^{\geqslant})^{0.5}$，且 $D_p^+(x_1^{\wedge-}) \not\subset \mathrm{Cl}_1^{\geqslant}$，则 $\underline{P}^{\wedge-}(\mathrm{Cl}_1^{\geqslant})^{0.5} = \underline{P}(\mathrm{Cl}_1^{\geqslant})^{0.5}$。

(e) $x_4 \in Bn_P(\mathrm{Cl}_1^{\geqslant})^{0.5}$，且 $D_p^+(x_4^{\wedge-}) \subseteq \mathrm{Cl}_1^{\geqslant}$，则 $\underline{P}^{\wedge-}(\mathrm{Cl}_1^{\geqslant})^{0.5} = \underline{P}(\mathrm{Cl}_1^{\geqslant})^{0.5} \cup \{x_4\} = \{x_2, x_3, x_5, x_4\}$。

(f) $C'' = \varnothing$，$\overline{P}^{\wedge-}(\mathrm{Cl}_1^{\geqslant})^{0.5} = \overline{P}(\mathrm{Cl}_1^{\geqslant})^{0.5}$。

② (a) $C_1 = \{x_1, x_4\}$，$C_2 = \{x_5\}$。

(b) $\forall x_i \in C^{\wedge-}$, $D_p^{-0.5}(x_6^{\wedge-}) = D_p^{-0.5}(x_6) - C_1 = \{x_2, x_3, x_6, x_7, x_8\}$, $D_p^{-\kappa}(x_7^{\wedge-}) = D_p^{-0.5}(x_7) - C_1 = \{x_2, x_3, x_7\}$。

(c) $\forall x_7 \in C^{\wedge-}$，$\because x_7 \in Bn_P(\mathrm{Cl}_1^{\leqslant})^{0.5}$，$D_p^{-0.5}(x_7^{\wedge-}) \subseteq \mathrm{Cl}_1^{\leqslant}$，$\therefore \underline{P}^{\wedge-}(\mathrm{Cl}_1^{\leqslant})^{0.5} = \underline{P}(\mathrm{Cl}_1^{\leqslant})^{0.5} \cup \{x_7^{\wedge-}\} = \{x_2, x_3, x_5, x_7\}$；$\because x_7 \in \mathrm{Cl}_1^{\leqslant}$，$C'' = \varnothing$，$\overline{P}^{\wedge-}(\mathrm{Cl}_1^{\leqslant})^{0.5} =$

$\overline{P}(\mathrm{Cl}_1^{\leqslant})^{0.5}$。

5.5 算法复杂度分析

在不完备决策系统中，知识粒度由优势类或劣势类组成。当属性值变化时知识粒度可能发生变化。一些粒可能扩展，即粒的势增加。一些粒可能会变小，即粒的势会减少。在不完备决策系统中，向上（向下）合集为优势类 (劣势类) 所近似进行描述。随着优势类（劣势类）的变化，向上（向下）合集的近似集可能发生变化。在我们的增量算法中，考虑了优势类和劣势类的动态变化以及它们先前所在的区域（正域、负域或边界域）。增量更新时间分为两部分；增量更新优势类（劣势类）的时间和增量更新近似集的时间。假设势增加的优势类（劣势类）表示为；$C_{\uparrow}^{+}=\{x_{i_{\uparrow}}^{+}, i=1,\cdots,m_{\uparrow}^{+}\}$ $(C_{\uparrow}^{-}=\{x_{i_{\uparrow}}^{-}, i=1,\cdots,m_{\uparrow}^{-}\})$，增加到每个对象 $x_{i_{\uparrow}}^{+}$ $(x_{i_{\uparrow}}^{-})$ 的优势类（劣势类）中的对象表示为 $C_{i_{\uparrow}}^{+}$ $(C_{i_{\uparrow}}^{-})$，设势减小的优势类（劣势类）表示为 $C_{\downarrow}^{+}=\{x_{j_{\downarrow}}^{+}, j=1,\cdots,m_{\downarrow}^{+}\}$ $(C_{\downarrow}^{-}=\{x_{j_{\downarrow}}^{-}, j=1,\cdots,m_{\downarrow}^{-}\})$，从每个对象的 $x_{j_{\downarrow}}^{+}$ $(x_{j_{\downarrow}}^{-})$ 优势类（劣势类）中减去的对象为 $C_{j_{\downarrow}}^{+}$ $(C_{j_{\downarrow}}^{-})$。不完备决策系统的条件属性集为 C，则向上（向下）合集为 $\mathrm{Cl}_t^{\geqslant}(\mathrm{Cl}_t^{\leqslant})$ $(1\leqslant t\leqslant m)$，论域为 U。增量更新向上（向下）合集的算法复杂度为 $O\left(\left(\sum_{i=1}^{m_{\uparrow}^{+}}\left|C_{\uparrow}^{+}\right|\left|C_{i_{\uparrow}}^{+}\right|+\sum_{i=1}^{m_{\downarrow}^{+}}\left|C_{\downarrow}^{+}\right|\left|C_{i_{\downarrow}}^{+}\right|\right)|C|+\left(\left|C_{\uparrow}^{+}\right|+\left|C_{\downarrow}^{+}\right|\right)\left|\mathrm{Cl}_t^{\geqslant}\right|\right)$ $\left(O\left(\left(\sum_{i=1}^{m_{\uparrow}^{-}}\left|C_{\uparrow}^{-}\right|\left|C_{i_{\uparrow}}^{-}\right|+\sum_{i=1}^{m_{\downarrow}^{-}}\left|C_{\downarrow}^{-}\right|\left|C_{i_{\downarrow}}^{-}\right|\right)|A|+\left(\left|C_{\uparrow}^{-}\right|+\left|C_{\downarrow}^{-}\right|\right)\left|\mathrm{Cl}_t^{\leqslant}\right|\right)\right)$。

非增量更新向上（向下）合集的计算也分为两部分；计算优势类（劣势类）和计算向上（向下）合集的近似集。非增量更新向上 (向下) 合集近似集的算法复杂度为 $O\left(|U|^2|A|+l|U|\left|\mathrm{Cl}_t^{\geqslant}\right|\right)\left(O\left(|U|^2|A|+|U|\left|\mathrm{Cl}_t^{\leqslant}\right|\right)\right)$。通常，$\sum_{i=1}^{m_{\uparrow}^{+}}\left|C_{\uparrow}^{+}\right|\left|C_{i_{\uparrow}}^{+}\right|+\sum_{i=1}^{m_{\downarrow}^{+}}\left|C_{\downarrow}^{+}\right|\left|C_{i_{\downarrow}}^{+}\right|<|U|^2$，$\left|C_{\uparrow}^{+}\right|+\left|C_{\downarrow}^{+}\right|<U$，$\sum_{i=1}^{m_{\uparrow}^{+}}\left|C_{\uparrow}^{+}\right|\left|C_{i_{\uparrow}}^{+}\right|+\sum_{i=1}^{m_{\downarrow}^{+}}\left|C_{\downarrow}^{+}\right|\left|C_{i_{\downarrow}}^{+}\right|<|U|^2$，$\left|C_{\uparrow}^{-}\right|+\left|C_{\downarrow}^{-}\right|<|U|$。

所以，增量更新的算法复杂度低于非增量更新的算法复杂度。$C_{\uparrow}^{+}$，$C_{\uparrow}^{-}$，$C_{\downarrow}^{+}$，$C_{\downarrow}^{-}$ 的势在不同情况下的属性值粗化或细化时是不同的，即多层或单层粗化和细化时运算的时间是不同的。

5.6 实验方案及性能分析

为验证算法的有效性及不同参数对算法性能的影响，我们进行了大量实验。本节介绍实验方案和实验结果，并对实验结果进行分析。

5.6.1 实验方案

我们从 UCI 公用数据集 (www.ics.uci.edu/ mlearn/MLRepository.html) 下载了 10 个实际应用中的数据对增量更新的算法 5.2.1 和算法 5.3.1 进行评测，以验证其有效性。数据集的基本信息如表 5-2 所示。所有数据的数据类型都是数值型。一些数据集没有缺失值，我们随机地设定缺失值。数据集的缺失值中的两种类型都随机设置。算法用 *C#* 编程实现，运行算法的计算机操作系统为 Windows Vista，CPU 为 Intel Core2 Duo CPU T6500 2.10GHz，内存为 4.0GB。我们进行了几组实验。

表 5-2 测试数据集

序号	数据集	对象数	属性数	决策类数	缺失率/%
1	Lung cancer	32	57	3	0.27
2	Iris	150	6	3	9.56
3	Parkinsons	195	23	2	9.04
4	Sonar	208	61	2	5.79
5	Ionosphere	351	35	2	18.87
6	Movementlibras	360	91	15	7.85
7	Wdbc	569	32	2	28.13
8	Transfusion	748	5	2	16.42
9	Mammographic masses	961	6	2	2.41
10	Winered	1599	12	6	4.23

1. 对象集变化时增量更新性能的比较

我们将表 5-2 中的每个数据集都按照对象分为 10 份，依次取数据集的 1 份，2 份，$\cdots$，10 份分别作为测试数据集，不同测试数据集的属性数相同。

2. 属性变化时增量更新性能的比较

为测试属性变化对算法的影响，从表 5-2 中选取了两个属性比较多的数据集进行测试。在对象集保持不变的情况下，改变属性集的大小测试增量更新和非增量更新的运行时间。

3. 缺失率变化时增量更新性能的比较

为测试数据缺失率对于增量更新算法的影响，我们用程序随机地设置不同数据集的不同缺失率。从表 5-2 中选取 Winered 和 Transfusion 数据集进行测试。对不同缺失率下增量更新时间和非增量更新时间进行比较。

4. 优势特性关系参数变化时增量更新性能的比较

在优势特性关系中，参数 κ 也会影响知识粒度。κ 是否会影响增量更新的效率呢？我们对不同的数据设置不同的 κ 值测试增量更新算法的时间。

5.6.2　性能分析

以上各组实验的结果介绍如下。

1. 对象集变化时增量更新性能的比较结果

对象不同，属性值粗化和细化时的增量更新时间和非增量更新时间的比较结果如图 5-4 和图 5-5 所示。图 5-4 和图 5-5 中的各个子图是分别对不同的数据集取出的对象大小不同、属性个数相同的测试集进行测试的结果。图中的横坐标为基础数据集，纵坐标为运行时间，单位为 s。图中带方形框的线是增量更新运行时间。随着数据集的增加，增量更新时间和非增量更新时间都有所增加，但非增量更新增加的速率更大。增量更新算法具有较好的适应性。

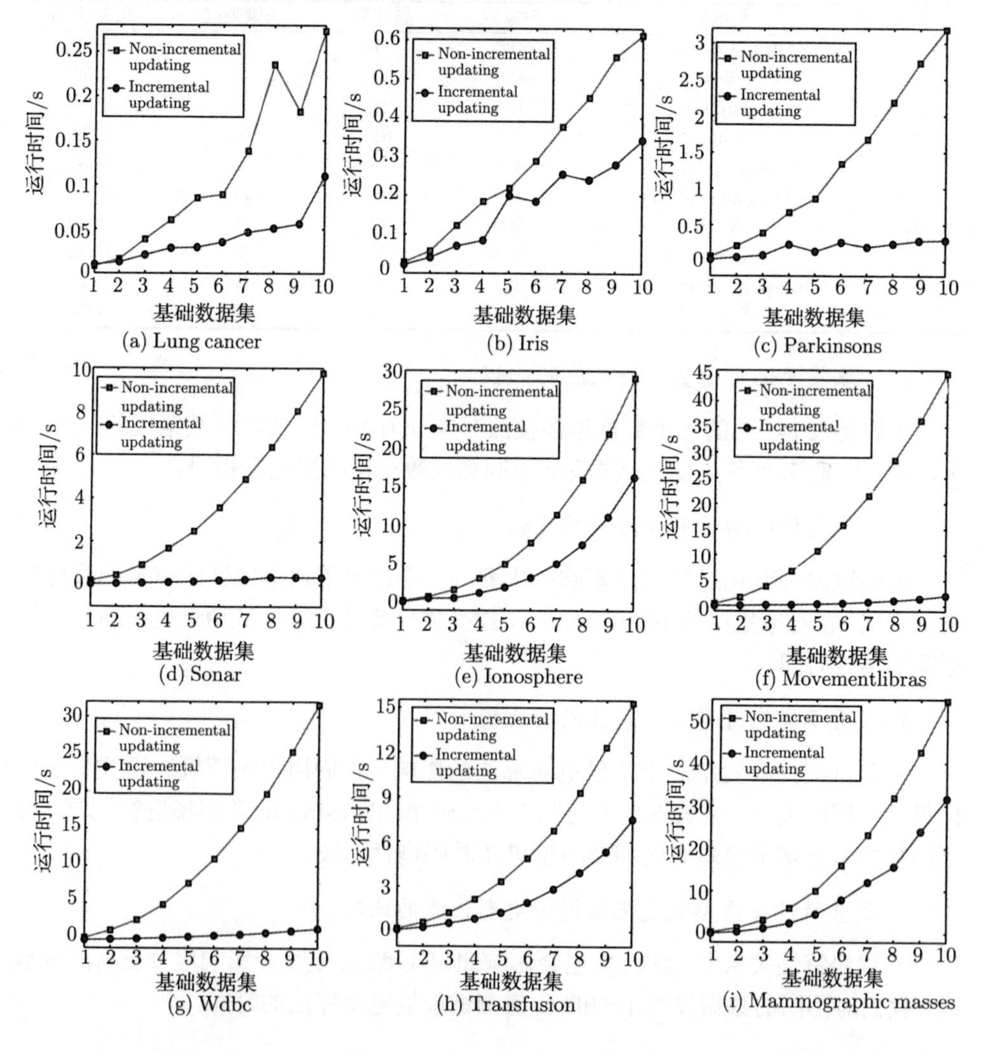

(a) Lung cancer　(b) Iris　(c) Parkinsons

(d) Sonar　(e) Ionosphere　(f) Movementlibras

(g) Wdbc　(h) Transfusion　(i) Mammographic masses

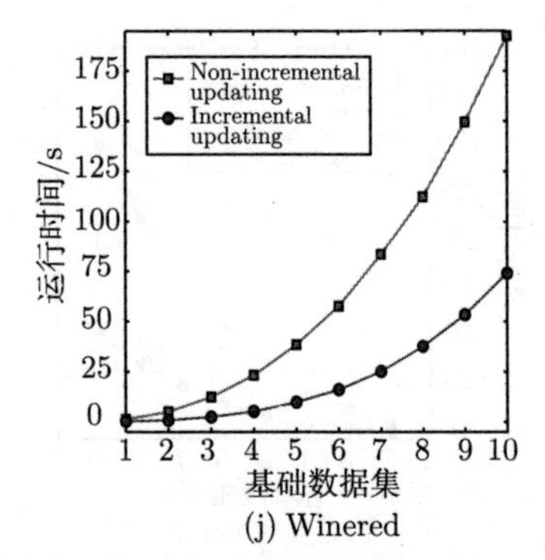

(j) Winered

图 5-4 不完备决策系统属性值粗化时增量更新时间与非增量更新时间比较

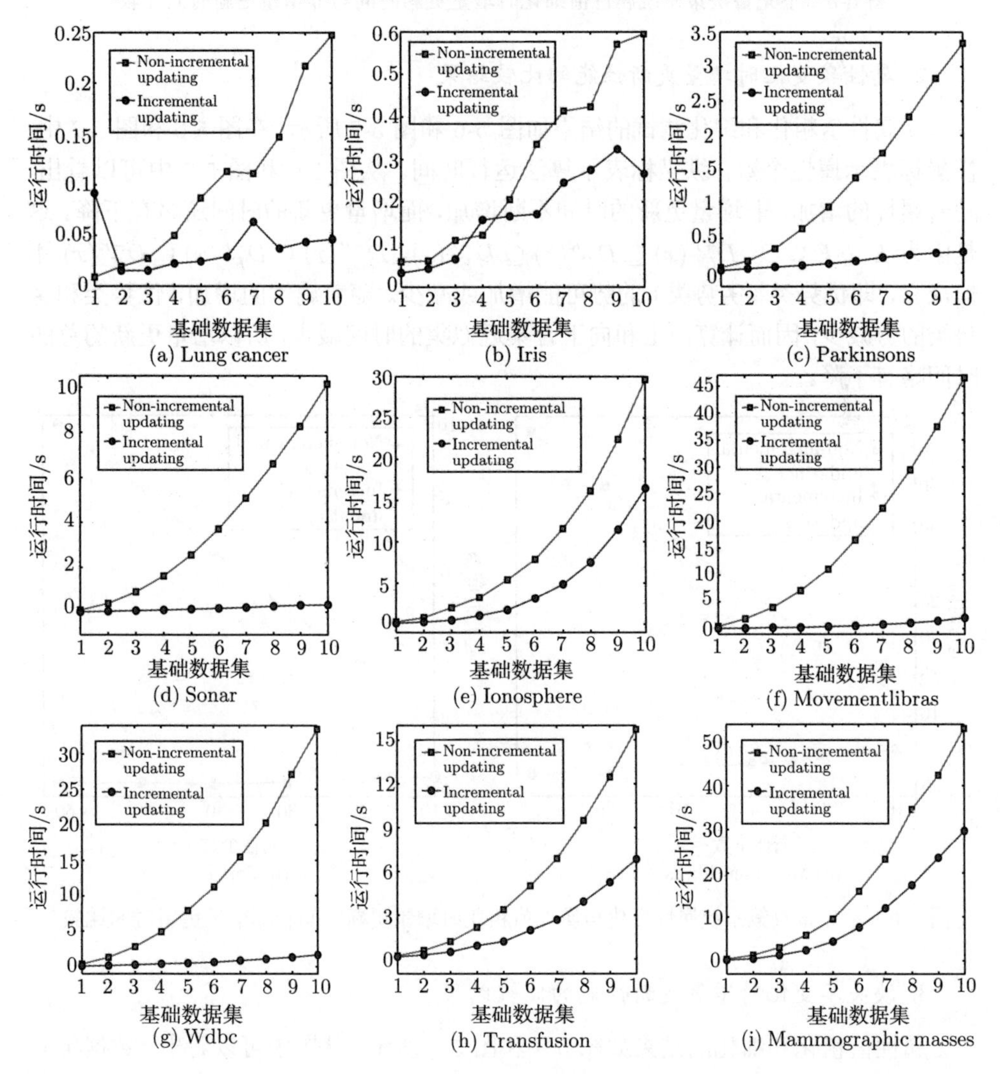

(a) Lung cancer (b) Iris (c) Parkinsons
(d) Sonar (e) Ionosphere (f) Movementlibras
(g) Wdbc (h) Transfusion (i) Mammographic masses

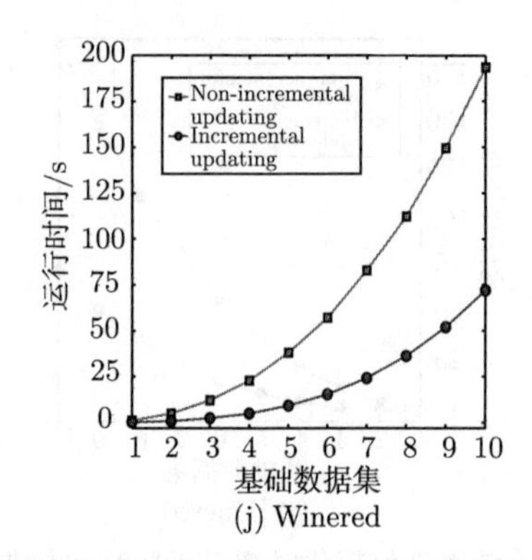

(j) Winered

图 5-5 不完备决策系统属性值细化时增量更新时间与非增量更新时间比较

2. 属性集变化时增量更新性能的比较结果

对属性值粗化和细化测试的结果如图 5-6 和图 5-7 所示。在图 5-6 和图 5-7 中，横坐标表示属性个数，纵坐标表示算法运行时间。从图 5-6 和图 5-7 中可以看出，随着属性的增加，非增量更新的时间不断增加，而增量更新的时间还略有下降。这是因为 $E \subseteq F \subseteq C$，$D_C^{+\kappa}(x) \subseteq D_F^{+\kappa}(x) \subseteq D_E^{+\kappa}(x)$，$D_C^{-\kappa}(x) \subseteq D_F^{-\kappa}(x) \subseteq D_E^{-\kappa}(x)$ 不恒成立，即优势类（劣势类）的势可能增加或减少。随着属性的增加，优势类和劣势类的势减少，因而计算向上和向下合集近似集的时间减少，所以增量更新的总的时间略有下降。

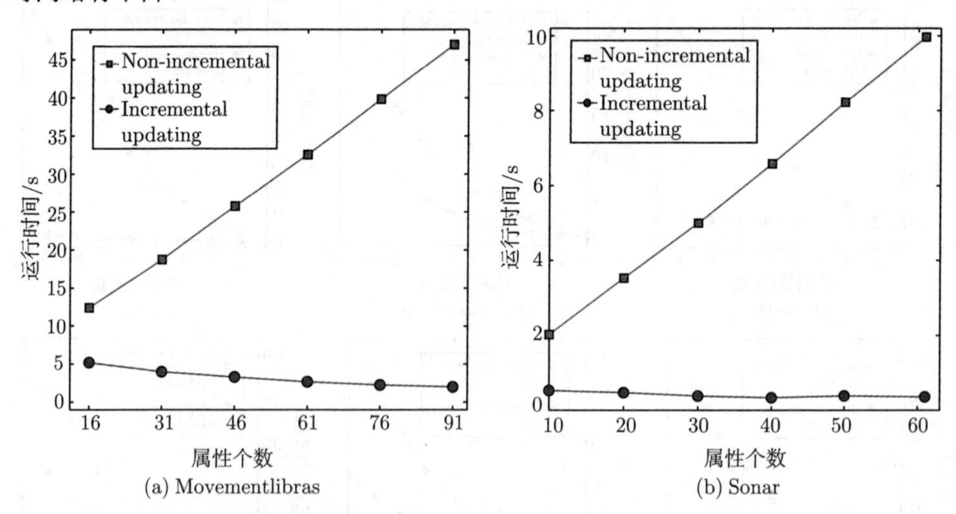

(a) Movementlibras (b) Sonar

图 5-6 不完备决策系统属性变化与属性值粗化时增量更新时间和非增量更新时间比较

3. 缺失率变化时增量更新性能的比较结果

属性值粗化和细化的结果如图 5-8 和图 5-9 所示。从图中可以看出，数据集的运行时间随着缺失率的增加，在前三个点增加、在其他点下降。由性质 2.4.1 可知，随着缺失率的增加，优势类和劣势类的势可能增加也可能减少，因此优势类和劣势类的知识粒度可能增加或减少。随着知识粒度的增加，增量更新和非增量更新的时间都会减少。图 5-10 描绘了随着缺失率的不同，知识粒度的变化。比较图 5-9 和图 5-10、图 5-9 和图 5-10，可以发现随着粒度变小，增量更新时间减少。

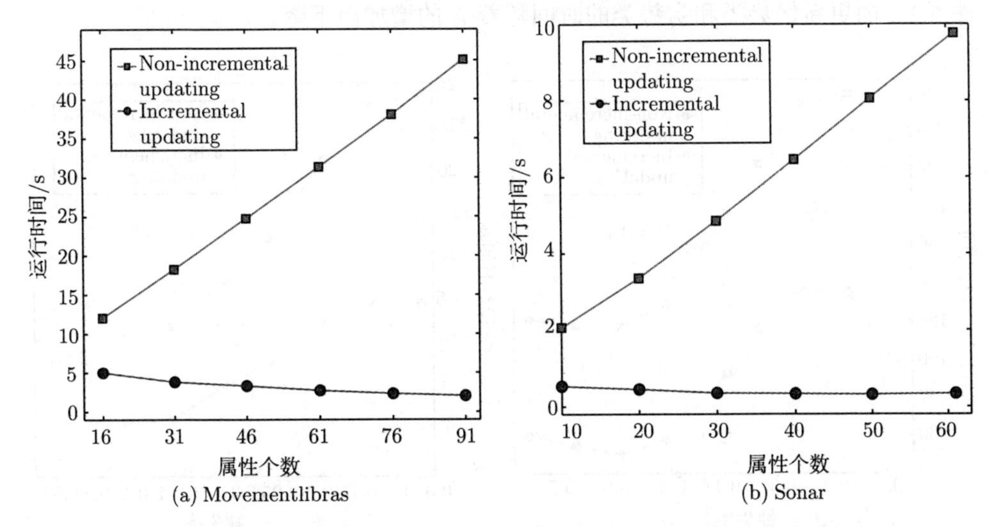

图 5-7 不完备决策系统属性变化与属性值细化时增量更新时间和非增量更新时间比较

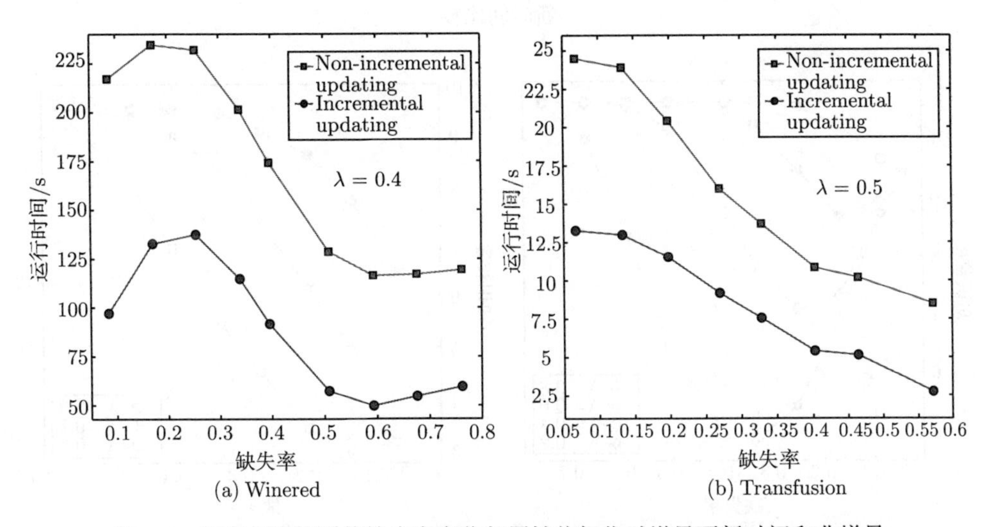

图 5-8 不完备决策系统缺失率变化与属性值粗化时增量更新时间和非增量更新时间比较

4. 优势特性关系参数变化时增量更新性能的比较结果

测试结果如图 5-11 所示。数据集 Transfusion 和 Mammographic 的属性值粗化增量更新时间明显随着优势特性关系系数 κ 值的增加而下降。在图 5-11 中，数据集 Wdbc，Movementlibras 和 Ionosphere 的属性值细化时的增量更新运算时间明显下降。从性质 2.6.1 可知，随着 κ 值的增加，知识粒度将降低，则算法 5.3.1 和算法 5.2.1 的更新优势类和劣势类的时间随着 κ 的增加而下降。

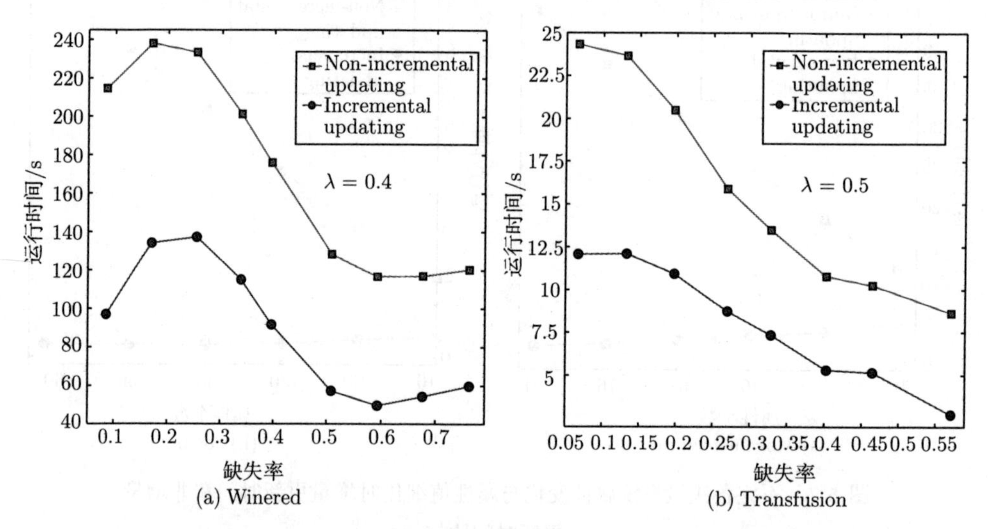

图 5-9 不完备决策系统缺失率变化与属性值细化时增量更新时间和非增量更新时间比较

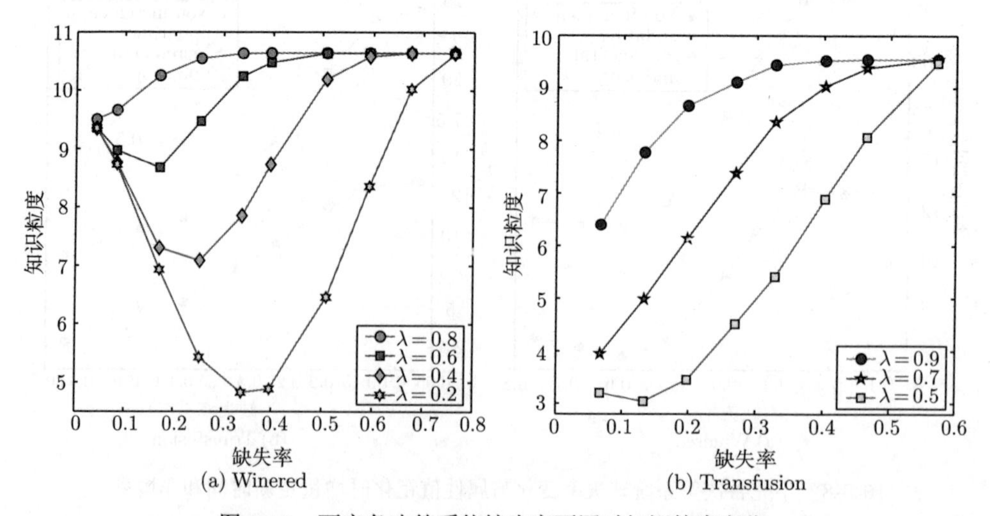

图 5-10 不完备决策系统缺失率不同时知识粒度变化

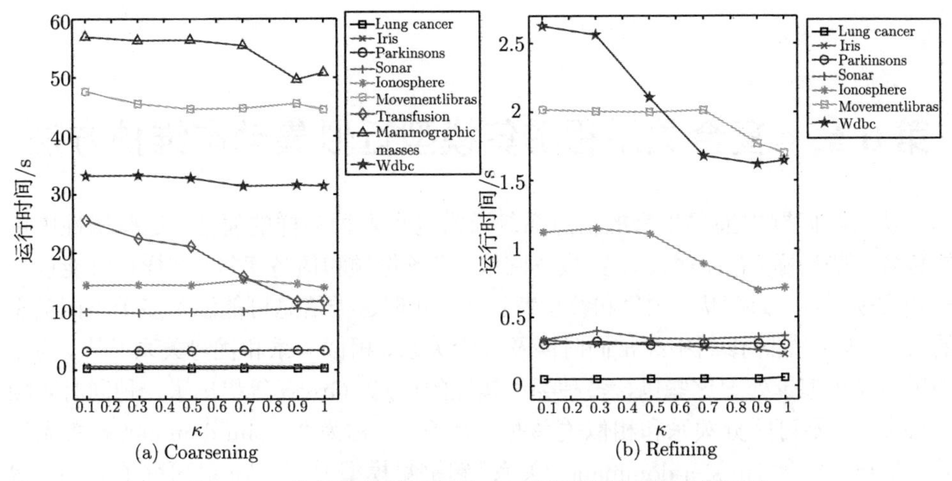

图 5-11 优势特性关系系数 κ 不同时增量更新时间比较

5.7 本章小结

考虑数据丢失的两种情况，本章首先对不完备决策系统中的优势关系粗糙集模型进行扩展，提出优势特性关系粗糙集模型和向上、向下合集的上、下近似集的定义，给出了基于优势特性关系下不完备决策系统中知识粒度和粗糙熵的定义。进一步分析优势特性关系、向上和向下合集近似集、知识粒度和粗糙熵等在不完备决策系统中的性质。考虑属性值的变化，结合优势关系反对称的特点，提出不完备决策系统中属性值粗化和细化的定义，定义多层向上、向下、粗化、细化和单层向上、向下、粗化、细化。进一步分析在不同情况下粗化和细化时，优势类和劣势类的动态性质。结合优势类和劣势类的动态性质以及向上、向下合集近似集定义，给出在各种情况下的向上、向下合集近似集更新原理。根据以上的性质和原理设计属性值粗化和细化时在优势特性关系下近似集动态更新的算法，并用实例进行分析。为了验证算法的有效性，本章最后介绍实验结果，并进行分析。对多种条件下的增量更新算法的性能进行测试，包括属性不变而对象集变化，对象集不变而属性集变化，对象集和属性集不变而数据缺失率发生变化，对象集、属性集及缺失率不变而参数 κ 发生变化等，并分析各种因素对增量更新算法的影响。验证算法的有效性。在优势特性关系下，由于它的反对称特性，当对象的属性值变化时，不仅会影响自身优势类和劣势类的变化，还会影响其他优势类和劣势类的变化，即随着属性值的变化，对象间的相互关系会发生较复杂的变化，如何进行优化处理，是提高算法效率的一个重要因素。本章采用多层和单层、向上和向下等粗化和细化的方式进行局部寻优，较好地缩小搜索的范围，提高知识发现的效率。

第6章　复合关系粗糙集模型近似集动态维护方法

从实际问题中抽象出来的信息系统通常包含多种多样的属性。这些属性中可能包含一些指标(有序属性)，如投资回报、市场份额和债务率等。同样也可能包含一些常规属性，如症状、颜色和纹理特征等。处理这类信息可能涉及多个不同类型的关系，如在故障诊断中经常同时涉及等价关系、相似关系和优势关系[124]。为了使用粗糙集理论处理这些包含多种类型属性的信息，Greco 等提出了一种同时兼顾优势关系、不可区分关系和相似关系的二元关系，称为“in-sim-dominance 关系”，并且提出了一种“in-sim-dominance 关系”粗糙集模型[125]。An 等研究了 Greco 等提出的“in-sim-dominance 关系”粗糙集模型的近似集的一些性质[126]。胡清华将 Greco 等提出的“in-sim-dominance 关系”粗糙集模型扩展为多指标多属性模糊粗糙近似模型，进一步研究了近似质量分析和有序决策约简[127]。Abu-Donia 分析粗糙集理论中涉及的二元关系族，提出了兼顾二元关系族中所有二元关系的信息粒和概念的上、下近似集[128]。Zhang 等提出一个复合关系粗糙集模型，可以同时处理多种二元关系，如等价关系、邻域关系、集值容差关系和特性关系等，并将其应用于数据挖掘中[129]。

考虑到从实际问题中抽象出来的有序决策系统通常可能包含一些指标和一些常规属性，并且系统是不完备的。首先，在本章中提出一种兼顾优势关系和容差关系的粗糙集模型。然后，进一步研究同时添加或删除多个对象时兼顾优势关系和容差关系的粗糙集模型的近似集动态更新方法。

6.1　复合关系粗糙集模型近似集动态更新

为了能够利用粗糙集理论从包含有序属性和不完备常规属性的动态信息中迅速获取知识，在本节中介绍一种 T-D 复合关系粗糙集模型近似集的增量更新方法，并且只考虑信息系统中对象集的变化。对象集的变化可以看作添加对象和删除对象两个过程。

6.1.1　添加对象时近似集动态更新

用 U^{+} 表示动态过程中添加到论域的所有对象组成的集合，则 $U^{(t+1)} = U^{(t)} \cup U^{+}$。

1. 添加对象时复合关系的更新

命题 6.1.1 如果 $U^+ \neq \varnothing$，则 $R^{(t)}{}_{P*} \subset R^{(t+1)}{}_{P*}$。

证明 根据定义 2.5.1 有

$$\begin{aligned}
D^{(t+1)}{}_{P_1} &= \{(x,y) \in U^{(t+1)} \times U^{(t+1)} | f(x,a) \geqslant f(y,a), \forall a \in P_1\} \\
T^{(t+1)}{}_{P_2} &= \{(x,y) \in U^{(t+1)} \times U^{(t+1)} | f(x,a) = f(y,a) \text{ or } f(x,a) = * \text{ or } f(y,a) \\
&= *, \forall a \in P_2\} \\
R^{(t+1)}{}_{P*} &= \{(x,y) \in U^{(t+1)} \times U^{(t+1)} | (x,y) \in D^{(t+1)}{}_{P_1} \wedge (x,y) \in T^{(t+1)}{}_{P_2}\} \\
&= R^{(t)}{}_{P*} \cup \{(x,y) \in U^+ \times U^{(t)} | (x,y) \in D^{(t+1)}{}_{P_1} \wedge (x,y) \in T^{(t+1)}{}_{P_2}\} \\
&\quad \cup \{(x,y) \in U^{(t)} \times U^+ | (x,y) \in D^{(t+1)}{}_{P_1} \wedge (x,y) \in T^{(t+1)}{}_{P_2}\} \\
&\quad \cup \{(x,y) \in U^+ \times U^+ | (x,y) \in D^{(t+1)}{}_{P_1} \wedge (x,y) \in T^{(t+1)}{}_{P_2}\}
\end{aligned}$$

令 $\Delta_1 R_{P*} = \{(x,y) \in U^+ \times U^{(t)} | (x,y) \in D^{(t+1)}{}_{P_1} \wedge (x,y) \in T^{(t+1)}{}_{P_2}\}$，$\Delta_2 R_{P*} = \{(x,y) \in U^{(t)} \times U^+ | (x,y) \in D^{(t+1)}{}_{P_1} \wedge (x,y) \in T^{(t+1)}{}_{P_2}\}$，$\Delta_3 R_{P*} = \{(x,y) \in U^+ \times U^+ | (x,y) \in D^{(t+1)}{}_{P_1} \wedge (x,y) \in T^{(t+1)}{}_{P_2}\}$。$R^{(t+1)}{}_{P*} = R^{(t)}{}_{P*} \cup \Delta_1 R_{P*} \cup \Delta_2 R_{P*} \cup \Delta_3 R_{P*}$。$\because$ $D^{(t+1)}{}_{P_1}$ 和 $T^{(t+1)}{}_{P_2}$ 具有自反性，如果 $U^+ \neq \varnothing$，则 $\varnothing \neq \{(x,x) \in U^+ \times U^+\} \subseteq \Delta_3 R_{P*}$。显然，$R^{(t)}{}_{P*} \cap \Delta_3 R_{P*} = \varnothing$。$\therefore$ 当 $U^+ \neq \varnothing$ 时，$R^{(t)}{}_{P*} \subset R^{(t+1)}{}_{P*}$ 成立。 □

2. 添加对象时知识粒的更新

命题 6.1.2 $\forall x \in U^{(t)}$，

$$R^{(t+1)}{}^+_{P*}(x) = R^{(t)}{}^+_{P*}(x) \cup \Delta_1 R^+_{P*}(x) \tag{6-1}$$

$$R^{(t+1)}{}^-_{P*}(x) = R^{(t)}{}^-_{P*}(x) \cup \Delta_1 R^-_{P*}(x) \tag{6-2}$$

式中，$\Delta_1 R^+_{P*}(x) = \{y \in U^+ | (y,x) \in \Delta_1 R_{P*}\}$；$\Delta_1 R^-_{P*}(x) = \{y \in U^+ | (x,y) \in \Delta_2 R_{P*}\}$。

证明 $\because$ $R^{(t+1)}{}^+_{P*}(x) = \{y \in U^{(t+1)} | (y,x) \in R^{(t+1)}{}_{P*}\} = \{y \in U^{(t)} | (y,x) \in R^{(t+1)}{}_{P*}\} \cup \{y \in U^+ | (y,x) \in R^{(t+1)}{}_{P*}\} = R^{(t)}{}^+_{P*}(x) \cup \{y \in U^+ | (y,x) \in \Delta_1 R_{P*}\} = R^{(t)}{}^+_{P*}(x) \cup \Delta_1 R^+_{P*}(x)$。

$\therefore R^{(t+1)}{}^+_{P*}(x) = R^{(t)}{}^+_{P*}(x) \cup \Delta_1 R^+_{P*}(x)$。

类似地，能够证明 $R^{(t+1)}{}^-_{P*}(x) = R^{(t)}{}^-_{P*}(x) \cup \Delta_1 R^-_{P*}(x)$。 □

命题 6.1.3 $\forall x \in U^+$，

$$R^{(t+1)}{}^+_{P*}(x) = \Delta_2 R^+_{P*}(x) \cup \Delta_3 R^+_{P*}(x) \tag{6-3}$$

$$R^{(t+1)}{}^{-}_{P^*}(x) = \Delta_2 R^-_{P^*}(x) \cup \Delta_3 R^-_{P^*}(x) \tag{6-4}$$

式中，$\Delta_2 R^+_{P^*}(x) = \{y \in U^{(t)} | (y,x) \in \Delta_2 R_{P^*}\}$；$\Delta_2 R^-_{P^*}(x) = \{y \in U^{(t)} | (x,y) \in \Delta_1 R_{P^*}\}$；$\Delta_3 R^+_{P^*}(x) = \{y \in U^+ | (y,x) \in \Delta_3 R_{P^*}\}$；$\Delta_3 R^-_{P^*}(x) = \{y \in U^+ | (x,y) \in \Delta_3 R_{P^*}\}$。

证明　$\because R^{(t+1)}{}^{+}_{P^*}(x) = \{y \in U^{(t+1)} | (y,x) \in R^{(t+1)}{}_{P^*}\} = \{y \in U^{(t)} | (y,x) \in R^{(t+1)}{}_{P^*}\} \cup \{y \in U^+ | (y,x) \in R^{(t+1)}{}_{P^*}\} = \{y \in U^{(t)} | (y,x) \in \Delta_2 R_{P^*}\} \cup \{y \in U^+ | (y,x) \in \Delta_3 R_{P^*}\}$。令 $\Delta_2 R^+_{P^*}(x) = \{y \in U^{(t)} | (y,x) \in \Delta_2 R_{P^*}\}$ 和 $\Delta_3 R^+_{P^*}(x) = \{y \in U^+ | (y,x) \in \Delta_3 R_{P^*}\}$，$\therefore R^{(t+1)}{}^{+}_{P^*}(x) = \Delta_2 R^+_{P^*}(x) \cup \Delta_3 R^+_{P^*}(x)$。

类似地，能够证明 $R^{(t+1)}{}^{-}_{P^*}(x) = \Delta_2 R^-_{P^*}(x) \cup \Delta_3 R^-_{P^*}(x)$。□

3. 添加对象时决策类联合的更新

命题 6.1.4　$\forall n \in T$，

$$\mathrm{Cl}^{(t+1)}{}^{\geqslant}_{n} = \mathrm{Cl}^{(t)}{}^{\geqslant}_{n} \cup \Delta\mathrm{Cl}^{\geqslant}_{n} \tag{6-5}$$

$$\mathrm{Cl}^{(t+1)}{}^{\leqslant}_{n} = \mathrm{Cl}^{(t)}{}^{\leqslant}_{n} \cup \Delta\mathrm{Cl}^{\leqslant}_{n} \tag{6-6}$$

式中，$\Delta\mathrm{Cl}^{\geqslant}_n = \{x \in U^+ | f(x,d) \geqslant d_n\}$；$\Delta\mathrm{Cl}^{\leqslant}_n = \{x \in U^+ | f(x,d) \leqslant d_n\}$。

证明　$\because \mathrm{Cl}^{(t+1)}{}^{\geqslant}_{n} = \{x \in U^{(t+1)} | f(x,d) \geqslant d_n\} = \{x \in U^{(t)} | f(x,d) \geqslant d_n\} \cup \{x \in U^+ | f(x,d) \geqslant d_n\} = \mathrm{Cl}^{(t)}{}^{\geqslant}_{n} \cup \{x \in U^+ | f(x,d) \geqslant d_n\}$，令 $\Delta\mathrm{Cl}^{\geqslant}_n = \{x \in U^+ | f(x,d) \geqslant d_n\}$，$\therefore \mathrm{Cl}^{(t+1)}{}^{\geqslant}_{n} = \mathrm{Cl}^{(t)}{}^{\geqslant}_{n} \cup \Delta\mathrm{Cl}^{\geqslant}_n$。

类似地，能够证明 $\mathrm{Cl}^{(t+1)}{}^{\leqslant}_{n} = \mathrm{Cl}^{(t)}{}^{\leqslant}_{n} \cup \Delta\mathrm{Cl}^{\leqslant}_n$。□

4. 添加对象时近似集的更新

命题 6.1.5　$\forall x \in U^{(t)}$，

(1) 假设 $x \in \underline{P^*}(\mathrm{Cl}^{(t)}{}^{\geqslant}_{n})$，如果 $\Delta_1 R^+_{P^*}(x) \subseteq \Delta\mathrm{Cl}^{\geqslant}_n$，则 $x \in \underline{P^*}(\mathrm{Cl}^{(t+1)}{}^{\geqslant}_{n})$；否则 $x \notin \underline{P^*}(\mathrm{Cl}^{(t+1)}{}^{\geqslant}_{n})$。

(2) 假设 $x \notin \underline{P^*}(\mathrm{Cl}^{(t)}{}^{\geqslant}_{n})$，则 $x \notin \underline{P^*}(\mathrm{Cl}^{(t+1)}{}^{\geqslant}_{n})$。

证明　(1) $\because x \in \underline{P^*}(\mathrm{Cl}^{(t)}{}^{\geqslant}_{n}) \Leftrightarrow R^{(t)}{}^{+}_{P^*}(x) \subseteq \mathrm{Cl}^{(t)}{}^{\geqslant}_{n}$，如果 $\Delta_1 R^+_{P^*}(x) \subseteq \Delta\mathrm{Cl}^{\geqslant}_n$，则 $R^{(t)}{}^{+}_{P^*}(x) \cup \Delta_1 R^+_{P^*}(x) \subseteq \mathrm{Cl}^{(t)}{}^{\geqslant}_{n} \cup \Delta\mathrm{Cl}^{\geqslant}_n \Rightarrow R^{(t+1)}{}^{+}_{P^*}(x) \subseteq \mathrm{Cl}^{(t+1)}{}^{\geqslant}_{n}$。$\therefore x \in \underline{P^*}(\mathrm{Cl}^{(t+1)}{}^{\geqslant}_{n})$。$\Delta_1 R^+_{P^*}(x) \nsubseteq \Delta\mathrm{Cl}^{\geqslant}_n \Rightarrow R^{(t+1)}{}^{+}_{P^*}(x) \nsubseteq \mathrm{Cl}^{(t+1)}{}^{\geqslant}_{n}$。$\therefore x \in \underline{P^*}(\mathrm{Cl}^{(t+1)}{}^{\geqslant}_{n})$。

(2) $\because x \notin \underline{P^*}(\mathrm{Cl}^{(t)}{}^{\geqslant}_{n}) \Leftrightarrow R^{(t)}{}^{+}_{P^*}(x) \nsubseteq \mathrm{Cl}^{(t)}{}^{\geqslant}_{n} \Rightarrow R^{(t+1)}{}^{+}_{P^*}(x) \nsubseteq \mathrm{Cl}^{(t+1)}{}^{\geqslant}_{n}$，$\therefore x \in \underline{P^*}(\mathrm{Cl}^{(t+1)}{}^{\geqslant}_{n})$。□

命题 6.1.6　$\forall x \in U^+$，

(1) 如果 $\Delta_2 R^+_{P^*}(x) \subseteq \mathrm{Cl}^{(t)}{}^{\geqslant}_{n}$ 且 $\Delta_3 R^+_{P^*}(x) \subseteq \Delta\mathrm{Cl}^{\geqslant}_n$，则 $x \in \underline{P^*}(\mathrm{Cl}^{(t+1)}{}^{\geqslant}_{n})$。

(2) 否则 $x \notin \underline{P^*}(\mathrm{Cl}^{(t+1)}{}^{\geqslant}_{n})$。

证明 (1) $\because \Delta_2 R^{+}_{P^*}(x) \subseteq {\rm Cl}^{(t)}{}^{\geqslant}_{n}$ 且 $\Delta_3 R^{+}_{P^*}(x) \subseteq \Delta{\rm Cl}^{\geqslant}_{n}$，$\therefore \Delta_2 R^{+}_{P^*}(x) \cup \Delta_3 R^{+}_{P^*}(x) \subseteq {\rm Cl}^{(t)}{}^{\geqslant}_{n} \cup \Delta{\rm Cl}^{\geqslant}_{n} \Leftrightarrow R^{(t+1)}{}^{+}_{P^*}(x) \subseteq {\rm Cl}^{(t+1)}{}^{\geqslant}_{n} \Leftrightarrow x \in \underline{P^*}({\rm Cl}^{(t+1)}{}^{\geqslant}_{n})$。

(2) $\because \Delta_2 R^{+}_{P^*}(x) \nsubseteq {\rm Cl}^{(t)}{}^{\geqslant}_{n}$ 或 $\Delta_3 R^{+}_{P^*}(x) \nsubseteq \Delta{\rm Cl}^{\geqslant}_{n}$，$\therefore \Delta_2 R^{+}_{P^*}(x) \cup \Delta_3 R^{+}_{P^*}(x) \nsubseteq {\rm Cl}^{(t)}{}^{\geqslant}_{n} \cup \Delta{\rm Cl}^{\geqslant}_{n} \Leftrightarrow R^{(t+1)}{}^{+}_{P^*}(x) \nsubseteq {\rm Cl}^{(t+1)}{}^{\geqslant}_{n} \Leftrightarrow x \notin \underline{P^*}({\rm Cl}^{(t+1)}{}^{\geqslant}_{n})$。 □

推论 6.1.1 $\forall n \in T$,

$$\underline{P^*}({\rm Cl}^{(t+1)}{}^{\geqslant}_{n}) = (\underline{P^*}({\rm Cl}^{(t)}{}^{\geqslant}_{n}) \cap \Delta_1 \underline{P^*}({\rm Cl}^{\geqslant}_{n})) \cup (\Delta_2 \underline{P^*}({\rm Cl}^{\geqslant}_{n}) \cap \Delta_3 \underline{P^*}({\rm Cl}^{\geqslant}_{n}))$$

式中

$$\Delta_1 \underline{P^*}({\rm Cl}^{\geqslant}_{n}) = \{x \in U^{(t)} | \Delta_1 R^{+}_{P^*}(x) \subseteq \Delta{\rm Cl}^{\geqslant}_{n}\} \tag{6-7}$$

$$\Delta_2 \underline{P^*}({\rm Cl}^{\geqslant}_{n}) = \{x \in U^{+} | \Delta_2 R^{+}_{P^*}(x) \subseteq {\rm Cl}^{(t)}{}^{\geqslant}_{n}\} \tag{6-8}$$

$$\Delta_3 \underline{P^*}({\rm Cl}^{\geqslant}_{n}) = \{x \in U^{+} | \Delta_3 R^{+}_{P^*}(x) \subseteq \Delta{\rm Cl}^{\geqslant}_{n}\} \tag{6-9}$$

证明 $\because \underline{P^*}({\rm Cl}^{(t+1)}{}^{\geqslant}_{n}) = \{x \in U^{(t+1)} | R^{(t+1)}{}^{+}_{P^*}(x) \subseteq {\rm Cl}^{(t+1)}{}^{\geqslant}_{n}\} = \{x \in U^{(t)} | R^{(t)}{}^{+}_{P^*}(x) \cup \Delta_1 R^{+}_{P^*}(x) \subseteq {\rm Cl}^{(t+1)}{}^{\geqslant}_{n}\} \cup \{x \in U^{+} | \Delta_2 R^{+}_{P^*}(x) \cup \Delta_3 R^{+}_{P^*}(x) \subseteq {\rm Cl}^{(t+1)}{}^{\geqslant}_{n}\} = \{x \in U^{(t)} | R^{(t)}{}^{+}_{P^*}(x) \subseteq {\rm Cl}^{(t)}{}^{\geqslant}_{n} \wedge \Delta_1 R^{+}_{P^*}(x) \subseteq \Delta{\rm Cl}^{\geqslant}_{n}\} \cup \{x \in U^{+} | \Delta_2 R^{+}_{P^*}(x) \subseteq {\rm Cl}^{(t)}{}^{\geqslant}_{n} \wedge \Delta_3 R^{+}_{P^*}(x) \subseteq \Delta{\rm Cl}^{\geqslant}_{n}\} = (\{x \in U^{(t)} | R^{(t)}{}^{+}_{P^*}(x) \subseteq {\rm Cl}^{(t)}{}^{\geqslant}_{n}\} \cap \{x \in U^{(t)} | \Delta_1 R^{+}_{P^*}(x) \subseteq \Delta{\rm Cl}^{\geqslant}_{n}\}) \cup (\{x \in U^{+} | \Delta_2 R^{+}_{P^*}(x) \subseteq {\rm Cl}^{(t)}{}^{\geqslant}_{n}\} \cap \{x \in U^{+} | \Delta_3 R^{+}_{P^*}(x) \subseteq \Delta{\rm Cl}^{\geqslant}_{n}\})$。

已知式 (6-7)~ 式 (6-9)。

$\therefore \underline{P^*}({\rm Cl}^{(t+1)}{}^{\geqslant}_{n}) = (\underline{P^*}({\rm Cl}^{(t)}{}^{\geqslant}_{n}) \cap \Delta_1 \underline{P^*}({\rm Cl}^{\geqslant}_{n})) \cup (\Delta_2 \underline{P^*}({\rm Cl}^{\geqslant}_{n}) \cap \Delta_3 \underline{P^*}({\rm Cl}^{\geqslant}_{n}))$。 □

命题 6.1.7 $\forall x \in U^{(t)}$,

(1) 假设 $x \notin \overline{P^*}({\rm Cl}^{(t)}{}^{\geqslant}_{n})$，如果 $\Delta_1 R^{-}_{P^*}(x) \cap \Delta{\rm Cl}^{\geqslant}_{n} \neq \varnothing$，则 $x \in \overline{P^*}({\rm Cl}^{(t+1)}{}^{\geqslant}_{n})$；否则 $x \notin \overline{P^*}({\rm Cl}^{(t+1)}{}^{\geqslant}_{n})$。

(2) 假设 $x \in \overline{P^*}({\rm Cl}^{(t)}{}^{\geqslant}_{n})$，则 $x \in \overline{P^*}({\rm Cl}^{(t+1)}{}^{\geqslant}_{n})$。

证明 (1) $\because x \notin \overline{P^*}({\rm Cl}^{(t)}{}^{\geqslant}_{n}) \Leftrightarrow R^{(t)}{}^{-}_{P^*}(x) \cap {\rm Cl}^{(t)}{}^{\geqslant}_{n} = \varnothing$，如果 $\Delta_1 R^{-}_{P^*}(x) \cap \Delta{\rm Cl}^{\geqslant}_{n} \neq \varnothing$，则 $R^{(t)}{}^{-}_{P^*}(x) \cup \Delta_1 R^{-}_{P^*}(x) \cap {\rm Cl}^{(t)}{}^{\geqslant}_{n} \cup \Delta{\rm Cl}^{\geqslant}_{n} \neq \varnothing \Rightarrow R^{(t+1)}{}^{-}_{P^*}(x) \cap {\rm Cl}^{(t+1)}{}^{\geqslant}_{n} \neq \varnothing$。$\therefore x \in \overline{P^*}({\rm Cl}^{(t+1)}{}^{\geqslant}_{n})$。如果 $\Delta_1 R^{-}_{P^*}(x) \cap \Delta{\rm Cl}^{\geqslant}_{n} = \varnothing \Rightarrow R^{(t+1)}{}^{+}_{P^*}(x) \cap {\rm Cl}^{(t+1)}{}^{\geqslant}_{n} = \varnothing$，$\therefore x \notin \overline{P^*}({\rm Cl}^{(t+1)}{}^{\geqslant}_{n})$。

(2) $\because x \in \overline{P^*}({\rm Cl}^{(t)}{}^{\geqslant}_{n}) \Leftrightarrow R^{(t)}{}^{+}_{P^*}(x) \cap {\rm Cl}^{(t)}{}^{\geqslant}_{n} \neq \varnothing \Rightarrow R^{(t+1)}{}^{+}_{P^*}(x) \cap {\rm Cl}^{(t+1)}{}^{\geqslant}_{n} \neq \varnothing$，$\therefore x \in \overline{P^*}({\rm Cl}^{(t+1)}{}^{\geqslant}_{n})$。 □

命题 6.1.8 $\forall x \in U^{+}$,

(1) 如果 $\Delta_2 R^{-}_{P^*}(x) \cap {\rm Cl}^{(t)}{}^{\geqslant}_{n} \neq \varnothing$ 或 $\Delta_3 R^{-}_{P^*}(x) \cap \Delta{\rm Cl}^{\geqslant}_{n} \neq \varnothing$，则 $x \in \overline{P^*}({\rm Cl}^{(t+1)}{}^{\geqslant}_{n})$。

(2) 否则 $x \notin \overline{P^*}({\rm Cl}^{(t+1)}{}^{\geqslant}_{n})$。

证明 (1) $\because \Delta_2 R^{-}_{P^*}(x) \cap {\rm Cl}^{(t)}{}^{\geqslant}_{n} \neq \varnothing$ 或 $\Delta_3 R^{-}_{P^*}(x) \cap \Delta{\rm Cl}^{\geqslant}_{n} \neq \varnothing$，$\therefore (\Delta_2 R^{-}_{P^*}(x) \cup \Delta_3 R^{-}_{P^*}(x)) \cap ({\rm Cl}^{(t)}{}^{\geqslant}_{n} \cup \Delta{\rm Cl}^{\geqslant}_{n}) \neq \varnothing \Leftrightarrow R^{(t+1)}{}^{-}_{P^*}(x) \cap {\rm Cl}^{(t+1)}{}^{\geqslant}_{n} \neq \varnothing \Leftrightarrow x \in \overline{P^*}({\rm Cl}^{(t+1)}{}^{\geqslant}_{n})$。

(2) $\because \Delta_2 R^-_{P*}(x) \cap {\rm Cl^{(t)}}^{\geqslant}_n = \varnothing$ 且 $\Delta_3 R^-_{P*}(x) \cap \Delta{\rm Cl}^{\geqslant}_n = \varnothing$，$\therefore (\Delta_2 R^-_{P*}(x) \cup \Delta_3 R^-_{P*}(x)) \cap ({\rm Cl^{(t)}}^{\geqslant}_n \cup \Delta{\rm Cl}^{\geqslant}_n) = \varnothing \Leftrightarrow {R^{(t+1)}}^-_{P*}(x) \cap {\rm Cl^{(t+1)}}^{\geqslant}_n = \varnothing \Leftrightarrow x \notin \overline{P^*}({\rm Cl^{(t+1)}}^{\geqslant}_n)$。 □

推论 6.1.2 $\forall n \in T$,

$$\overline{P^*}({\rm Cl^{(t+1)}}^{\geqslant}_n) = \overline{P^*}({\rm Cl^{(t)}}^{\geqslant}_n) \cup \Delta_1 \overline{P^*}({\rm Cl}^{\geqslant}_n) \cup \Delta_2 \overline{P^*}({\rm Cl}^{\geqslant}_n) \cup \Delta_3 \overline{P^*}({\rm Cl}^{\geqslant}_n)$$

式中

$$\Delta_1 \overline{P^*}({\rm Cl}^{\geqslant}_n) = \{x \in U^{(t)} | \Delta_1 R^-_{P*}(x) \cap \Delta{\rm Cl}^{\geqslant}_n \neq \varnothing\} \tag{6-10}$$

$$\Delta_2 \overline{P^*}({\rm Cl}^{\geqslant}_n) = \{x \in U^+ | \Delta_2 R^-_{P*}(x) \cap {\rm Cl^{(t)}}^{\geqslant}_n \neq \varnothing\} \tag{6-11}$$

$$\Delta_3 \overline{P^*}({\rm Cl}^{\geqslant}_n) = \{x \in U^+ | \Delta_3 R^-_{P*}(x) \cap \Delta{\rm Cl}^{\geqslant}_n \neq \varnothing\} \tag{6-12}$$

证明 $\because \overline{P^*}({\rm Cl^{(t+1)}}^{\geqslant}_n) = \{x \in U^{(t+1)} | {R^{(t+1)}}^-_{P*}(x) \cap {\rm Cl^{(t+1)}}^{\geqslant}_n \neq \varnothing\} = \{x \in U^{(t)} | ({R^{(t)}}^-_{P*}(x) \cup \Delta_1 R^-_{P*}(x)) \cap {\rm Cl^{(t+1)}}^{\geqslant}_n \neq \varnothing\} \cup \{x \in U^+ | (\Delta_2 R^-_{P*}(x) \cup \Delta_3 R^-_{P*}(x)) \cap {\rm Cl^{(t+1)}}^{\geqslant}_n \neq \varnothing\} = \{x \in U^{(t)} | ({R^{(t)}}^-_{P*}(x) \cup \Delta_1 R^-_{P*}(x)) \cap ({\rm Cl^{(t)}}^{\geqslant}_n \cup \Delta{\rm Cl}^{\geqslant}_n) \neq \varnothing\} \cup \{x \in U^+ | (\Delta_2 R^-_{P*}(x) \cup \Delta_3 R^-_{P*}(x)) \cap ({\rm Cl^{(t)}}^{\geqslant}_n \cup \Delta{\rm Cl}^{\geqslant}_n) \neq \varnothing\} = \{x \in U^{(t)} | ({R^{(t)}}^-_{P*}(x) \cap {\rm Cl^{(t)}}^{\geqslant}_n) \cup (\Delta_1 R^-_{P*}(x) \cap \Delta{\rm Cl}^{\geqslant}_n) \neq \varnothing\} \cup \{x \in U^+ | (\Delta_2 R^-_{P*}(x) \cap {\rm Cl^{(t)}}^{\geqslant}_n) \cup (\Delta_3 R^-_{P*}(x) \cap \Delta{\rm Cl}^{\geqslant}_n) \neq \varnothing\} = \{x \in U^{(t)} | {R^{(t)}}^-_{P*}(x) \cap {\rm Cl^{(t)}}^{\geqslant}_n \neq \varnothing\} \cup \{x \in U | \Delta_1 R^-_{P*}(x) \cap \Delta{\rm Cl}^{\geqslant}_n \neq \varnothing\} \cup \{x \in U^+ | \Delta_2 R^-_{P*}(x) \cap {\rm Cl^{(t)}}^{\geqslant}_n \neq \varnothing\} \cup \{x \in U^+ | \Delta_3 R^-_{P*}(x) \cap \Delta{\rm Cl}^{\geqslant}_n \neq \varnothing\}$。

已知式 (6-10)~式 (6-12)。

$\therefore \overline{P^*}({\rm Cl^{(t+1)}}^{\geqslant}_n) = \overline{P^*}({\rm Cl^{(t)}}^{\geqslant}_n) \cup \Delta_1 \overline{P^*}({\rm Cl}^{\geqslant}_n) \cup \Delta_2 \overline{P^*}({\rm Cl}^{\geqslant}_n) \cup \Delta_3 \overline{P^*}({\rm Cl}^{\geqslant}_n)$。 □

命题 6.1.9 $\forall x \in U^{(t)}$,

(1) 假设 $x \in \underline{P^*}({\rm Cl^{(t)}}^{\leqslant}_n)$，如果 $\Delta_1 R^-_{P*}(x) \subseteq \Delta{\rm Cl}^{\leqslant}_n$，则 $x \in \underline{P^*}({\rm Cl^{(t+1)}}^{\leqslant}_n)$；否则 $x \notin \underline{P^*}({\rm Cl^{(t+1)}}^{\leqslant}_n)$。

(2) 假设 $x \notin \underline{P^*}({\rm Cl^{(t)}}^{\leqslant}_n)$，则 $x \notin \underline{P^*}({\rm Cl^{(t+1)}}^{\leqslant}_n)$。

证明 证明过程与命题 6.1.5 的证明过程类似。 □

命题 6.1.10 $\forall x \in U^+$,

(1) 如果 $\Delta_2 R^-_{P*}(x) \subseteq {\rm Cl^{(t)}}^{\leqslant}_n$ 且 $\Delta_3 R^-_{P*}(x) \subseteq \Delta{\rm Cl}^{\leqslant}_n$，则 $x \in \underline{P^*}({\rm Cl^{(t+1)}}^{\leqslant}_n)$。

(2) 否则 $x \notin \underline{P^*}({\rm Cl^{(t+1)}}^{\leqslant}_n)$。

证明 证明过程与命题 6.1.6 的证明过程类似。 □

推论 6.1.3 $\forall n \in T$,

$$\underline{P^*}({\rm Cl^{(t+1)}}^{\leqslant}_n) = (\underline{P^*}({\rm Cl^{(t)}}^{\leqslant}_n) \cap \Delta_1 \underline{P^*}({\rm Cl}^{\leqslant}_n)) \cup (\Delta_2 \underline{P^*}({\rm Cl}^{\leqslant}_n) \cap \Delta_3 \underline{P^*}({\rm Cl}^{\leqslant}_n))$$

式中

$$\Delta_1 \underline{P^*}({\rm Cl}^{\leqslant}_n) = \{x \in U^{(t)} | \Delta_1 R^-_{P*}(x) \subseteq \Delta{\rm Cl}^{\leqslant}_n\} \tag{6-13}$$

$$\Delta_2\underline{P^*}(\mathrm{Cl}_n^{\leqslant})=\{x\in U^+|\Delta_2R_{P^*}^-(x)\subseteq {\mathrm{Cl}^{(t)}}_n^{\leqslant}\} \tag{6-14}$$

$$\Delta_3\underline{P^*}(\mathrm{Cl}_n^{\leqslant})=\{x\in U^+|\Delta_3R_{P^*}^-(x)\subseteq \Delta\mathrm{Cl}_n^{\leqslant}\} \tag{6-15}$$

证明 证明过程与推论 6.1.1 的证明过程类似。□

命题 6.1.11 $\forall x\in U^{(t)}$,

(1) 假设 $x\notin\overline{P^*}({\mathrm{Cl}^{(t)}}_n^{\leqslant})$，如果 $\Delta_1R_{P^*}^+(x)\cap\Delta\mathrm{Cl}_n^{\leqslant}\neq\varnothing$，则 $x\in\overline{P^*}({\mathrm{Cl}^{(t+1)}}_n^{\leqslant})$；否则 $x\notin\underline{P^*}({\mathrm{Cl}^{(t+1)}}_n^{\leqslant})$。

(2) 假设 $x\in\overline{P^*}({\mathrm{Cl}^{(t)}}_n^{\leqslant})$，则 $x\in\overline{P^*}({\mathrm{Cl}^{(t+1)}}_n^{\leqslant})$。

证明 证明过程与命题 6.1.7 的证明过程类似。□

命题 6.1.12 $\forall x\in U^+$,

(1) 如果 $\Delta_2R_{P^*}^+(x)\cap{\mathrm{Cl}^{(t)}}_n^{\leqslant}\neq\varnothing$ 或 $\Delta_3R_{P^*}^+(x)\cap\Delta\mathrm{Cl}_n^{\leqslant}\neq\varnothing$，则 $x\in\overline{P^*}({\mathrm{Cl}^{(t+1)}}_n^{\leqslant})$。

(2) 否则 $x\notin\overline{P^*}({\mathrm{Cl}^{(t+1)}}_n^{\leqslant})$。

证明 证明过程与命题 6.1.8 的证明过程类似。□

推论 6.1.4 $\forall n\in T$,

$$\overline{P^*}({\mathrm{Cl}^{(t+1)}}_n^{\leqslant})=\overline{P^*}({\mathrm{Cl}^{(t)}}_n^{\leqslant})\cup\Delta_1\overline{P^*}(\mathrm{Cl}_n^{\leqslant})\cup\Delta_2\overline{P^*}(\mathrm{Cl}_n^{\leqslant})\cup\Delta_3\overline{P^*}(\mathrm{Cl}_n^{\leqslant})$$

式中

$$\Delta_1\overline{P^*}(\mathrm{Cl}_n^{\leqslant})=\{x\in U^{(t)}|\Delta_1R_{P^*}^-(x)\cap\Delta\mathrm{Cl}_n^{\leqslant}\neq\varnothing\} \tag{6-16}$$

$$\Delta_2\overline{P^*}(\mathrm{Cl}_n^{\leqslant})=\{x\in U^+|\Delta_2R_{P^*}^-(x)\cap{\mathrm{Cl}^{(t)}}_n^{\leqslant}\neq\varnothing\} \tag{6-17}$$

$$\Delta_3\overline{P^*}(\mathrm{Cl}_n^{\leqslant})=\{x\in U^+|\Delta_3R_{P^*}^-(x)\cap\Delta\mathrm{Cl}_n^{\leqslant}\neq\varnothing\} \tag{6-18}$$

证明 证明过程与推论 6.1.2 的证明过程类似。□

6.1.2 删除对象时近似集动态更新

U^- 表示包含动态过程中从论域删除的所有对象的集合，即 $U^{(t+1)}=U^{(t)}-U^-$。对于 $x'\in U^{(t+1)}$，$y\in U^-$，如果 $x'\in {R^{(t)}}_{P^*}^-(y)$，那么 $y\in {R^{(t)}}_{P^*}^+(x')$ 且 $y\notin {R^{(t+1)}}_{P^*}^+(x')$，用 Δ^+U 表示包含动态过程中 P^*-容差-优势集变小的对象的集合，$\Delta^+U=\{x\in U^{(t+1)}|x\in {R^{(t)}}_{P^*}^-(y),y\in U^-\}$，则 $x'\in\Delta^+U$；类似地，如果 $x'\in {R^{(t)}}_{P^*}^+(y)$，那么 $y\in {R^{(t)}}_{P^*}^-(x')$ 且 $y\notin {R^{(t+1)}}_{P^*}^-(x')$，集合 Δ^-U 包含动态过程中 P^*-容差-劣势集变小的对象，$\Delta^-U=\{x\in U^{(t+1)}|x\in {R^{(t)}}_{P^*}^+(y),y\in U^-\}$，则 $x'\in\Delta^-U$。

当然，Δ^+U 和 Δ^-U 也可以表示为

$$\Delta^+U=\bigcup_{x\in U^-}{R^{(t)}}_{P^*}^-(x)-U^- \tag{6-19}$$

$$\Delta^-U=\bigcup_{x\in U^-}{R^{(t)}}_{P^*}^+(x)-U^- \tag{6-20}$$

1. 删除对象时知识粒的更新

命题 6.1.13　$\forall x \in U^{(t+1)}$,

(1) 如果 $x \in \Delta^+ U$, 则

$$R^{(t+1)}{}^{+}_{P^*}(x) = R^{(t)}{}^{+}_{P^*}(x) - \Delta R^{+}_{P^*}(x) \tag{6-21}$$

式中, $\Delta R^{+}_{P^*}(x) = \{y \in U^- | y \in R^{(t)}{}^{+}_{P^*}(x)\}$。

(2) 否则 $R^{(t+1)}{}^{+}_{P^*}(x) = R^{(t)}{}^{+}_{P^*}(x)$。

证明　$\because R^{(t+1)}{}^{+}_{P^*}(x) = \{y \in U^{(t+1)} | (y,x) \in R^{(t+1)}{}_{P^*}\} = \{y \in U^{(t)} | (y,x) \in R^{(t)}{}_{P^*}\} - \{y \in U^- | (y,x) \in R^{(t)}{}_{P^*}\}$。令 $\Delta R^{+}_{P^*}(x) = \{y \in U^- | y \in R^{(t)}{}^{+}_{P^*}(x)\} = \{y \in U^- | (y,x) \in R^{(t)}{}_{P^*}\}$。

(1) $\because x \in \Delta^+ U \Rightarrow \Delta R^{+}_{P^*}(x) \neq \varnothing$, $\therefore R^{(t+1)}{}^{+}_{P^*}(x) = R^{(t)}{}^{+}_{P^*}(x) - \Delta R^{+}_{P^*}(x)$。

(2) $\because x \notin \Delta^+ U \Rightarrow \Delta R^{+}_{P^*}(x) = \varnothing$, $\therefore R^{(t+1)}{}^{+}_{P^*}(x) = R^{(t)}{}^{+}_{P^*}(x)$。 □

命题 6.1.14　$\forall x \in U^{(t+1)}$,

(1) 如果 $x \in \Delta^- U$, 则

$$R^{(t+1)}{}^{-}_{P^*}(x) = R^{(t)}{}^{-}_{P^*}(x) - \Delta R^{-}_{P^*}(x) \tag{6-22}$$

式中, $\Delta R^{-}_{P^*}(x) = \{y \in U^- | y \in R^{(t)}{}^{-}_{P^*}(x)\}$。

(2) 否则 $R^{(t+1)}{}^{-}_{P^*}(x) = R^{(t)}{}^{-}_{P^*}(x)$。

证明　证明过程与命题 6.1.13 的证明过程类似。 □

2. 删除对象时决策类联合的更新

命题 6.1.15　$\forall n \in T$,

$$\mathrm{Cl}^{(t+1)}{}^{\geqslant}_{n} = \mathrm{Cl}^{(t)}{}^{\geqslant}_{n} - \Delta \mathrm{Cl}^{\geqslant}_{n} \tag{6-23}$$

$$\mathrm{Cl}^{(t+1)}{}^{\leqslant}_{n} = \mathrm{Cl}^{(t)}{}^{\leqslant}_{n} - \Delta \mathrm{Cl}^{\leqslant}_{n} \tag{6-24}$$

式中, $\Delta \mathrm{Cl}^{\geqslant}_{n} = \{x \in U^- | f(x,d) \geqslant d_n\}$; $\Delta \mathrm{Cl}^{\leqslant}_{n} = \{x \in U^- | f(x,d) \leqslant d_n\}$。

证明　证明过程与命题 6.1.4 的证明过程类似。 □

3. 删除对象时近似集的更新

命题 6.1.16　$\forall x \in U^{(t+1)}$,

(1) 假设 $x \in \underline{P}^*(\mathrm{Cl}^{(t)}{}^{\geqslant}_{n})$, 则 $x \in \underline{P}^*(\mathrm{Cl}^{(t+1)}{}^{\geqslant}_{n})$。

(2) 假设 $x \notin \underline{P}^*(\mathrm{Cl}^{(t)}{}^{\geqslant}_{n})$, 如果 $R^{(t+1)}{}^{+}_{P^*}(x) \subseteq \mathrm{Cl}^{(t+1)}{}^{\geqslant}_{n}$, 则 $x \notin \underline{P}^*(\mathrm{Cl}^{(t+1)}{}^{\geqslant}_{n})$; 否则 $x \notin \underline{P}^*(\mathrm{Cl}^{(t+1)}{}^{\geqslant}_{n})$。

证明 (1) $\because x \in \underline{P}^*({\mathrm{Cl}^{(t)}}_n^{\geqslant}) \Leftrightarrow {D^{(t)}}_P^+(x) \subseteq {\mathrm{Cl}^{(t)}}_n^{\geqslant} \Rightarrow {D^{(t+1)}}_P^+(x) \subseteq {\mathrm{Cl}^{(t+1)}}_n^{\geqslant}$，$\therefore x \in \underline{P}^*({\mathrm{Cl}^{(t+1)}}_n^{\geqslant})$。

(2) $\because x \notin \underline{P}^*({\mathrm{Cl}^{(t)}}_n^{\geqslant}) \Leftrightarrow {D^{(t)}}_P^+(x) \nsubseteq {\mathrm{Cl}^{(t)}}_n^{\geqslant}$。令 $Y = {D^{(t)}}_P^+(x) - {\mathrm{Cl}^{(t)}}_n^{\geqslant}$。如果 $Y \subseteq \Delta D_P^+(x) \Rightarrow {D^{(t+1)}}_P^+(x) \subseteq {\mathrm{Cl}^{(t+1)}}_n^{\geqslant}$，$\therefore x \in \underline{P}^*({\mathrm{Cl}^{(t+1)}}_n^{\geqslant})$。如果 $Y \nsubseteq \Delta D_P^+(x) \Rightarrow {D^{(t+1)}}_P^+(x) \nsubseteq {\mathrm{Cl}^{(t+1)}}_n^{\geqslant}$，$\therefore x \notin \underline{P}^*({\mathrm{Cl}^{(t+1)}}_n^{\geqslant})$。 □

推论 6.1.5 $\forall n \in T$,

$$\underline{P}^*({\mathrm{Cl}^{(t+1)}}_n^{\geqslant}) = \underline{P}^*({\mathrm{Cl}^{(t)}}_n^{\geqslant}) \cup \Delta\underline{P}^*(\mathrm{Cl}_n^{\geqslant}) - \Delta\mathrm{Cl}_n^{\geqslant}$$

式中，$\Delta\underline{P}^*(\mathrm{Cl}_n^{\geqslant}) = \{x \in \Delta^+U | {R^{(t+1)}}_{P^*}^+(x) \subseteq {\mathrm{Cl}^{(t+1)}}_n^{\geqslant}\}$。

证明 $\because \underline{P}^*({\mathrm{Cl}^{(t+1)}}_n^{\geqslant}) = \{x \in U^{(t+1)} | {R^{(t+1)}}_{P^*}^+(x) \subseteq {\mathrm{Cl}^{(t+1)}}_n^{\geqslant}\} = \{x \in U^{(t+1)} | {R^{(t)}}_{P^*}^+(x) \subseteq {\mathrm{Cl}^{(t)}}_n^{\geqslant}\} \cup \{x \in U^{(t+1)} | {R^{(t)}}_{P^*}^+(x) \nsubseteq {\mathrm{Cl}^{(t)}}_n^{\geqslant} \wedge {R^{(t+1)}}_{P^*}^+(x) \subseteq {\mathrm{Cl}^{(t+1)}}_n^{\geqslant}\} = (\{x \in U^{(t)} | {R^{(t)}}_{P^*}^+(x) \subseteq {\mathrm{Cl}^{(t)}}_n^{\geqslant}\} - \{x \in U^- | {R^{(t)}}_{P^*}^+(x) \subseteq {\mathrm{Cl}^{(t)}}_n^{\geqslant}\}) \cup \{x \in \Delta^+U | {R^{(t+1)}}_{P^*}^+(x) \subseteq {\mathrm{Cl}^{(t+1)}}_n^{\geqslant}\} = \underline{P}^*({\mathrm{Cl}^{(t)}}_n^{\geqslant}) \cup \{x \in \Delta^+U | {R^{(t+1)}}_{P^*}^+(x) \subseteq {\mathrm{Cl}^{(t+1)}}_n^{\geqslant}\} - \Delta\mathrm{Cl}_n^{\geqslant}$。

已知 $\Delta\underline{P}^*(\mathrm{Cl}_n^{\geqslant}) = \{x \in \Delta^+U | {R^{(t+1)}}_{P^*}^+(x) \subseteq {\mathrm{Cl}^{(t+1)}}_n^{\geqslant}\}$。

$\therefore \underline{P}^*({\mathrm{Cl}^{(t+1)}}_n^{\geqslant}) = \underline{P}^*({\mathrm{Cl}^{(t)}}_n^{\geqslant}) \cup \Delta\underline{P}^*(\mathrm{Cl}_n^{\geqslant}) - \Delta\mathrm{Cl}_n^{\geqslant}$ 成立。 □

命题 6.1.17 $\forall x \in U^{(t+1)}$,

(1) 假设 $x \in \underline{P}^*({\mathrm{Cl}^{(t)}}_n^{\leqslant})$，则 $x \in \underline{P}^*({\mathrm{Cl}^{(t+1)}}_n^{\leqslant})$。

(2) 假设 $x \notin \underline{P}^*({\mathrm{Cl}^{(t)}}_n^{\leqslant})$，如果 ${R^{(t+1)}}_{P^*}^-(x) \subseteq {\mathrm{Cl}^{(t+1)}}_n^{\leqslant}$，则 $x \notin \underline{P}^*({\mathrm{Cl}^{(t+1)}}_n^{\leqslant})$；否则 $x \notin \underline{P}^*({\mathrm{Cl}^{(t+1)}}_n^{\leqslant})$。

推论 6.1.6 $\forall n \in T$,

$$\underline{P}^*({\mathrm{Cl}^{(t+1)}}_n^{\leqslant}) = \underline{P}^*({\mathrm{Cl}^{(t)}}_n^{\leqslant}) \cup \Delta\underline{P}^*(\mathrm{Cl}_n^{\leqslant}) - \Delta\mathrm{Cl}_n^{\leqslant}$$

式中，$\Delta\underline{P}^*(\mathrm{Cl}_n^{\leqslant}) = \{x \in \Delta^-U | {R^{(t+1)}}_{P^*}^-(x) \subseteq {\mathrm{Cl}^{(t+1)}}_n^{\leqslant}\}$。

命题 6.1.18 $\forall x \in U^{(t+1)}$,

(1) 假设 $x \notin \overline{P}^*({\mathrm{Cl}^{(t)}}_n^{\geqslant})$，则 $x \notin \overline{P}^*({\mathrm{Cl}^{(t+1)}}_n^{\geqslant})$。

(2) 假设 $x \in \overline{P}^*({\mathrm{Cl}^{(t)}}_n^{\geqslant})$，如果 ${R^{(t+1)}}_{P^*}^-(x) \cap {\mathrm{Cl}^{(t+1)}}_n^{\geqslant} = \varnothing$，则 $x \notin \overline{P}^*({\mathrm{Cl}^{(t+1)}}_n^{\geqslant})$；否则 $x \in \overline{P}^*({\mathrm{Cl}^{(t+1)}}_n^{\geqslant})$。

证明 (1) $\because x \notin \overline{P}^*({\mathrm{Cl}^{(t)}}_n^{\geqslant}) \Leftrightarrow {D^{(t)}}_P^-(x) \cap {\mathrm{Cl}^{(t)}}_n^{\geqslant} = \varnothing \Rightarrow {D^{(t+1)}}_P^-(x) \cap {\mathrm{Cl}^{(t+1)}}_n^{\geqslant} = \varnothing$，$\therefore x \notin \overline{P}^*({\mathrm{Cl}^{(t+1)}}_n^{\geqslant})$。

(2) $\because x \in \overline{P}^*({\mathrm{Cl}^{(t)}}_n^{\geqslant}) \Leftrightarrow {D^{(t)}}_P^-(x) \cap {\mathrm{Cl}^{(t)}}_n^{\geqslant} \neq \varnothing$，令 $Y = {D^{(t)}}_P^-(x) \cap {\mathrm{Cl}^{(t)}}_n^{\geqslant}$。如果 $Y \subseteq \Delta D_P^-(x) \Rightarrow {D^{(t+1)}}_P^-(x) \cap {\mathrm{Cl}^{(t+1)}}_n^{\geqslant} = \varnothing$，$\therefore x \notin \overline{P}^*({\mathrm{Cl}^{(t+1)}}_n^{\geqslant})$。如果 $Y \nsubseteq \Delta D_P^-(x) \Rightarrow {D^{(t+1)}}_P^-(x) \cap {\mathrm{Cl}^{(t+1)}}_n^{\geqslant} \neq \varnothing$，$\therefore x \in \overline{P}^*({\mathrm{Cl}^{(t+1)}}_n^{\geqslant})$。 □

推论 6.1.7 $\forall n \in T$,

$$\overline{P}^*({\mathrm{Cl}^{(t+1)}}_n^{\geqslant}) = \overline{P}^*({\mathrm{Cl}^{(t)}}_n^{\geqslant}) - (U^- \cup \Delta\overline{P}^*(\mathrm{Cl}_n^{\geqslant}))$$

式中，$\Delta\overline{P}^*(\mathrm{Cl}_n^{\geqslant}) = \{x \in \Delta^- U | R^{(t+1)}{}_{P^*}^{-}(x) \cap \mathrm{Cl}^{(t+1)}{}_n^{\geqslant} = \varnothing\}$。

证明 $\because \overline{P}^*(\mathrm{Cl}^{(t+1)}{}_n^{\geqslant}) = \{x \in U^{(t+1)} | R^{(t+1)}{}_{P^*}^{-}(x) \cap \mathrm{Cl}^{(t+1)}{}_n^{\geqslant} \neq \varnothing\} = \{x \in U^{(t+1)} | R^{(t)}{}_{P^*}^{-}(x) \cap \mathrm{Cl}^{(t)}{}_n^{\geqslant} \neq \varnothing\} - \{x \in U^{(t+1)} | R^{(t+1)}{}_{P^*}^{-}(x) \cap \mathrm{Cl}^{(t+1)}{}_n^{\geqslant} = \varnothing\} = \overline{P}^*(\mathrm{Cl}^{(t)}{}_n^{\geqslant}) - (\{x \in U^- | R^{(t)}{}_{P^*}^{-}(x) \cap \mathrm{Cl}^{(t)}{}_n^{\geqslant} \neq \varnothing\} \cup \{x \in U^{(t+1)} | R^{(t+1)}{}_{P^*}^{-}(x) \cap \mathrm{Cl}^{(t+1)}{}_n^{\geqslant} = \varnothing\}) = \overline{P}^*(\mathrm{Cl}^{(t)}{}_n^{\geqslant}) - (U^- \cup \{x \in U^{(t+1)} | R^{(t+1)}{}_{P^*}^{-}(x) \cap \mathrm{Cl}^{(t+1)}{}_n^{\geqslant} = \varnothing\})$。

已知 $\Delta\overline{P}^*(\mathrm{Cl}_n^{\geqslant}) = \{x \in \Delta^- U | R^{(t+1)}{}_{P^*}^{-}(x) \cap \mathrm{Cl}^{(t+1)}{}_n^{\geqslant} = \varnothing\}$。

$\therefore \overline{P}^*(\mathrm{Cl}^{(t+1)}{}_n^{\geqslant}) = \overline{P}^*(\mathrm{Cl}^{(t)}{}_n^{\geqslant}) - (U^- \cup \Delta\overline{P}^*(\mathrm{Cl}_n^{\geqslant}))$ 成立。 □

命题 6.1.19 $\forall x \in U^{(t+1)}$,

(1) 假设 $x \notin \overline{P}^*(\mathrm{Cl}^{(t)}{}_n^{\leqslant})$，则 $x \notin \overline{P}^*(\mathrm{Cl}^{(t+1)}{}_n^{\leqslant})$。

(2) 假设 $x \in \overline{P}^*(\mathrm{Cl}^{(t)}{}_n^{\leqslant})$，如果 $R^{(t+1)}{}_{P^*}^{+}(x) \cap \mathrm{Cl}^{(t+1)}{}_n^{\leqslant} = \varnothing$，则 $x \notin \overline{P}^*(\mathrm{Cl}^{(t+1)}{}_n^{\leqslant})$；否则 $x \in \overline{P}^*(\mathrm{Cl}^{(t+1)}{}_n^{\leqslant})$。

推论 6.1.8 $\forall n \in T$,

$$\overline{P}^*(\mathrm{Cl}^{(t+1)}{}_n^{\leqslant}) = \overline{P}^*(\mathrm{Cl}^{(t)}{}_n^{\leqslant}) - (U^- \cup \Delta\overline{P}^*(\mathrm{Cl}_n^{\leqslant}))$$

式中，$\Delta\overline{P}^*(\mathrm{Cl}_n^{\leqslant}) = \{x \in \Delta^+ U | R^{(t+1)}{}_{P^*}^{+}(x) \cap \mathrm{Cl}^{(t+1)}{}_n^{\leqslant} = \varnothing\}$。

6.2 算　例

例 6.2.1 表 2-5 可以看作 t 时刻的有序决策系统，下面分别考虑 $t+1$ 时刻的两种情况。

(1) 表 6-1 是添加一些对象后的有序决策系统。

(2) 表 6-2 是删除一些对象后的有序决策系统。

在这两种情况下分别更新近似集。

表 6-1 添加一些对象后的有序决策表（$t+1$ 时刻）

$U^{(t+1)}$	a_1	a_2	a_3	a_4	a_5	a_6	d	$U^{(t+1)}$	a_1	a_2	a_3	a_4	a_5	a_6	d
x_1	2	1	3	S	M	S	1	x_8	2	2	2	L	M	$\star$	2
x_2	2	1	2	$\star$	M	S	2	x_9	2	3	1	$\star$	$\star$	L	3
x_3	3	1	1	L	$\star$	M	2	x_{10}	2	3	3	L	M	$\star$	3
x_4	2	3	1	M	L	$\star$	1	x_{11}	1	1	2	S	M	S	1
x_5	1	2	3	M	$\star$	L	1	x_{12}	2	2	2	$\star$	M	S	2
x_6	2	2	1	$\star$	S	M	2	x_{13}	2	3	1	S	$\star$	M	2
x_7	3	1	2	L	L	$\star$	3	x_{14}	3	2	3	$\star$	L	S	3

表 6-2 删除一些对象后的有序决策表(时刻 $t+1$)

$U^{(t+1)}$	a_1	a_2	a_3	a_4	a_5	a_6	d	$U^{(t+1)}$	a_1	a_2	a_3	a_4	a_5	a_6	d
x_1	2	1	3	S	M	S	1	x_8	2	2	2	L	M	$\star$	2
x_3	3	1	1	L	$\star$	M	2	x_9	2	3	1	$\star$	$\star$	L	3
x_4	2	3	1	M	L	$\star$	1	x_{10}	2	3	3	L	M	$\star$	3
x_6	2	2	1	$\star$	S	M	2								

(1) 添加对象时近似集的更新过程。

比较表 2-5 和表 6-1, 可以得出 $U^+=\{x_{11},x_{12},x_{13},x_{14}\}$。

首先, 计算 $\Delta_i R^{(t)}{}_{P^*}$, $i=1,2,3$, 结果为

$\Delta_1 R_{P^*}=\{(x_{12},\ x_2),\ (x_{12},\ x_8),\ (x_{13},\ x_6),\ (x_{14},\ x_4),\ (x_{14},\ x_7)\}$

$\Delta_2 R_{P^*}=\{(x_1,\ x_{11}),\ (x_2,\ x_{11}),\ (x_8,\ x_{12}),\ (x_{10},\ x_{12}),\ (x_{10},\ x_{13})\}$

$\Delta_3 R_{P^*}=\{(x_{11},\ x_{11}),\ (x_{12},\ x_{11}),\ (x_{12},\ x_{12}),\ (x_{13},\ x_{13}),\ (x_{14},\ x_{14})\}$

其次, 计算 $\forall x\in U^+$ 的 $\Delta_2 R^+_{P^*}(x)$, $\Delta_2 R^-_{P^*}(x)$, $\Delta_3 R^+_{P^*}(x)$ 和 $\Delta_3 R^-_{P^*}(x)$, 结果如下所示:

$\Delta_2 R^+_{P^*}(x_{11})=\{x_1,\ x_2\}$, $\Delta_2 R^-_{P^*}(x_{11})=\varnothing$

$\Delta_2 R^+_{P^*}(x_{12})=\{x_8,\ x_{10}\}$, $\Delta_2 R^-_{P^*}(x_{12})=\{x_2,\ x_8\}$

$\Delta_2 R^+_{P^*}(x_{13})=\{x_{10}\}$, $\Delta_2 R^-_{P^*}(x_{13})=\{x_6\}$

$\Delta_2 R^+_{P^*}(x_{14})=\varnothing$, $\Delta_2 R^-_{P^*}(x_{14})=\{x_3,\ x_7\}$

$\Delta_3 R^+_{P^*}(x_{11})=\{x_{11},\ x_{12}\}$, $\Delta_3 R^-_{P^*}(x_{11})=\{x_{11}\}$

$\Delta_3 R^+_{P^*}(x_{12})=\{x_{12}\}$, $\Delta_3 R^-_{P^*}(x_{12})=\{x_{11},\ x_{12}\}$

$\Delta_3 R^+_{P^*}(x_{13})=\{x_{13}\}$, $\Delta_3 R^-_{P^*}(x_{13})=\{x_{13}\}$

$\Delta_3 R^+_{P^*}(x_{14})=\{x_{14}\}$, $\Delta_3 R^-_{P^*}(x_{14})=\{x_{14}\}$

计算 $\forall x\in U^{(t)}$ 的 $\Delta_1 R^+_{P^*}(x)$ 和 $\Delta_1 R^-_{P^*}(x)$, 结果如下所示:

$\Delta_1 R^+_{P^*}(x_1)=\varnothing$, $\Delta_1 R^-_{P^*}(x_1)=\{x_{11}\}$

$\Delta_1 R^+_{P^*}(x_2)=\{x_{12}\}$, $\Delta_1 R^-_{P^*}(x_2)=\{x_{11}\}$

$\Delta_1 R^+_{P^*}(x_3)=\{x_{14}\}$, $\Delta_1 R^-_{P^*}(x_3)=\varnothing$

$\Delta_1 R^+_{P^*}(x_4)=\varnothing$, $\Delta_1 R^-_{P^*}(x_4)=\varnothing$

$\Delta_1 R^+_{P^*}(x_5)=\varnothing$, $\Delta_1 R^-_{P^*}(x_5)=\varnothing$

$\Delta_1 R^+_{P^*}(x_6)=\{x_{13}\}$, $\Delta_1 R^-_{P^*}(x_6)=\varnothing$

$\Delta_1 R^+_{P^*}(x_7)=\{x_{14}\}$, $\Delta_1 R^-_{P^*}(x_7)=\varnothing$

$\Delta_1 R^+_{P^*}(x_8)=\{x_{12}\}$, $\Delta_1 R^-_{P^*}(x_8)=\{x_{12}\}$

$\Delta_1 R^+_{P^*}(x_9)=\varnothing$, $\Delta_1 R^-_{P^*}(x_9)=\varnothing$

$\Delta_1 R^+_{P^*}(x_{10})=\varnothing$, $\Delta_1 R^-_{P^*}(x_{10})=\{x_{12},x_{13}\}$

计算 $\Delta\mathrm{Cl}^{\geqslant}_n$ 和 $\Delta\mathrm{Cl}^{\leqslant}_n$, $n=1,2,3$。

$\Delta \mathrm{Cl}_1^{\geqslant} = U^{+}$，$\Delta \mathrm{Cl}_1^{\leqslant} = \{x_{11}\}$

$\Delta \mathrm{Cl}_2^{\geqslant} = \{x_{12}, x_{13}, x_{14}\}$，$\Delta \mathrm{Cl}_2^{\leqslant} = \{x_{11}, x_{12}, x_{13}\}$

$\Delta \mathrm{Cl}_3^{\geqslant} = \{x_{14}\}$，$\Delta \mathrm{Cl}_3^{\leqslant} = U^{+}$

根据式 (6-7)~式 (6-18)，计算动态维护近似集的需要相关因子。

$\Delta_1 \underline{P^*}(\mathrm{Cl}_1^{\geqslant}) = U^{(t)}$，$\Delta_2 \underline{P^*}(\mathrm{Cl}_1^{\geqslant}) = U^{+}$，$\Delta_3 \underline{P^*}(\mathrm{Cl}_1^{\geqslant}) = U^{+}$，$\Delta_1 \underline{P^*}(\mathrm{Cl}_2^{\geqslant}) = U^{(t)}$，$\Delta_2 \underline{P^*}(\mathrm{Cl}_2^{\geqslant}) = \{x_{12}, x_{13}, x_{14}\}$，$\Delta_3 \underline{P^*}(\mathrm{Cl}_2^{\geqslant}) = \{x_{12}, x_{13}, x_{14}\}$，$\Delta_1 \underline{P^*}(\mathrm{Cl}_3^{\geqslant}) = \{x_1, x_3, x_4, x_5, x_7, x_9, x_{10}\}$，$\Delta_2 \underline{P^*}(\mathrm{Cl}_3^{\geqslant}) = \{x_{13}, x_{14}\}$，$\Delta_3 \underline{P^*}(\mathrm{Cl}_3^{\geqslant}) = \{x_{14}\}$

$\Delta_1 \underline{P^*}(\mathrm{Cl}_3^{\leqslant}) = U^{(t)}$，$\Delta_2 \underline{P^*}(\mathrm{Cl}_3^{\leqslant}) = U^{+}$，$\Delta_3 \underline{P^*}(\mathrm{Cl}_3^{\leqslant}) = U^{+}$，$\Delta_1 \underline{P^*}(\mathrm{Cl}_2^{\leqslant}) = U^{(t)}$，$\Delta_2 \underline{P^*}(\mathrm{Cl}_2^{\leqslant}) = \{x_{11}, x_{13}\}$，$\Delta_3 \underline{P^*}(\mathrm{Cl}_2^{\leqslant}) = \{x_{11}, x_{12}, x_{13}\}$，$\Delta_1 \underline{P^*}(\mathrm{Cl}_1^{\leqslant}) = \{x_1, x_2, x_3, x_4, x_5, x_6, x_7, x_9\}$，$\Delta_2 \underline{P^*}(\mathrm{Cl}_1^{\leqslant}) = \{x_{11}\}$，$\Delta_3 \underline{P^*}(\mathrm{Cl}_1^{\leqslant}) = \{x_{11}\}$

$\Delta_1 \overline{P^*}(\mathrm{Cl}_1^{\geqslant}) = \{x_1, x_2, x_8, x_{10}\}$，$\Delta_2 \overline{P^*}(\mathrm{Cl}_1^{\geqslant}) = \{x_{12}, x_{13}, x_{14}\}$，$\Delta_3 \overline{P^*}(\mathrm{Cl}_1^{\geqslant}) = U^{+}$，$\Delta_1 \overline{P^*}(\mathrm{Cl}_2^{\geqslant}) = \{x_8, x_{10}\}$，$\Delta_2 \overline{P^*}(\mathrm{Cl}_2^{\geqslant}) = \{x_{12}, x_{13}, x_{14}\}$，$\Delta_3 \overline{P^*}(\mathrm{Cl}_2^{\geqslant}) = \{x_{12}, x_{13}, x_{14}\}$，$\Delta_1 \overline{P^*}(\mathrm{Cl}_3^{\geqslant}) = \varnothing$，$\Delta_2 \overline{P^*}(\mathrm{Cl}_3^{\geqslant}) = \{x_{12}, x_{14}\}$，$\Delta_3 \overline{P^*}(\mathrm{Cl}_3^{\geqslant}) = \{x_{14}\}$

$\Delta_1 \overline{P^*}(\mathrm{Cl}_3^{\leqslant}) = \{x_2, x_3, x_6, x_7, x_8\}$，$\Delta_2 \overline{P^*}(\mathrm{Cl}_3^{\leqslant}) = \{x_{11}, x_{12}, x_{13}\}$，$\Delta_3 \overline{P^*}(\mathrm{Cl}_3^{\leqslant}) = U^{+}$，$\Delta_1 \overline{P^*}(\mathrm{Cl}_2^{\leqslant}) = \{x_2, x_6, x_8\}$，$\Delta_2 \overline{P^*}(\mathrm{Cl}_2^{\leqslant}) = \{x_{11}, x_{12}\}$，$\Delta_3 \overline{P^*}(\mathrm{Cl}_2^{\leqslant}) = \{x_{11}, x_{12}, x_{13}\}$，$\Delta_1 \overline{P^*}(\mathrm{Cl}_1^{\leqslant}) = \varnothing$，$\Delta_2 \overline{P^*}(\mathrm{Cl}_1^{\leqslant}) = \{x_{11}\}$，$\Delta_3 \overline{P^*}(\mathrm{Cl}_1^{\leqslant}) = \{x_{11}\}$

最后更新近似集，结果如下所示：

$\overline{P^*}({\mathrm{Cl}^{(t+1)}}_1^{\geqslant}) = U^{(t+1)}$，$\underline{P^*}({\mathrm{Cl}^{(t+1)}}_1^{\geqslant}) = U^{(t+1)}$

$\overline{P^*}({\mathrm{Cl}^{(t+1)}}_2^{\geqslant}) = \{x_1, x_2, x_3, x_4, x_6, x_7, x_8, x_9, x_{10}, x_{12}, x_{13}, x_{14}\}$

$\underline{P^*}({\mathrm{Cl}^{(t+1)}}_2^{\geqslant}) = \{x_3, x_6, x_7, x_8, x_{10}, x_{12}, x_{13}, x_{14}\}$

$\overline{P^*}({\mathrm{Cl}^{(t+1)}}_3^{\geqslant}) = \{x_4, x_7, x_9, x_{10}, x_{14}\}$，$\underline{P^*}({\mathrm{Cl}^{(t+1)}}_3^{\geqslant}) = \{x_7, x_{10}, x_{14}\}$

$\overline{P^*}({\mathrm{Cl}^{(t+1)}}_1^{\leqslant}) = \{x_1, x_2, x_4, x_5, x_9, x_{11}\}$，$\underline{P^*}({\mathrm{Cl}^{(t+1)}}_1^{\leqslant}) = \{x_5, x_{11}\}$

$\overline{P^*}({\mathrm{Cl}^{(t+1)}}_2^{\leqslant}) = \{x_1, x_2, x_3, x_4, x_5, x_6, x_8, x_9, x_{11}, x_{12}, x_{13}\}$

$\underline{P^*}({\mathrm{Cl}^{(t+1)}}_2^{\leqslant}) = \{x_1, x_2, x_3, x_5, x_6, x_8, x_{11}, x_{12}, x_{13}\}$

$\overline{P^*}({\mathrm{Cl}^{(t+1)}}_3^{\leqslant}) = U^{(t+1)}$，$\underline{P^*}({\mathrm{Cl}^{(t+1)}}_3^{\leqslant}) = U^{(t+1)}$

(2) 删除对象时近似集的更新过程。

比较表 2-5 和表 6-2，即有 $U^{-} = \{x_2, x_5, x_7\}$。

首先，计算 $\Delta^{+}U$ 和 $\Delta^{-}U$，结果为

$\Delta^{+}U = \bigcup_{x \in U^{-}} {D^{(t)}}_P^{-}(x) - U^{-} = \{x_3\}$，$\Delta^{-}U = \bigcup_{x \in U^{-}} {D^{(t)}}_P^{+}(x) - U^{-} = \{x_1, x_8, x_{10}\}$

计算 $\forall x \in \Delta^{+}U$ 的 $\Delta R_{P^*}^{+}(x)$ 和 $\forall x \in \Delta^{-}U$ 的 $\Delta R_{P^*}^{-}(x)$，结果为

$\Delta R_{P^*}^{+}(x_3) = \{x_7\}$，$\Delta R_{P^*}^{-}(x_1) = \{x_2\}$，$\Delta R_{P^*}^{-}(x_8) = \{x_2\}$，$\Delta R_{P^*}^{-}(x_{10}) = \{x_2\}$

论域 $U^{(t+1)}$ 中对象的知识粒更新如下：

$R^{(t+1)}{}^{+}_{P^*}(x_1) = \{x_1\}$, $R^{(t+1)}{}^{-}_{P^*}(x_1) = \{x_1\}$
$R^{(t+1)}{}^{+}_{P^*}(x_3) = \{x_3\}$, $R^{(t+1)}{}^{-}_{P^*}(x_3) = \{x_3\}$
$R^{(t+1)}{}^{+}_{P^*}(x_4) = \{x_4, x_9\}$, $R^{(t+1)}{}^{-}_{P^*}(x_4) = \{x_4, x_9\}$
$R^{(t+1)}{}^{+}_{P^*}(x_6) = \{x_6\}$, $R^{(t+1)}{}^{-}_{P^*}(x_6) = \{x_6\}$
$R^{(t+1)}{}^{+}_{P^*}(x_8) = \{x_8, x_{10}\}$, $R^{(t+1)}{}^{-}_{P^*}(x_8) = \{x_8\}$
$R^{(t+1)}{}^{+}_{P^*}(x_9) = \{x_4, x_9, x_{10}\}$, $R^{(t+1)}{}^{-}_{P^*}(x_9) = \{x_4, x_9\}$
$R^{(t+1)}{}^{+}_{P^*}(x_{10}) = \{x_{10}\}$, $R^{(t+1)}{}^{-}_{P^*}(x_{10}) = \{x_8, x_9, x_{10}\}$

决策类的向上联合和向下联合更新结果如下:

$\mathrm{Cl}^{(t+1)}{}^{\leqslant}_{1} = \{x_1, x_4\}$, $\mathrm{Cl}^{(t+1)}{}^{\geqslant}_{1} = U^{(t+1)}$
$\mathrm{Cl}^{(t+1)}{}^{\leqslant}_{2} = \{x_1, x_3, x_4, x_6, x_8\}$, $\mathrm{Cl}^{(t+1)}{}^{\geqslant}_{2} = \{x_3, x_6, x_8, x_9, x_{10}\}$
$\mathrm{Cl}^{(t+1)}{}^{\leqslant}_{3} = U^{(t+1)}$, $\mathrm{Cl}^{(t+1)}{}^{\geqslant}_{3} = \{x_9, x_{10}\}$

计算动态维护近似集的相关因子为

$\Delta\underline{P^*}(\mathrm{Cl}_1^{\geqslant}) = \{x_2, x_5, x_7\}$, $\Delta\overline{P^*}(\mathrm{Cl}_1^{\geqslant}) = \{x_2, x_5, x_7\}$
$\Delta\underline{P^*}(\mathrm{Cl}_2^{\geqslant}) = \{x_7\}$, $\Delta\overline{P^*}(\mathrm{Cl}_2^{\geqslant}) = \{x_1, x_2, x_7\}$
$\Delta\underline{P^*}(\mathrm{Cl}_3^{\geqslant}) = \{x_7\}$, $\Delta\overline{P^*}(\mathrm{Cl}_3^{\geqslant}) = \{x_7\}$
$\Delta\underline{P^*}(\mathrm{Cl}_3^{\leqslant}) = \{x_2, x_5, x_7\}$, $\Delta\overline{P^*}(\mathrm{Cl}_3^{\leqslant}) = \{x_2, x_5, x_7\}$
$\Delta\underline{P^*}(\mathrm{Cl}_2^{\leqslant}) = \{x_2, x_7\}$, $\Delta\overline{P^*}(\mathrm{Cl}_2^{\leqslant}) = \{x_2, x_5\}$
$\Delta\underline{P^*}(\mathrm{Cl}_1^{\leqslant}) = \{x_5\}$, $\Delta\overline{P^*}(\mathrm{Cl}_1^{\leqslant}) = \{x_2, x_5\}$

最后，更新决策类向上联合和向下联合的下近似集和上近似集。结果如下所示:

$\overline{P^*}(\mathrm{Cl}^{(t+1)}{}^{\geqslant}_{1}) = U^{(t+1)}$, $\underline{P^*}(\mathrm{Cl}^{(t+1)}{}^{\geqslant}_{1}) = U^{(t+1)}$
$\overline{P^*}(\mathrm{Cl}^{(t+1)}{}^{\geqslant}_{2}) = \{x_3, x_4, x_6, x_8, x_9, x_{10}\}$, $\underline{P^*}(\mathrm{Cl}^{(t+1)}{}^{\geqslant}_{2}) = \{x_3, x_6, x_8, x_{10}\}$
$\overline{P^*}(\mathrm{Cl}^{(t+1)}{}^{\geqslant}_{3}) = \{x_4, x_9, x_{10}\}$, $\underline{P^*}(\mathrm{Cl}^{(t+1)}{}^{\geqslant}_{3}) = \{x_{10}\}$
$\overline{P^*}(\mathrm{Cl}^{(t+1)}{}^{\leqslant}_{1}) = \{x_1, x_4, x_9\}$, $\underline{P^*}(\mathrm{Cl}^{(t+1)}{}^{\leqslant}_{1}) = \{x_1\}$
$\overline{P^*}(\mathrm{Cl}^{(t+1)}{}^{\leqslant}_{2}) = \{x_1, x_3, x_4, x_6, x_8, x_9\}$, $\underline{P^*}(\mathrm{Cl}^{(t+1)}{}^{\leqslant}_{2}) = \{x_1, x_3, x_6, x_8\}$
$\overline{P^*}(\mathrm{Cl}^{(t+1)}{}^{\leqslant}_{3}) = U^{(t+1)}$, $\underline{P^*}(\mathrm{Cl}^{(t+1)}{}^{\leqslant}_{3}) = U^{(t+1)}$

6.3 算法设计与分析

结合上面对添加对象时 T-D 复合关系粗糙集模型近似集更新理论的讨论，下面设计添加对象时更新 T-D 复合关系粗糙集模型近似集的增量算法。

算法 6.3.1 添加对象时更新 T-D 复合关系粗糙集模型近似集的增量算法。

输入: (1) $U^{(t)}$; (2) U^+; (3) $\underline{P^*}(\mathrm{Cl}^{(t)}{}^{\geqslant}_{n})$, $\overline{P^*}(\mathrm{Cl}^{(t)}{}^{\geqslant}_{n})$, $\underline{P^*}(\mathrm{Cl}^{(t)}{}^{\leqslant}_{n})$, $\overline{P^*}(\mathrm{Cl}^{(t)}{}^{\leqslant}_{n})$, $\forall n \in T$。

输出: $\underline{P^*}(\mathrm{Cl}^{(t+1)}{}^{\geqslant}_{n})$, $\overline{P^*}(\mathrm{Cl}^{(t+1)}{}^{\geqslant}_{n})$, $\underline{P^*}(\mathrm{Cl}^{(t+1)}{}^{\leqslant}_{n})$, $\overline{P^*}(\mathrm{Cl}^{(t+1)}{}^{\leqslant}_{n})$, $\forall n \in T$。

1: **for all** $x \in U^{(t)}$ **do**

2: 计算 $\Delta_1 R^{*+}_{P^*}(x)$ 和 $\Delta_1 R^{*-}_{P^*}(x)$。
3: **end for**
4: **for all** $x \in U^+$ **do**
5: 计算 $\Delta_2 R^{*+}_{P^*}(x)$，$\Delta_2 R^{*-}_{P^*}(x)$，$\Delta_3 R^{*+}_{P^*}(x)$ 和 $\Delta_3 R^{*-}_{P^*}(x)$。
6: **end for**
7: **for all** $n = 2 \to m$ **do**
8: 计算 $\Delta \mathrm{Cl}_n^{\geqslant}$ 和 $\Delta \mathrm{Cl}_{n-1}^{\leqslant}$。
9: 计算 $\Delta_1 \underline{P^*}(\mathrm{Cl}_{n-1}^{\leqslant})$，$\Delta_1 \overline{P^*}(\mathrm{Cl}_{n-1}^{\leqslant})$，$\Delta_1 \underline{P^*}(\mathrm{Cl}_n^{\geqslant})$ 和 $\Delta_1 \overline{P^*}(\mathrm{Cl}_n^{\geqslant})$。
10: 计算 $\Delta_2 \underline{P^*}(\mathrm{Cl}_{n-1}^{\leqslant})$，$\Delta_2 \overline{P^*}(\mathrm{Cl}_{n-1}^{\leqslant})$，$\Delta_2 \underline{P^*}(\mathrm{Cl}_n^{\geqslant})$ 和 $\Delta_2 \overline{P^*}(\mathrm{Cl}_n^{\geqslant})$。
11: 计算 $\Delta_3 \underline{P^*}(\mathrm{Cl}_{n-1}^{\leqslant})$，$\Delta_3 \overline{P^*}(\mathrm{Cl}_{n-1}^{\leqslant})$，$\Delta_3 \underline{P^*}(\mathrm{Cl}_n^{\geqslant})$ 和 $\Delta_3 \overline{P^*}(\mathrm{Cl}_n^{\geqslant})$。
12: 计算 $\underline{P^*}(\mathrm{Cl}^{(t+1)\geqslant}_{n})$，$\overline{P^*}(\mathrm{Cl}^{(t+1)\geqslant}_{n})$，$\underline{P^*}(\mathrm{Cl}^{(t+1)\leqslant}_{n-1})$ 和 $\overline{P^*}(\mathrm{Cl}^{(t+1)\leqslant}_{n-1})$。
13: **end for**
14: 输出结果。

在算法 6.3.1 中，步骤 1~3 用来计算 $\Delta_1 R^{*+}_{P^*}(x)$ 和 $\Delta_1 R^{*-}_{P^*}(x)$，$\forall x \in U^{(t)}$。它们的时间复杂度为 $O(|U^{(t)}||U^+||P^*|)$。步骤 4~6 用来计算 $\Delta_2 R^{*+}_{P^*}(x)$，$\Delta_2 R^{*-}_{P^*}(x)$，$\Delta_3 R^{*+}_{P^*}(x)$ 和 $\Delta_3 R^{*-}_{P^*}(x)$，$\forall x \in U^+$。它们的时间复杂度为 $O(|U^{(t+1)}||U^+||P^*|)$。步骤 7~13 用来更新近似集，其时间复杂度为 $O(m|U^{(t+1)}|^2)$。因此，算法 6.3.1 的时间复杂度为 $O(|U^{(t)}||U^+||P^*| + |U^{(t+1)}||U^+||P^*| + m|U^{(t+1)}|^2) = O(|U^{(t+1)}|(|U^+||P^*| + m|U^{(t+1)}|))$。

算法 6.3.2 删除对象时更新 *T-D* 复合关系粗糙集模型近似集的增量算法。
输入: $U^{(t)}$；U^-；$\underline{P^*}(\mathrm{Cl}^{(t)\geqslant}_{n})$，$\overline{P^*}(\mathrm{Cl}^{(t)\geqslant}_{n})$，$\underline{P^*}(\mathrm{Cl}^{(t)\leqslant}_{n})$，$\overline{P^*}(\mathrm{Cl}^{(t)\leqslant}_{n})$，$\forall n \in T$。
输出: $\overline{P^*}(\mathrm{Cl}^{(t+1)\geqslant}_{n})$，$\overline{P^*}(\mathrm{Cl}^{(t+1)\leqslant}_{n})$，$\underline{P^*}(\mathrm{Cl}^{(t+1)\geqslant}_{n})$，$\underline{P^*}(\mathrm{Cl}^{(t+1)\leqslant}_{n})$，$\forall n \in T$。
1: 计算 $\Delta^+ U^{(t+1)}$ 和 $\Delta^- U^{(t+1)}$。
2: **for all** $x \in U^{(t+1)}$ **do**
3: **if** $x \in \Delta^+ U^{(t+1)}$ **then**
4: $\Delta R^{(t)+}_{P^*}(x) \leftarrow R^{(t)+}_{P^*}(x) \cap U^-$
5: $R^{(t+1)+}_{P^*}(x) \leftarrow R^{(t)+}_{P^*}(x) - \Delta R^{(t)+}_{P^*}(x)$
6: **else**
7: $R^{(t+1)+}_{P^*}(x) \leftarrow R^{(t)+}_{P^*}(x)$
8: **end if**
9: **if** $x \in \Delta^- U^{(t+1)}$ **then**
10: $\Delta R^{(t)-}_{P^*}(x) \leftarrow R^{(t)-}_{P^*}(x) \cap U^-$
11: $R^{(t+1)-}_{P^*}(x) \leftarrow R^{(t)-}_{P^*}(x) - \Delta R^{(t)-}_{P^*}(x)$
12: **else**
13: $R^{(t+1)-}_{P^*}(x) \leftarrow R^{(t)-}_{P^*}(x)$

14: **end if**
15: **end for**
16: **for** $n = 2 \to m$ **do**
17: 计算 $\Delta\mathrm{Cl}_n^{\geqslant}$ 和 $\Delta\mathrm{Cl}_{n-1}^{\leqslant}$。
18: 计算 $\Delta_1\underline{P^*}(\mathrm{Cl}^{(t)}{}_n^{\geqslant})$，$\Delta_2\underline{P^*}(\mathrm{Cl}^{(t)}{}_n^{\geqslant})$，$\Delta_1\underline{P^*}(\mathrm{Cl}^{(t)}{}_{n-1}^{\leqslant})$ 和 $\Delta_2\underline{P^*}(\mathrm{Cl}^{(t)}{}_{n-1}^{\leqslant})$。
19: 计算 $\Delta_1\overline{P^*}(\mathrm{Cl}^{(t)}{}_n^{\geqslant})$，$\Delta_2\overline{P^*}(\mathrm{Cl}^{(t)}{}_n^{\geqslant})$，$\Delta_1\overline{P^*}(\mathrm{Cl}^{(t)}{}_{n-1}^{\geqslant})$ 和 $\Delta_2\overline{P^*}(\mathrm{Cl}^{(t)}{}_{n-1}^{\geqslant})$。
20: 计算 $\underline{P^*}(\mathrm{Cl}^{(t+1)}{}_n^{\geqslant})$，$\overline{P^*}(\mathrm{Cl}^{(t+1)}{}_n^{\geqslant})$，$\underline{P^*}(\mathrm{Cl}^{(t+1)}{}_{n-1}^{\leqslant})$ 和 $\overline{P^*}(\mathrm{Cl}^{(t+1)}{}_{n-1}^{\leqslant})$。
21: **end for**
22: 输出结果。

算法 6.3.2 的第 1 步用来计算 $\Delta^+U^{(t+1)}$ 和 $\Delta^-U^{(t+1)}$，其时间复杂度为 $O(|U^-|)$。步骤 2~15 用来更新知识粒，它们的时间复杂度为 $O(|U^{(t+1)}||U^-||P^*|)$。步骤 16~21 用来更新近似集，其时间复杂度为 $O(m|U^{(t+1)}|^2)$。因此，算法 6.3.2 的时间复杂度为 $O(|U^-|+|U^{(t+1)}||U^-||P^*|+m|U^{(t+1)}|^2)=O(|U^{(t+1)}|(|U^-||P^*|+m|U^{(t+1)}|))$。

非增量算法的时间复杂度为 $O(|U^{(t+1)}|^2(|P^*|+m))$，当 $|U^+|$ 小于 $|U^{(t+1)}|$ 时，算法 6.3.1 优于非增量算法；当 $|U^-|$ 小于 $|U^{(t+1)}|$ 时，算法 6.3.2 优于非增量算法。

6.4 实验方案与性能分析

本节通过一些实验结果分析更新 T-D 复合关系粗糙集模型近似集的增量算法性能。实验平台是一台个人计算机，其配置：处理器 Inter(R) Pentium(R) CPU P6100，内存 2GB，操作系统 Windows 7。实验中涉及的算法程序采用 MATLAB (R2010b) 编写。实验中使用的数据集下载自 UCI[104]，它们的基本信息见表 6-3。

表 6-3 数据集的基本信息

数据集	对象数	属性数	缺失属性值数	分类数
Credit approval	690	16	37	2
Cylinder bands	512	40	999	2
Dermatology	366	34	8	6
Echocardiogram	132	13	132	3
Hepatitis domain	155	20	167	2
Horse colic	300	28	1605	2
Mammographic mass	961	6	162	2
Pima indians diabetes	768	9	0	2

1. 添加对象时增量算法的实验评估

把表 6-3 中的每个数据集按对象数分成 20 等份，随机抽取其中 10 个组成一个新数据集作为实验数据集。针对每个实验数据集使用非增量算法计算其近似集并保留增量算法中需要的相关结果。对表 6-3 中的每一种数据，从余下的 10 个等份中随机抽取 1 个，2 个，$\cdots$，9 个作为添加数据。用 r_A 表示添加的对象数与初始数据集对象数的比率，即在实验过程中 r_A 分别为 10%，20%，$\cdots$，90%。随后，对于每个实验数据集在不同的 r_A 下，分别使用非增量和增量算法计算更新数据后的近似集。图 6-1 反映了非增量和增量算法的运行时间随 r_A 的变化趋势。

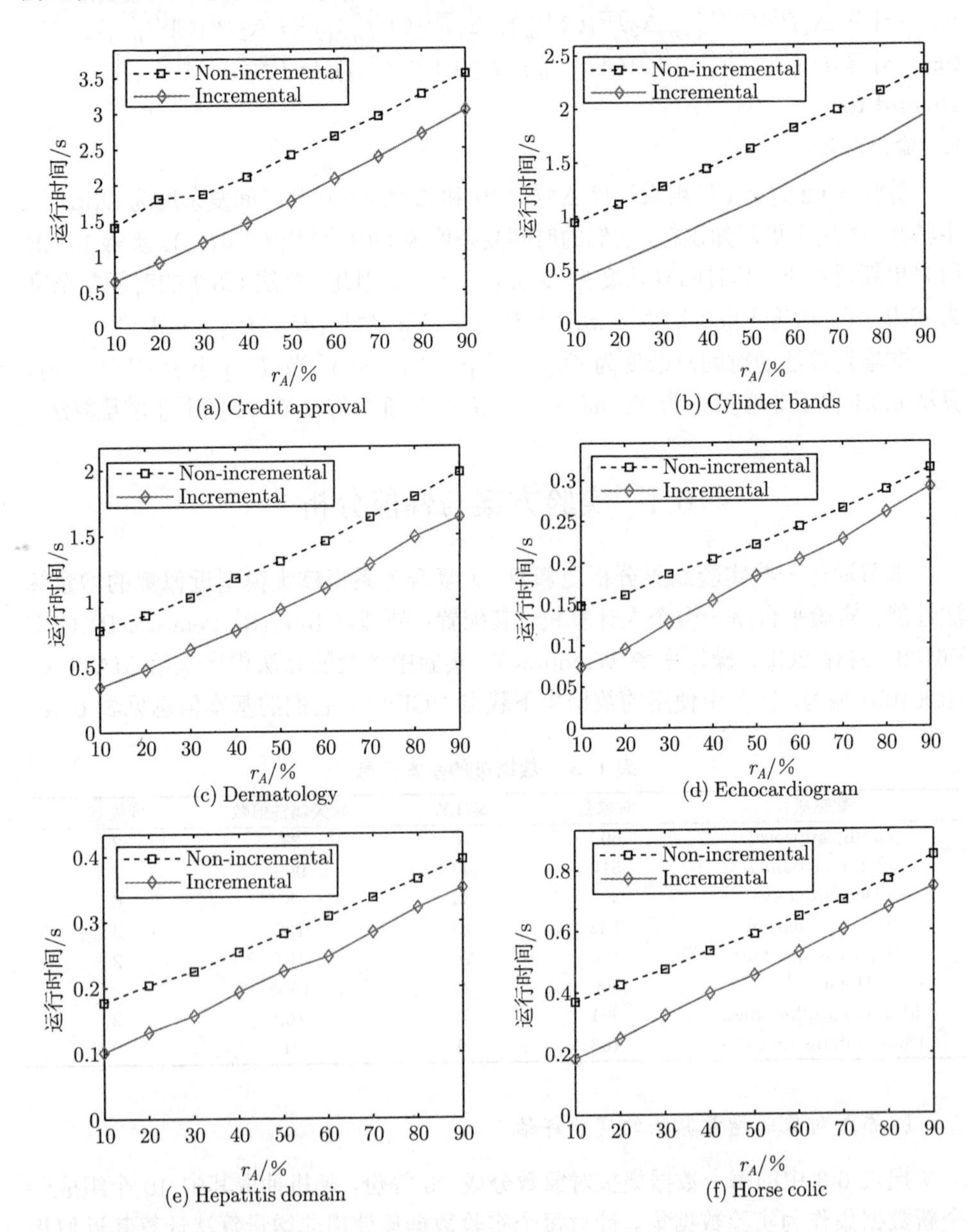

(a) Credit approval　(b) Cylinder bands

(c) Dermatology　(d) Echocardiogram

(e) Hepatitis domain　(f) Horse colic

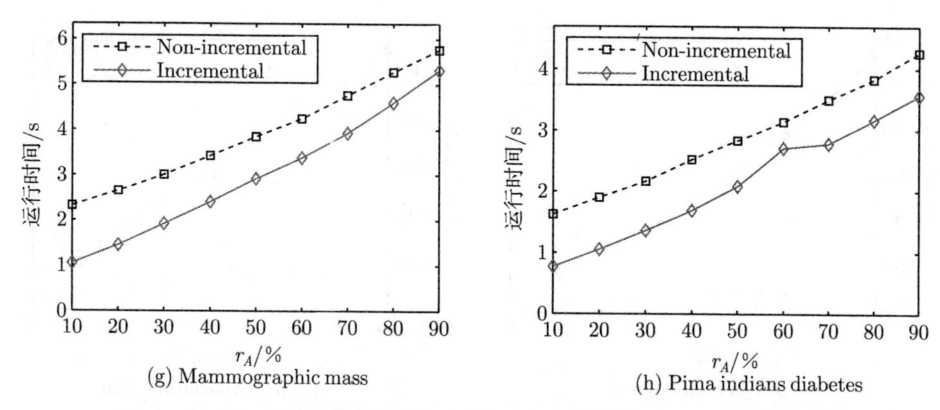

(g) Mammographic mass

(h) Pima indians diabetes

图 6-1 添加对象时非增量和增量算法的运行时间随 r_A 的变化趋势图

在图 6-1 中，横坐标与 r_A 相关，纵坐标与运行时间相关，虚线表示非增量算法运行时间趋势，实线表示增量算法运行时间趋势。图 6-1 的每一幅子图中都能反映出增量算法运行时间总少于非增量算法。随着 r_A 的增大，非增量算法与增量算法的运行时间都变大。

2. 删除对象时增量算法的实验评估

把表 6-3 中每个数据集直接作为实验数据集计算其近似集并保留增量算法需要的相关结果，然后分别随机删除其对象数的 10%，20%，⋯，90%，用非增量和增量算法计算更新数据后的近似集。非增量和增量算法的运行时间随删除对象百分比的变化趋势反映在图 6-2 中。

从图 6-2 的每一幅子图中都能看到当数据集中对象数减少时，增量算法优于非增量算法。d_A 表示删除的对象数与初始数据集对象数的比率。随着删除对象数增加，非增量和增量算法的运行时间差减小。

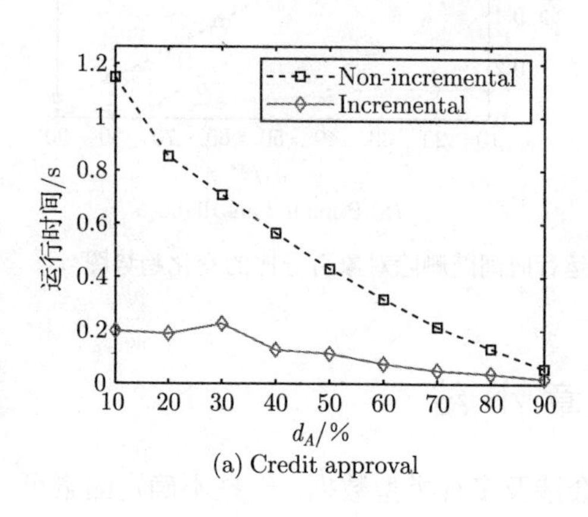

(a) Credit approval

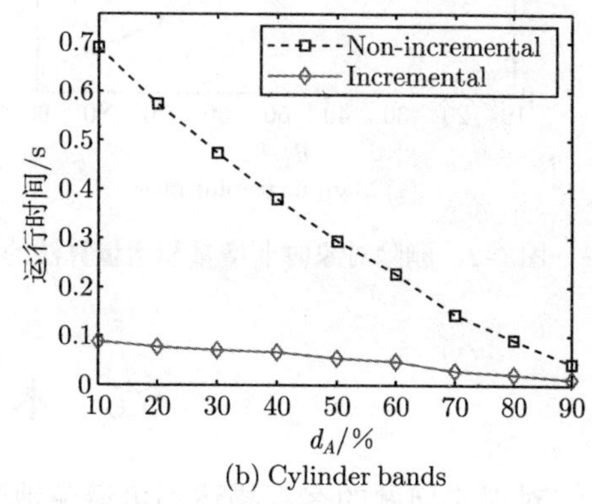

(b) Cylinder bands

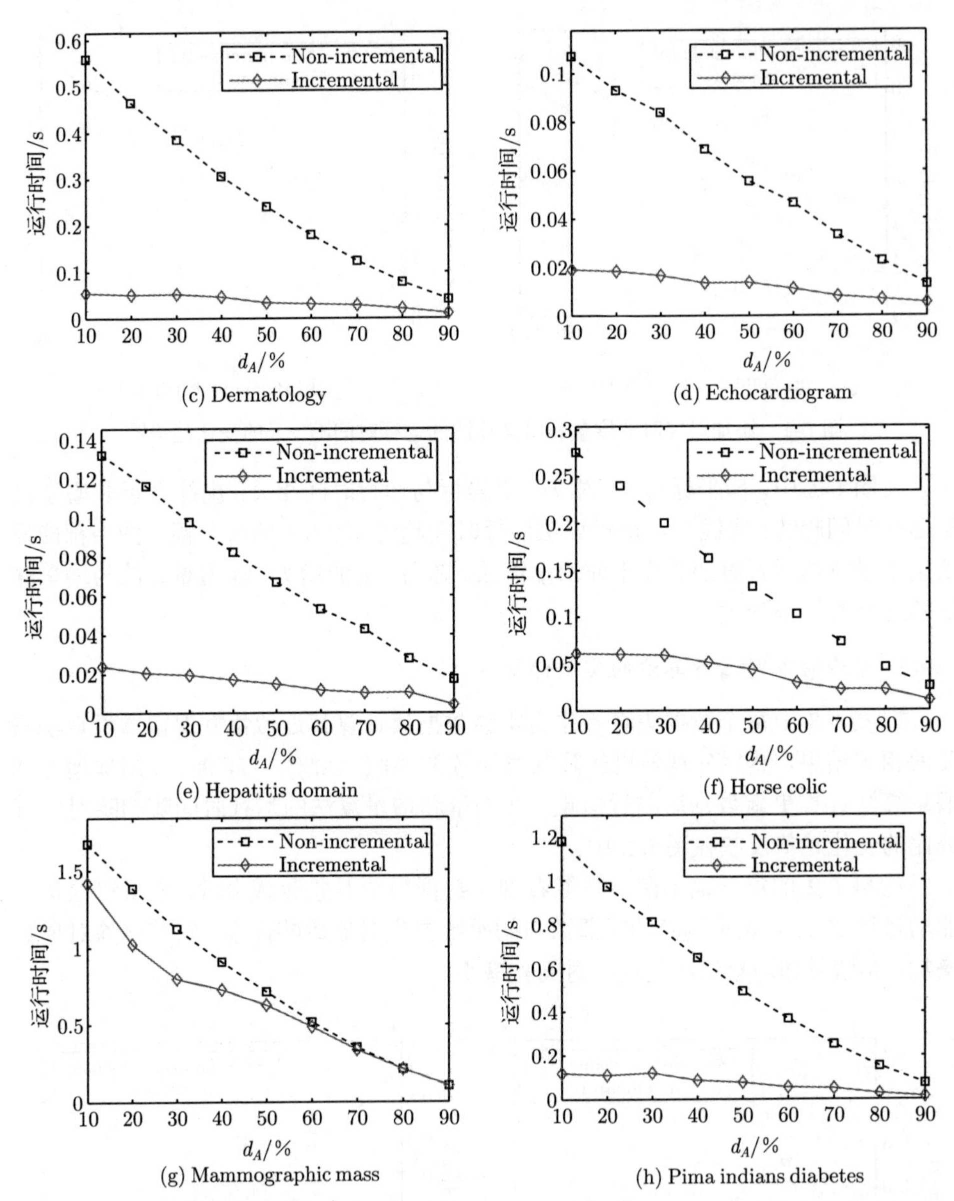

(c) Dermatology　(d) Echocardiogram　(e) Hepatitis domain　(f) Horse colic　(g) Mammographic mass　(h) Pima indians diabetes

图 6-2　删除对象时非增量和增量算法的运行时间随删除对象百分比的变化趋势图

6.5　本章小结

对现实问题的客观描述不可避免地会涉及多种类型数据。一些不确定因素可能造成部分数据缺失。针对含有有序属性和常规属性的不完备决策系统，本章介绍了一种基于容差-优势的复合关系粗糙集模型。考虑到对象集不断变化是数据动态变化的主要形式之一，且粗糙集近似集更新是动态数据挖掘及相关工作的重要计算步骤。本章进一步研究了基于容差-优势的复合关系粗糙集模型近似集更新的增量理论和算法。结合一些算例和实验分析，可以得出下列结论：① 用增量理论能够计算近似集，并且能够利用已有的相关计算结果减少计算量；② 在添加或删除对象较少时，用增量算法更新优势关系粗糙集方法的近似集相比于非增量算法有明显的优势，能够有效地节约计算时间。

第 7 章　优势关系粗糙集方法近似集并行计算算法研究

实现算法并行化是加速计算过程的一种有效途径。随着云计算的兴起，在数据挖掘领域出现了许多运用 MapReduce 技术的并行算法。在基于粗糙集理论的知识获取研究中，Zhang 等提出了一种并行计算经典粗糙集的近似集的方法 [6]。随后，他们比较不同的 MapReduce 运行系统下并行计算经典粗糙集的近似集算法 [7]。他们也研究基于 GPU 的并行计算，提出了一种基于 GPU 的并行计算复合关系粗糙集模型近似集的方法 [130]。CPU 的多核化的趋势使是个人计算机的潜在计算能力大幅提高。为了充分发挥多核处理器能够增强计算性能的优势，用并行计算模式替换传统的串行计算模式是必由之路。

在许多情况下，做决策时会面临大量的相关的数据。及时分析这些数据获取有用知识对做出准确的决策至关重要。由于这些原因，决策人员对提高知识获取效率非常期待。近似集计算对于采用优势关系粗糙集方法研究多指标决策分析问题是一个重要的步骤。因此，提高计算近似集的效率对应用粗糙集方法辅助决策问题有重要意义。为此，本章主要讨论并行计算优势关系粗糙集近似集的策略和设计多核环境下相关的并行算法，并且实验验证并行算法的性能。

7.1　属性集变化时近似集的并行计算原理

为了采用并行计算模式，假设一个决策系统 S 满足下列条件：

(1) $S=\bigcup_{i=1}^{m} S_i$，其中 $S_i=(U_i,A,V,f)$ 是决策系统 S 的第 i 个子系统。

(2) $U=\bigcup_{i=1}^{m} U_i$。

(3) 如果 $i\neq j$，则 $U_i\cap U_j=\varnothing$。

基于上面的假设，一个决策系统能够被分解为有限个相互独立子系统，所以论域上的优势关系也能够被划分为有限个子集。用 $D_P^{i,j}=\{(x,y)\in U_i\times U_j|\phi_P(x,y)=|P|\}$ 表示从子论域 U_i 到子论域 U_j 关于属性集 P 的优势关系。$D_P^{i,j}\subseteq D_P$。由决策系统分解形成的 $D_P^{i,j}$ （ $i,j\in\{1,\cdots,m\}$ ）与 D_P 的关系反映在定理 7.1.1 中。

定理 7.1.1　$D_P=\bigcup_{i=1,j=1}^{m,m} D_P^{i,j}$。

证明　$\because D_P=\{(x,y)\in U\times U|\phi_P(x,y)=|P|\}=\{(x,y)\in \bigcup_{i=1}^{m} U_i\times \bigcup_{j=1}^{m} U_j|\phi_P(x,y)=|P|\}=\bigcup_{i=1,j=1}^{m,m}\{(x,y)\in U_i\times U_j|\phi^P(x,y)=|P|\}=\bigcup_{i=1,j=1}^{m,m} D_P^{i,j}$。

$\therefore D_P=\bigcup_{i=1,j=1}^{m,m}D_P^{i,j}$。 □

采用优势关系矩阵 $R_P(i,j)$ 表示 $D_P^{i,j}$，则

$$R_P=\begin{bmatrix}\phi_P(1,1) & \cdots & \phi_P(1,|U|)\\ \vdots & & \vdots\\ \phi_P(|U|,1) & \cdots & \phi_P(|U|,|U|)\end{bmatrix}=\begin{bmatrix}R_P(1,1) & \cdots & R_P(1,m)\\ \vdots & & \vdots\\ R_P(m,1) & \cdots & R_P(m,m)\end{bmatrix}$$

$\forall x\in U_i$，通过优势关系子集 $D_P^{i,j}$ 和 $D_P^{j,i}$，能够分别计算它的优势集和劣势集与 U_j 相关的子集 $D_P^+(x)^j$ 和 $D_P^-(x)^j$。

$$D_P^+(x)^j=\{y\in U_j|yD_P^{j,i}x\} \tag{7-1}$$

$$D_P^-(x)^j=\{y\in U_j|xD_P^{i,j}y\} \tag{7-2}$$

当然，利用 $R_{i,j}^P$ 和 $R_{j,i}^P$ 也能够计算 $D_P^+(x)^j$ 和 $D_P^-(x)^j$。

定理 7.1.2 $\forall x\in U$,

$$D_P^+(x)=\bigcup_{j=1}^{m}D_P^+(x)^j \tag{7-3}$$

$$D_P^-(x)=\bigcup_{j=1}^{m}D_P^-(x)^j \tag{7-4}$$

证明 假设 $x\in U_i$。$\because D_P^+(x)=\{y\in U|f(y,a)\geqslant f(x,a),\forall a\in P\}=\bigcup_{j=1}^{m}\{y\in U_j|yD_P^{j,i}x\}=\bigcup_{j=1}^{m}D_P^+(x)^j$。$\therefore D_P^+(x)=\bigcup_{j=1}^{m}D_P^+(x)^j$。类似地，可以证明等式 (7-4) 成立。 □

给定 U_i，决策类向上联合和向下联合与 U_i 相关的子集分别为

$$\mathrm{Cl}_n^{\geqslant^i}=\{x\in U_i|f(x,d)\geqslant d_n\}$$

$$\mathrm{Cl}_n^{\leqslant^i}=\{x\in U_i|f(x,d)\leqslant d_n\}$$

可以看出，集合 $\mathrm{Cl}_n^{\geqslant^i}$ 包含 U_i 中决策属性值大于或等于 d_n 的所有对象；集合 $\mathrm{Cl}_n^{\leqslant^i}$ 包含 U_i 中决策属性值小于或等于 d_n 的所有对象。

定理 7.1.3 *决策类 Cl_n 的向上联合和向下联合分别为*

$$\mathrm{Cl}_n^{\geqslant}=\bigcup_{i=1}^{m}\mathrm{Cl}_n^{\geqslant^i} \tag{7-5}$$

$$\mathrm{Cl}_n^{\leqslant}=\bigcup_{i=1}^{m}\mathrm{Cl}_n^{\leqslant^i} \tag{7-6}$$

定义 7.1.1　给定 $\mathrm{Cl}_n^{\geqslant i}$，

$$\underline{P}(\mathrm{Cl}_n^{\geqslant i})^j = \{x \in U_j | D_P^+(x)^i \subseteq \mathrm{Cl}_n^{\geqslant i}\}$$
$$\overline{P}(\mathrm{Cl}_n^{\geqslant i})^j = \{x \in U_j | D_P^-(x)^i \cap \mathrm{Cl}_n^{\geqslant i} \neq \varnothing\}$$

类似地，给定 $\mathrm{Cl}_n^{\leqslant i}$，

$$\underline{P}(\mathrm{Cl}_n^{\leqslant i})^j = \{x \in U_j | D_P^-(x)^i \subseteq \mathrm{Cl}_n^{\leqslant i}\}$$
$$\overline{P}(\mathrm{Cl}_n^{\leqslant i})^j = \{x \in U_j | D_P^+(x)^i \cap \mathrm{Cl}_n^{\leqslant i} \neq \varnothing\}$$

定理 7.1.4　$\mathrm{Cl}_n^{\geqslant}$ 和 $\mathrm{Cl}_n^{\leqslant}$ 的下近似集分别为

$$\underline{P}(\mathrm{Cl}_n^{\geqslant}) = \bigcup_{j=1}^{m} \left[\bigcap_{i=1}^{m} \underline{P}(\mathrm{Cl}_n^{\geqslant i})^j \right] \tag{7-7}$$

$$\underline{P}(\mathrm{Cl}_n^{\leqslant}) = \bigcup_{j=1}^{m} \left[\bigcap_{i=1}^{m} \underline{P}(\mathrm{Cl}_n^{\leqslant i})^j \right] \tag{7-8}$$

证明　$\because \underline{P}(\mathrm{Cl}_n^{\geqslant}) = \{x \in U | D_P^+(x) \subseteq \mathrm{Cl}_n^{\geqslant}\} = \{x \in \bigcup_{j=1}^m U_j | \bigcup_{i=1}^m D_P^+(x)^i \subseteq \bigcup_{i=1}^m \mathrm{Cl}_n^{\geqslant i}\} = \bigcup_{j=1}^m [\bigcap_{i=1}^m \{x \in U_j | D_P^+(x)^i \subseteq \mathrm{Cl}_n^{\geqslant i}\}] = \bigcup_{j=1}^m [\bigcap_{i=1}^m \underline{P}(\mathrm{Cl}_n^{\geqslant i})^j]$。$\therefore \underline{P}(\mathrm{Cl}_n^{\geqslant}) = \bigcup_{j=1}^m [\bigcap_{i=1}^m \underline{P}(\mathrm{Cl}_n^{\geqslant i})^j]$。

类似地，可以证明等式 (7-8) 成立。□

定理 7.1.5　$\mathrm{Cl}_n^{\geqslant}$ 和 $\mathrm{Cl}_n^{\leqslant}$ 的上近似集分别为

$$\overline{P}(\mathrm{Cl}_n^{\geqslant}) = \bigcup_{j=1}^{m} \bigcup_{i=1}^{m} \overline{P}(\mathrm{Cl}_n^{\geqslant i})^j \tag{7-9}$$

$$\overline{P}(\mathrm{Cl}_n^{\leqslant}) = \bigcup_{j=1}^{m} \bigcup_{i=1}^{m} \overline{P}(\mathrm{Cl}_n^{\leqslant i})^j \tag{7-10}$$

证明　$\because \overline{P}(\mathrm{Cl}_n^{\geqslant}) = \{x \in U | D_P^-(x) \cap \mathrm{Cl}_n^{\geqslant} \neq \varnothing\} = \{x \in \bigcup_{j=1}^m U_j | \bigcup_{i=1}^m D_P^-(x)^i \cap \bigcup_{i=1}^m \mathrm{Cl}_n^{\geqslant i} \neq \varnothing\} = \bigcup_{j=1}^m [\{x \in U_j | \bigcup_{i=1}^m D_P^-(x)^i \cap \bigcup_{i=1}^m \mathrm{Cl}_n^{\geqslant i} \neq \varnothing\}] = \bigcup_{j=1}^m [\bigcup_{i=1}^m \{x \in U_j | D_P^-(x)^i \cap \mathrm{Cl}_n^{\geqslant i} \neq \varnothing\}] = \bigcup_{j=1}^m \bigcup_{i=1}^m \overline{P}(\mathrm{Cl}_n^{\geqslant i})^j$。$\therefore \overline{P}(\mathrm{Cl}_n^{\geqslant}) = \bigcup_{j=1}^m \bigcup_{i=1}^m \overline{P}(\mathrm{Cl}_n^{\geqslant i})^j$。

类似地，可以证明等式 (7-10) 成立。□

7.2 算　例

例 7.2.1　表 7-1 是一个有序决策表，令 $P = \{a_1, a_2, a_3\}$。把表 7-1 分成四个子表 (见表 7-2(a)～表 7-2(d))。

表 7-1　有序决策表

U	a_1	a_2	a_3	d	U	a_1	a_2	a_3	d
x_1	2	1	3	1	x_7	3	1	2	3
x_2	2	1	2	2	x_8	2	2	2	2
x_3	3	1	1	2	x_9	2	3	1	3
x_4	2	3	1	1	x_{10}	2	3	3	3
x_5	1	2	3	1	x_{11}	1	1	2	1
x_6	2	2	1	2	x_{12}	2	2	2	2

表 7-2　表 7-1 的 4 个子表

(a) 子有序决策表-1

U_1	a_1	a_2	a_3	d
x_1	2	1	3	1
x_2	2	1	2	2
x_3	3	1	1	2

(b) 子有序决策表-2

U_2	a_1	a_2	a_3	d
x_4	2	3	1	1
x_5	1	2	3	1
x_6	2	2	1	2

(c) 子有序决策表-3

U_3	a_1	a_2	a_3	d
x_7	3	1	2	3
x_8	2	2	2	2
x_9	2	3	1	3

(d) 子有序决策表-4

U_4	a_1	a_2	a_3	d
x_{10}	2	3	3	3
x_{11}	1	1	2	1
x_{12}	2	2	2	2

首先，根据四个子论域 U_1、U_2、U_3 和 U_4 计算优势关系的子集。

$D_P^{1,1}=\{(x,y)\in(U_1\times U_1)|\phi^P(x,y)=|P|\}=\{(x_1,x_1),(x_1,x_2),(x_2,x_2),(x_3,x_3)\}$

$D_P^{1,2}=\varnothing$

$D_P^{1,3}=\varnothing$

$D_P^{1,4}=\{(x_1,x_{11}),(x_2,x_{11})\}$

$D_P^{2,1}=\varnothing$

$D_P^{2,2}=\{(x_4,x_4),(x_4,x_6),(x_5,x_5),(x_6,x_6)\}$

$D_P^{2,3}=\{(x_4,x_9)\}$

$D_P^{2,4}=\{(x_5,x_{11})\}$

$D_P^{3,1}=\{(x_7,x_2),(x_7,x_3),(x_8,x_2),(x_9,x_2)\}$

$D_P^{3,2}=\{(x_8,x_6),(x_9,x_4),(x_9,x_6)\}$

$D_P^{3,3}=\{(x_7,x_7),(x_8,x_8),(x_9,x_9)\}$

$D_P^{3,4}=\{(x_7,x_{11}),(x_8,x_{11}),(x_8,x_{12})\}$

$D_P^{4,1}=\{(x_{10},x_1),(x_{10},x_2),(x_{12},x_2)\}$

$D_P^{4,2}=\{(x_{10},x_4),(x_{10},x_5),(x_{10},x_6),(x_{12},x_6)\}$

$D_P^{4,3}=\{(x_{10},x_8),(x_{10},x_9),(x_{12},x_8)\}$

$D_P^{4,4}=\{(x_{10},x_{10}),(x_{10},x_{11}),(x_{10},x_{12}),(x_{11},x_{11}),(x_{12},x_{11}),(x_{12},x_{12})\}$

其次，计算优势集和劣势集的子集以及决策类向上联合和向下联合的子集的上近似集和下近似集。

$n=1,2,3$，关于 U_1 的决策类向上联合和向下联合的子集为

$$\mathrm{Cl}_1^{\geqslant^1}=U_1,\quad \mathrm{Cl}_2^{\geqslant^1}=\{x_2,x_3\},\quad \mathrm{Cl}_3^{\geqslant^1}=\varnothing$$
$$\mathrm{Cl}_1^{\leqslant^1}=\{x_1\},\quad \mathrm{Cl}_2^{\leqslant^1}=U_1,\quad \mathrm{Cl}_3^{\leqslant^1}=U_1$$

$\forall x\in U_1$，它关于 $D_P^{1,1}$ 的优势集和劣势集为

$$D_P^+(x_1)^1=\{x_1\},\quad D_P^+(x_2)^1=\{x_1,x_2\},\quad D_P^+(x_3)^1=\{x_3\}$$
$$D_P^-(x_1)^1=\{x_1,x_2\},\quad D_P^-(x_2)^1=\{x_2\},\quad D_P^-(x_3)^1=\{x_3\}$$

$n=1,2,3$，$\mathrm{Cl}_n^{\geqslant^1}$ 和 $\mathrm{Cl}_n^{\leqslant^1}$ 关于 U_1 的下近似集和上近似集分别为

$$\underline{P}(\mathrm{Cl}_1^{\geqslant^1})^1=U_1,\quad \underline{P}(\mathrm{Cl}_2^{\geqslant^1})^1=\{x_3\},\quad \underline{P}(\mathrm{Cl}_3^{\geqslant^1})^1=\varnothing$$
$$\overline{P}(\mathrm{Cl}_1^{\geqslant^1})^1=U_1,\quad \overline{P}(\mathrm{Cl}_2^{\geqslant^1})^1=U_1,\quad \overline{P}(\mathrm{Cl}_3^{\geqslant^1})^1=\varnothing$$
$$\underline{P}(\mathrm{Cl}_1^{\leqslant^1})^1=\varnothing,\quad \underline{P}(\mathrm{Cl}_2^{\leqslant^1})^1=U_1,\quad \underline{P}(\mathrm{Cl}_3^{\leqslant^1})^1=U_1$$
$$\overline{P}(\mathrm{Cl}_1^{\leqslant^1})^1=\{x_1,x_2\},\quad \overline{P}(\mathrm{Cl}_2^{\leqslant^1})^1=U_1,\quad \overline{P}(\mathrm{Cl}_3^{\leqslant^1})^1=U_1$$

$\forall x\in U_1$，它关于 $D_P^{1,2}$ 和 $D_P^{2,1}$ 的优势集和劣势集为

$$D_P^+(x_1)^2=\varnothing,\quad D_P^+(x_2)^2=\varnothing,\quad D_P^+(x_3)^2=\varnothing$$
$$D_P^-(x_1)^2=\varnothing,\quad D_P^-(x_2)^2=\varnothing,\quad D_P^-(x_3)^2=\varnothing$$

$n=1,2,3$，关于 U_2 的决策类向上联合和向下联合的子集为

$$\mathrm{Cl}_1^{\geqslant^2}=U_2,\quad \mathrm{Cl}_2^{\geqslant^2}=\{x_6\},\quad \mathrm{Cl}_3^{\geqslant^2}=\varnothing$$
$$\mathrm{Cl}_1^{\leqslant^2}=\{x_4,x_5\},\quad \mathrm{Cl}_2^{\leqslant^2}=U_2,\quad \mathrm{Cl}_3^{\leqslant^2}=U_2$$

$n=1,2,3$，$\mathrm{Cl}_n^{\geqslant^2}$ 和 $\mathrm{Cl}_n^{\leqslant^2}$ 关于 U_1 的下近似集和上近似集分别为

$$\underline{P}(\mathrm{Cl}_1^{\geqslant^2})^1=U_1,\quad \underline{P}(\mathrm{Cl}_2^{\geqslant^2})^1=U_1,\quad \underline{P}(\mathrm{Cl}_3^{\geqslant^2})^1=U_1$$
$$\overline{P}(\mathrm{Cl}_1^{\geqslant^2})^1=\varnothing,\quad \overline{P}(\mathrm{Cl}_2^{\geqslant^2})^1=\varnothing,\quad \overline{P}(\mathrm{Cl}_3^{\geqslant^2})^1=\varnothing$$
$$\underline{P}(\mathrm{Cl}_1^{\leqslant^2})^1=U_1,\quad \underline{P}(\mathrm{Cl}_2^{\leqslant^2})^1=U_1,\quad \underline{P}(\mathrm{Cl}_3^{\leqslant^2})^1=U_1$$
$$\overline{P}(\mathrm{Cl}_1^{\leqslant^2})^1=\varnothing,\quad \overline{P}(\mathrm{Cl}_2^{\leqslant^2})^1=\varnothing,\quad \overline{P}(\mathrm{Cl}_3^{\leqslant^2})^1=\varnothing$$

类似地，能够计算出余下的决策类向上联合和向下联合的子集在相应子论域中的上近似集和下近似集，结果如下:

$n=1,2,3$，$\mathrm{Cl}_n^{\geqslant^3}$ 和 $\mathrm{Cl}_n^{\leqslant^3}$ 关于 U_1 的下近似集和上近似集分别为

$$\underline{P}(\mathrm{Cl}_1^{\geqslant^3})^1=U_1,\quad \underline{P}(\mathrm{Cl}_2^{\geqslant^3})^1=U_1,\quad \underline{P}(\mathrm{Cl}_3^{\geqslant^3})^1=U_1$$
$$\overline{P}(\mathrm{Cl}_1^{\geqslant^3})^1=\varnothing,\quad \overline{P}(\mathrm{Cl}_2^{\geqslant^3})^1=\varnothing,\quad \overline{P}(\mathrm{Cl}_3^{\geqslant^3})^1=\varnothing$$
$$\underline{P}(\mathrm{Cl}_1^{\leqslant^3})^1=\{x_1\},\quad \underline{P}(\mathrm{Cl}_2^{\leqslant^3})^1=\{x_1\},\quad \underline{P}(\mathrm{Cl}_3^{\leqslant^3})^1=U_1$$
$$\overline{P}(\mathrm{Cl}_1^{\leqslant^3})^1=\varnothing,\quad \overline{P}(\mathrm{Cl}_2^{\leqslant^3})^1=\varnothing,\quad \overline{P}(\mathrm{Cl}_3^{\leqslant^3})^1=\varnothing$$

$n=1,2,3$, $\mathrm{Cl}_n^{\geqslant 4}$ 和 $\mathrm{Cl}_n^{\leqslant 4}$ 关于 U_1 的下近似集和上近似集分别为

$$
\begin{array}{lll}
\underline{P}(\mathrm{Cl}_1^{\geqslant 4})^1=U_1, & \underline{P}(\mathrm{Cl}_2^{\geqslant 4})^1=U_1, & \underline{P}(\mathrm{Cl}_3^{\geqslant 4})^1=U_1\\
\overline{P}(\mathrm{Cl}_1^{\geqslant 4})^1=\{x_1,x_2\}, & \overline{P}(\mathrm{Cl}_2^{\geqslant 4})^1=\varnothing, & \overline{P}(\mathrm{Cl}_3^{\geqslant 4})^1=\varnothing\\
\underline{P}(\mathrm{Cl}_1^{\leqslant 4})^1=U_1, & \underline{P}(\mathrm{Cl}_2^{\leqslant 4})^1=U_1, & \underline{P}(\mathrm{Cl}_3^{\leqslant 4})^1=U_1\\
\overline{P}(\mathrm{Cl}_1^{\leqslant 4})^1=\varnothing, & \overline{P}(\mathrm{Cl}_2^{\leqslant 4})^1=\varnothing, & \overline{P}(\mathrm{Cl}_3^{\leqslant 4})^1=\{x_1\}
\end{array}
$$

$n=1,2,3$, $\mathrm{Cl}_n^{\geqslant 1}$ 和 $\mathrm{Cl}_n^{\leqslant 1}$ 关于 U_2 的下近似集和上近似集分别为

$$
\begin{array}{lll}
\underline{P}(\mathrm{Cl}_1^{\geqslant 1})^2=U_2, & \underline{P}(\mathrm{Cl}_2^{\geqslant 1})^2=U_2, & \underline{P}(\mathrm{Cl}_3^{\geqslant 1})^2=U_2\\
\overline{P}(\mathrm{Cl}_1^{\geqslant 1})^2=\varnothing, & \overline{P}(\mathrm{Cl}_2^{\geqslant 1})^2=\varnothing, & \overline{P}(\mathrm{Cl}_3^{\geqslant 1})^2=\varnothing\\
\underline{P}(\mathrm{Cl}_1^{\leqslant 1})^2=U_2, & \underline{P}(\mathrm{Cl}_2^{\leqslant 1})^2=U_2, & \underline{P}(\mathrm{Cl}_3^{\leqslant 1})^2=U_2\\
\overline{P}(\mathrm{Cl}_1^{\leqslant 1})^2=\varnothing, & \overline{P}(\mathrm{Cl}_2^{\leqslant 1})^2=\varnothing, & \overline{P}(\mathrm{Cl}_3^{\leqslant 1})^2=\varnothing
\end{array}
$$

$n=1,2,3$, $\mathrm{Cl}_n^{\geqslant 2}$ 和 $\mathrm{Cl}_n^{\leqslant 2}$ 关于 U_2 的下近似集和上近似集分别为

$$
\begin{array}{lll}
\underline{P}(\mathrm{Cl}_1^{\geqslant 2})^2=U_2, & \underline{P}(\mathrm{Cl}_2^{\geqslant 2})^2=\varnothing, & \underline{P}(\mathrm{Cl}_3^{\geqslant 2})^2=\varnothing\\
\overline{P}(\mathrm{Cl}_1^{\geqslant 2})^2=U_2, & \overline{P}(\mathrm{Cl}_2^{\geqslant 2})^2=\{x_4,x_6\}, & \overline{P}(\mathrm{Cl}_3^{\geqslant 2})^2=\varnothing\\
\underline{P}(\mathrm{Cl}_1^{\leqslant 2})^2=\{x_5\}, & \underline{P}(\mathrm{Cl}_2^{\leqslant 2})^2=U_2, & \underline{P}(\mathrm{Cl}_3^{\leqslant 2})^2=U_2\\
\overline{P}(\mathrm{Cl}_1^{\leqslant 2})^2=U_2, & \overline{P}(\mathrm{Cl}_2^{\leqslant 2})^2=U_2, & \overline{P}(\mathrm{Cl}_3^{\leqslant 2})^2=U_2
\end{array}
$$

$n=1,2,3$, $\mathrm{Cl}_n^{\geqslant 3}$ 和 $\mathrm{Cl}_n^{\leqslant 3}$ 关于 U_2 的下近似集和上近似集分别为

$$
\begin{array}{lll}
\underline{P}(\mathrm{Cl}_1^{\geqslant 3})^2=U_2, & \underline{P}(\mathrm{Cl}_2^{\geqslant 3})^2=U_2, & \underline{P}(\mathrm{Cl}_3^{\geqslant 3})^2=\{x_4,x_5\}\\
\overline{P}(\mathrm{Cl}_1^{\geqslant 3})^2=\{x_4\}, & \overline{P}(\mathrm{Cl}_2^{\geqslant 3})^2=\{x_4\}, & \overline{P}(\mathrm{Cl}_3^{\geqslant 3})^2=\{x_4\}\\
\underline{P}(\mathrm{Cl}_1^{\leqslant 3})^2=U_2, & \underline{P}(\mathrm{Cl}_2^{\leqslant 3})^2=\{x_5\}, & \underline{P}(\mathrm{Cl}_3^{\leqslant 3})^2=U_2\\
\overline{P}(\mathrm{Cl}_1^{\leqslant 3})^2=\varnothing, & \overline{P}(\mathrm{Cl}_2^{\leqslant 3})^2=\{x_6\}, & \overline{P}(\mathrm{Cl}_3^{\leqslant 3})^2=\{x_4,x_6\}
\end{array}
$$

$n=1,2,3$, $\mathrm{Cl}_n^{\geqslant 4}$ 和 $\mathrm{Cl}_n^{\leqslant 4}$ 关于 U_2 的下近似集和上近似集分别为

$$
\begin{array}{lll}
\underline{P}(\mathrm{Cl}_1^{\geqslant 4})^2=U_2, & \underline{P}(\mathrm{Cl}_2^{\geqslant 4})^2=U_2, & \underline{P}(\mathrm{Cl}_3^{\geqslant 4})^2=\{x_4,x_5\}\\
\overline{P}(\mathrm{Cl}_1^{\geqslant 4})^2=\{x_5\}, & \overline{P}(\mathrm{Cl}_2^{\geqslant 4})^2=\varnothing, & \overline{P}(\mathrm{Cl}_3^{\geqslant 4})^2=\varnothing\\
\underline{P}(\mathrm{Cl}_1^{\leqslant 4})^2=U_2, & \underline{P}(\mathrm{Cl}_2^{\leqslant 4})^2=U_2, & \underline{P}(\mathrm{Cl}_3^{\leqslant 4})^2=U_2\\
\overline{P}(\mathrm{Cl}_1^{\leqslant 4})^2=\varnothing, & \overline{P}(\mathrm{Cl}_2^{\leqslant 4})^2=\{x_6\}, & \overline{P}(\mathrm{Cl}_3^{\leqslant 4})^2=U_2
\end{array}
$$

$n=1,2,3$, $\mathrm{Cl}_n^{\geqslant 1}$ 和 $\mathrm{Cl}_n^{\leqslant 1}$ 关于 U_3 的下近似集和上近似集分别为

$$
\begin{array}{lll}
\underline{P}(\mathrm{Cl}_1^{\geqslant 1})^3=U_3, & \underline{P}(\mathrm{Cl}_2^{\geqslant 1})^3=U_3, & \underline{P}(\mathrm{Cl}_3^{\geqslant 1})^3=U_3\\
\overline{P}(\mathrm{Cl}_1^{\geqslant 1})^3=U_3, & \overline{P}(\mathrm{Cl}_2^{\geqslant 1})^3=U_3, & \overline{P}(\mathrm{Cl}_3^{\geqslant 1})^3=\varnothing\\
\underline{P}(\mathrm{Cl}_1^{\leqslant 1})^3=\varnothing, & \underline{P}(\mathrm{Cl}_2^{\leqslant 1})^3=U_3, & \underline{P}(\mathrm{Cl}_3^{\leqslant 1})^3=U_3\\
\overline{P}(\mathrm{Cl}_1^{\leqslant 1})^3=\varnothing, & \overline{P}(\mathrm{Cl}_2^{\leqslant 1})^3=\varnothing, & \overline{P}(\mathrm{Cl}_3^{\leqslant 1})^3=\varnothing
\end{array}
$$

$n=1,2,3$, $\mathrm{Cl}_n^{\geqslant 2}$ 和 $\mathrm{Cl}_n^{\leqslant 2}$ 关于 U_3 的下近似集和上近似集分别为

$$
\begin{aligned}
&\underline{P}(\mathrm{Cl}_1^{\geqslant 2})^3 = U_3, && \underline{P}(\mathrm{Cl}_2^{\geqslant 2})^3 = \{x_7, x_8\}, && \underline{P}(\mathrm{Cl}_3^{\geqslant 2})^3 = \{x_7, x_8\}\\
&\overline{P}(\mathrm{Cl}_1^{\geqslant 2})^3 = \{x_8, x_9\}, && \overline{P}(\mathrm{Cl}_2^{\geqslant 2})^3 = \{x_8, x_9\}, && \overline{P}(\mathrm{Cl}_3^{\geqslant 2})^3 = \varnothing\\
&\underline{P}(\mathrm{Cl}_1^{\leqslant 2})^3 = \{x_7\}, && \underline{P}(\mathrm{Cl}_2^{\leqslant 2})^3 = U_3, && \underline{P}(\mathrm{Cl}_3^{\leqslant 2})^3 = U_3\\
&\overline{P}(\mathrm{Cl}_1^{\leqslant 2})^3 = \{x_9\}, && \overline{P}(\mathrm{Cl}_2^{\leqslant 2})^3 = \{x_9\}, && \overline{P}(\mathrm{Cl}_3^{\leqslant 2})^3 = \{x_9\}
\end{aligned}
$$

$n = 1, 2, 3$, $\mathrm{Cl}_n^{\geqslant 3}$ 和 $\mathrm{Cl}_n^{\leqslant 3}$ 关于 U_3 的下近似集和上近似集分别为

$$
\begin{aligned}
&\underline{P}(\mathrm{Cl}_1^{\geqslant 3})^3 = U_3, && \underline{P}(\mathrm{Cl}_2^{\geqslant 3})^3 = U_3, && \underline{P}(\mathrm{Cl}_3^{\geqslant 3})^3 = \{x_7, x_9\}\\
&\overline{P}(\mathrm{Cl}_1^{\geqslant 3})^3 = U_3, && \overline{P}(\mathrm{Cl}_2^{\geqslant 3})^3 = U_3, && \overline{P}(\mathrm{Cl}_3^{\geqslant 3})^3 = \{x_7, x_9\}\\
&\underline{P}(\mathrm{Cl}_1^{\leqslant 3})^3 = \varnothing, && \underline{P}(\mathrm{Cl}_2^{\leqslant 3})^3 = \{x_8\}, && \underline{P}(\mathrm{Cl}_3^{\leqslant 3})^3 = U_3\\
&\overline{P}(\mathrm{Cl}_1^{\leqslant 3})^3 = \varnothing, && \overline{P}(\mathrm{Cl}_2^{\leqslant 3})^3 = \{x_8\}, && \overline{P}(\mathrm{Cl}_3^{\leqslant 3})^3 = U_3
\end{aligned}
$$

$n = 1, 2, 3$, $\mathrm{Cl}_n^{\geqslant 4}$ 和 $\mathrm{Cl}_n^{\leqslant 4}$ 关于 U_3 的下近似集和上近似集分别为

$$
\begin{aligned}
&\underline{P}(\mathrm{Cl}_1^{\geqslant 4})^3 = U_3, && \underline{P}(\mathrm{Cl}_2^{\geqslant 4})^3 = U_3, && \underline{P}(\mathrm{Cl}_3^{\geqslant 4})^3 = \{x_7, x_9\}\\
&\overline{P}(\mathrm{Cl}_1^{\geqslant 4})^3 = \{x_7, x_8\}, && \overline{P}(\mathrm{Cl}_2^{\geqslant 4})^3 = \{x_8\}, && \overline{P}(\mathrm{Cl}_3^{\geqslant 4})^3 = \varnothing\\
&\underline{P}(\mathrm{Cl}_1^{\leqslant 4})^3 = \{x_7, x_9\}, && \underline{P}(\mathrm{Cl}_2^{\leqslant 4})^3 = U_3, && \underline{P}(\mathrm{Cl}_3^{\leqslant 4})^3 = U_3\\
&\overline{P}(\mathrm{Cl}_1^{\leqslant 4})^3 = \varnothing, && \overline{P}(\mathrm{Cl}_2^{\leqslant 4})^3 = \{x_8\}, && \overline{P}(\mathrm{Cl}_3^{\leqslant 4})^3 = \{x_8, x_9\}
\end{aligned}
$$

$n = 1, 2, 3$, $\mathrm{Cl}_n^{\geqslant 1}$ 和 $\mathrm{Cl}_n^{\leqslant 1}$ 关于 U_4 的下近似集和上近似集分别为

$$
\begin{aligned}
&\underline{P}(\mathrm{Cl}_1^{\geqslant 1})^4 = U_4, && \underline{P}(\mathrm{Cl}_2^{\geqslant 1})^4 = \{x_{10}, x_{12}\}, && \underline{P}(\mathrm{Cl}_3^{\geqslant 1})^4 = \{x_{10}, x_{12}\}\\
&\overline{P}(\mathrm{Cl}_1^{\geqslant 1})^4 = \{x_{10}, x_{12}\}, && \overline{P}(\mathrm{Cl}_2^{\geqslant 1})^4 = \{x_{10}, x_{12}\}, && \overline{P}(\mathrm{Cl}_3^{\geqslant 1})^4 = \varnothing\\
&\underline{P}(\mathrm{Cl}_1^{\leqslant 1})^4 = \{x_{11}\}, && \underline{P}(\mathrm{Cl}_2^{\leqslant 1})^4 = U_4, && \underline{P}(\mathrm{Cl}_3^{\leqslant 1})^4 = U_4\\
&\overline{P}(\mathrm{Cl}_1^{\leqslant 1})^4 = \{x_{11}\}, && \overline{P}(\mathrm{Cl}_2^{\leqslant 1})^4 = \{x_{11}\}, && \overline{P}(\mathrm{Cl}_3^{\leqslant 1})^4 = \{x_{11}\}
\end{aligned}
$$

$n = 1, 2, 3$, $\mathrm{Cl}_n^{\geqslant 2}$ 和 $\mathrm{Cl}_n^{\leqslant 2}$ 关于 U_4 的下近似集和上近似集分别为

$$
\begin{aligned}
&\underline{P}(\mathrm{Cl}_1^{\geqslant 2})^4 = U_4, && \underline{P}(\mathrm{Cl}_2^{\geqslant 2})^4 = \{x_{10}, x_{12}\}, && \underline{P}(\mathrm{Cl}_3^{\geqslant 2})^4 = \{x_{10}, x_{12}\}\\
&\overline{P}(\mathrm{Cl}_1^{\geqslant 2})^4 = \{x_{10}, x_{12}\}, && \overline{P}(\mathrm{Cl}_2^{\geqslant 2})^4 = \{x_{10}, x_{12}\}, && \overline{P}(\mathrm{Cl}_3^{\geqslant 2})^4 = \varnothing\\
&\underline{P}(\mathrm{Cl}_1^{\leqslant 2})^4 = \{x_{11}\}, && \underline{P}(\mathrm{Cl}_2^{\leqslant 2})^4 = U_4, && \underline{P}(\mathrm{Cl}_3^{\leqslant 2})^4 = U_4\\
&\overline{P}(\mathrm{Cl}_1^{\leqslant 2})^4 = \{x_{11}\}, && \overline{P}(\mathrm{Cl}_2^{\leqslant 2})^4 = \{x_{11}\}, && \overline{P}(\mathrm{Cl}_3^{\leqslant 2})^4 = \{x_{11}\}
\end{aligned}
$$

$n = 1, 2, 3$, $\mathrm{Cl}_n^{\geqslant 3}$ 和 $\mathrm{Cl}_n^{\leqslant 3}$ 关于 U_4 的下近似集和上近似集分别为

$$
\begin{aligned}
&\underline{P}(\mathrm{Cl}_1^{\geqslant 3})^4 = U_4, && \underline{P}(\mathrm{Cl}_2^{\geqslant 3})^4 = U_4, && \underline{P}(\mathrm{Cl}_3^{\geqslant 3})^4 = \{x_{10}\}\\
&\overline{P}(\mathrm{Cl}_1^{\geqslant 3})^4 = \{x_{10}, x_{12}\}, && \overline{P}(\mathrm{Cl}_2^{\geqslant 3})^4 = \{x_{10}, x_{12}\}, && \overline{P}(\mathrm{Cl}_3^{\geqslant 3})^4 = \{x_{10}\}\\
&\underline{P}(\mathrm{Cl}_1^{\leqslant 3})^4 = \{x_{11}\}, && \underline{P}(\mathrm{Cl}_2^{\leqslant 3})^4 = \{x_{11}, x_{12}\}, && \underline{P}(\mathrm{Cl}_3^{\leqslant 3})^4 = U_4\\
&\overline{P}(\mathrm{Cl}_1^{\leqslant 3})^4 = \varnothing, && \overline{P}(\mathrm{Cl}_2^{\leqslant 3})^4 = \{x_{11}, x_{12}\}, && \overline{P}(\mathrm{Cl}_3^{\leqslant 3})^4 = \{x_{11}, x_{12}\}
\end{aligned}
$$

$n = 1, 2, 3$, $\mathrm{Cl}_n^{\geqslant 4}$ 和 $\mathrm{Cl}_n^{\leqslant 4}$ 关于 U_4 的下近似集和上近似集分别为

$$\underline{P}(\mathrm{Cl}_1^{\geqslant 4})^4 = U_4,\quad \underline{P}(\mathrm{Cl}_2^{\geqslant 4})^4 = \{x_{10}, x_{12}\},\quad \underline{P}(\mathrm{Cl}_3^{\geqslant 4})^4 = \{x_{10}\}$$
$$\overline{P}(\mathrm{Cl}_1^{\geqslant 4})^4 = U_4,\quad \overline{P}(\mathrm{Cl}_2^{\geqslant 4})^4 = \{x_{10}, x_{12}\},\quad \overline{P}(\mathrm{Cl}_3^{\geqslant 4})^4 = \{x_{10}\}$$
$$\underline{P}(\mathrm{Cl}_1^{\leqslant 4})^4 = \{x_{11}\},\quad \underline{P}(\mathrm{Cl}_2^{\leqslant 4})^4 = \{x_{11}, x_{12}\},\quad \underline{P}(\mathrm{Cl}_3^{\leqslant 4})^4 = U_4$$
$$\overline{P}(\mathrm{Cl}_1^{\leqslant 4})^4 = \{x_{11}\},\quad \overline{P}(\mathrm{Cl}_2^{\leqslant 4})^4 = \{x_{11}, x_{12}\},\quad \overline{P}(\mathrm{Cl}_3^{\leqslant 4})^4 = U_4$$

最后，根据定理 7.1.4 和定理 7.1.5，有

$$\underline{P}(\mathrm{Cl}_1^{\geqslant}) = \bigcup_{j=1}^4 [\bigcap_{i=1}^4 \underline{P}(\mathrm{Cl}_1^{\geqslant i})^j] = U$$
$$\underline{P}(\mathrm{Cl}_2^{\geqslant}) = \bigcup_{j=1}^4 [\bigcap_{i=1}^4 \underline{P}(\mathrm{Cl}_2^{\geqslant i})^j] = \{x_3, x_7, x_8, x_{10}, x_{12}\}$$
$$\underline{P}(\mathrm{Cl}_3^{\geqslant}) = \bigcup_{j=1}^4 [\bigcap_{i=1}^4 \underline{P}(\mathrm{Cl}_3^{\geqslant i})^j] = \{x_7, x_{10}\}$$
$$\underline{P}(\mathrm{Cl}_1^{\leqslant}) = \bigcup_{j=1}^4 [\bigcap_{i=1}^4 \underline{P}(\mathrm{Cl}_1^{\leqslant i})^j] = \{x_5, x_{11}\}$$
$$\underline{P}(\mathrm{Cl}_2^{\leqslant}) = \bigcup_{j=1}^4 [\bigcap_{i=1}^4 \underline{P}(\mathrm{Cl}_2^{\leqslant i})^j] = \{x_1, x_5, x_8, x_{11}, x_{12}\}$$
$$\underline{P}(\mathrm{Cl}_3^{\leqslant}) = \bigcup_{j=1}^4 [\bigcap_{i=1}^4 \underline{P}(\mathrm{Cl}_3^{\leqslant i})^j] = U$$
$$\overline{P}(\mathrm{Cl}_1^{\geqslant}) = \bigcup_{j=1}^4 \bigcup_{i=1}^4 \overline{P}(\mathrm{Cl}_1^{\geqslant i})^j = U$$
$$\overline{P}(\mathrm{Cl}_2^{\geqslant}) = \bigcup_{j=1}^4 \bigcup_{i=1}^4 \overline{P}(\mathrm{Cl}_2^{\geqslant i})^j = \{x_1, x_2, x_3, x_4, x_6, x_7, x_8, x_9, x_{10}, x_{12}\}$$
$$\overline{P}(\mathrm{Cl}_3^{\geqslant}) = \bigcup_{j=1}^4 \bigcup_{i=1}^4 \overline{P}(\mathrm{Cl}_3^{\geqslant i})^j = \{x_2, x_3, x_4, x_6, x_7, x_9, x_{10}\}$$
$$\overline{P}(\mathrm{Cl}_1^{\leqslant}) = \bigcup_{j=1}^4 \bigcup_{i=1}^4 \overline{P}(\mathrm{Cl}_1^{\leqslant i})^j = \{x_1, x_2, x_4, x_5, x_6, x_9, x_{11}\}$$
$$\overline{P}(\mathrm{Cl}_2^{\leqslant}) = \bigcup_{j=1}^4 \bigcup_{i=1}^4 \overline{P}(\mathrm{Cl}_2^{\leqslant i})^j = \{x_1, x_2, x_3, x_4, x_5, x_6, x_8, x_9, x_{11}, x_{12}\}$$
$$\overline{P}(\mathrm{Cl}_3^{\leqslant}) = \bigcup_{j=1}^4 \bigcup_{i=1}^4 \overline{P}(\mathrm{Cl}_3^{\leqslant i})^j = U$$

注意：在并行计算优势关系粗糙集近似集时，不要求决策系统划分的子系统大小必须相等。

7.3 算法设计与分析

7.2 节引入一个算例验证了并行计算优势关系粗糙集近似集方法的可行性。本节设计并行计算优势关系粗糙集近似集的算法。

算法 7.3.1 并行计算优势关系粗糙集近似集的算法。

输入： $S = \bigcup_{i=1}^m S_i$。

输出： $\overline{P}(\mathrm{Cl}_n^{\geqslant}), \overline{P}(\mathrm{Cl}_n^{\leqslant}), \underline{P}(\mathrm{Cl}_n^{\geqslant}), \underline{P}(\mathrm{Cl}_n^{\leqslant}), \forall n \in T$。

1: **for all** $n \in T$ **do**

2: $\quad\overline{P}(\mathrm{Cl}_n^{\geqslant}) \leftarrow \varnothing$, $\overline{P}(\mathrm{Cl}_n^{\leqslant}) \leftarrow \varnothing$, $\underline{P}(\mathrm{Cl}_n^{\geqslant}) \leftarrow \varnothing$, $\underline{P}(\mathrm{Cl}_n^{\leqslant}) \leftarrow \varnothing$

3: **end for**

4: **for** $i = 1 \rightarrow m^2$ **do**

5: $\begin{bmatrix} \underline{P}(\mathrm{Cl}^{\geqslant i-\mathrm{int}(i/k)})^{\mathrm{int}(i/k)+1}, \\ \underline{P}(\mathrm{Cl}^{\leqslant i-\mathrm{int}(i/k)})^{\mathrm{int}(i/k)+1}, \\ \overline{P}(\mathrm{Cl}^{\geqslant i-\mathrm{int}(i/k)})^{\mathrm{int}(i/k)+1}, \\ \overline{P}(\mathrm{Cl}^{\leqslant i-\mathrm{int}(i/k)})^{\mathrm{int}(i/k)+1} \end{bmatrix} \leftarrow \mathrm{PartApproximations}(U_{\mathrm{int}(i/k)+1}, U_{i-\mathrm{int}(i/k)})$

6: % 注: k 表示计算过程中启用多核处理器的 k 个核参与计算

7: **end for**

8: **for all** $n \in T$ **do**

9: **for** $i = 1 \to m$ **do**

10: $\mathrm{vec1} \leftarrow U_i$, $\mathrm{vec2} \leftarrow U_i$

11: **for** $j = 1 \to m$ **do**

12: $\overline{P}(\mathrm{Cl}_n^{\geqslant}) \leftarrow \overline{P}(\mathrm{Cl}_n^{\geqslant}) \cup \overline{P}(\mathrm{Cl}_n^{\geqslant j})^i$

13: $\overline{P}(\mathrm{Cl}_n^{\leqslant}) \leftarrow \overline{P}(\mathrm{Cl}_n^{\leqslant}) \cup \overline{P}(\mathrm{Cl}_n^{\leqslant j})^i$

14: $\mathrm{vec1} \leftarrow \mathrm{vec1} \cap \underline{P}(\mathrm{Cl}_n^{\geqslant j})^i$

15: $\mathrm{vec2} \leftarrow \mathrm{vec2} \cap \underline{P}(\mathrm{Cl}_n^{\leqslant j})^i$

16: **end for**

17: $\underline{P}(\mathrm{Cl}_n^{\geqslant}) \leftarrow \underline{P}(\mathrm{Cl}_n^{\geqslant}) \cup \mathrm{vec1}$

18: $\underline{P}(\mathrm{Cl}_n^{\leqslant}) \leftarrow \underline{P}(\mathrm{Cl}_n^{\leqslant}) \cup \mathrm{vec2}$

19: **end for**

20: **end for**

Function PartApproximations(S_a, S_b)

1: $[D_P^+(S_a), D_P^-(S_a)] \leftarrow \mathrm{PartGranules}(S_a, S_b)$

2: $[\mathrm{Cl}^{\geqslant}, \mathrm{Cl}^{\leqslant}] \leftarrow \mathrm{PartUnions}(S_b)$

3: $\underline{P}(\mathrm{Cl}^{\geqslant}) \leftarrow \mathrm{PartLAppr}(\mathrm{Cl}^{\geqslant}, D_P^+(S_a))$

4: $\underline{P}(\mathrm{Cl}^{\leqslant}) \leftarrow \mathrm{PartLAppr}(\mathrm{Cl}^{\leqslant}, D_P^-(S_a))$

5: $\overline{P}(\mathrm{Cl}^{\geqslant}) \leftarrow \mathrm{PartUAppr}(\mathrm{Cl}^{\geqslant}, D_P^-(S_a))$

6: $\overline{P}(\mathrm{Cl}^{\leqslant}) \leftarrow \mathrm{PartUAppr}(\mathrm{Cl}^{\leqslant}, D_P^+(S_a))$

7: **return** $[\underline{P}(\mathrm{Cl}^{\geqslant}), \underline{P}(\mathrm{Cl}^{\leqslant}), \overline{P}(\mathrm{Cl}^{\geqslant}), \overline{P}(\mathrm{Cl}^{\leqslant})]$

Function PartGranules(S_a, S_b)

1: **for all** $x \in S_a$ **do**

2: $G^+(x) \leftarrow \varnothing$, $G^-(x) \leftarrow \varnothing$, $s_1 \leftarrow 0$, $s_2 \leftarrow 0$

3: **for all** $y \in S_b$ **do**

4: **for all** $a \in C$ **do**

5: **if** $f(y, a) > f(x, a)$ **then**

```
6:            s₁ ← s₁ + 1
            elsif f(y,a) < f(x,a)
7:            s₂ ← s₂ + 1
8:          else
9:            s₁ ← s₁ + 1, s₂ ← s₂ + 1
10:         end if
11:       end for
12:       if s₁ == |C| then
13:         G⁺(x) ← G⁺(x) ∪ {y}
14:       end if
15:       if s₂ == |C| then
16:         G⁻(x) ← G⁻(x) ∪ {y}
17:       end if
18:     end for
19: end for
20:
21: return [G⁺(S_a), G⁻(S_a)] % 注：G⁺(S_a)={G⁺(x)|x∈S_a}, G⁻(S_a)={G⁻(x)|x∈S_a}
```

Function PartUnions(S_b)

```
1: for all n ∈ T do
2:   G_n^≥ ← ∅, G_n^≤ ← ∅
3:   for all x ∈ S_b do
4:     if f(x,d) > d_n then
5:       G_n^≥ ← G_n^≥ ∪ {x}
6:     else if f(x,d) < d_n then
7:       G_n^≤ ← G_n^≤ ∪ {x}
8:     else
9:       G_n^≥ ← G_n^≥ ∪ {x}, G_n^≤ ← G_n^≤ ∪ {x}
10:    end if
11:  end for
12: end for
13:
14: return [G^≥, G^≤]          % 注：G^≥ = {G_n^≥|n ∈ T}，G^≤ = {G_n^≤|n ∈ T}
```

Function PartLAppr($N, G(S_a)$)

```
1: for all N_n ∈ N do
2:     K_n ← ∅              % 注：G(S_a) = {G(x)|x ∈ S_a}，N = {N_n|n ∈ T}
3:     for all x ∈ S_a do
4:         if G(x) ⊆ N_n then
5:             K_n ← K_n ∪ {x}
6:         end if
7:     end for
8: end for
9:
10: returnK              % 注：K = {K_n|n ∈ T}
```

Function PartUAppr$(N, G(S_a))$

```
1: for all N_n ∈ N do
2:     K_n ← ∅              % 注：G(S_a) = {G(x)|x ∈ S_a}，N = {N_n|n ∈ T}
3:     for all x ∈ S_a do
4:         if G(x) ∩ N_n ≠ ∅ then
5:             K_n ← K_n ∪ {x}
6:         end if
7:     end for
8: end for
9:
10: return K              % 注：K = {K_n|n ∈ T}
```

在算法 7.3.1 中，函数 PartGranules 用来计算有序子系统 S_a 中的对象关于有序子系统 S_b 的优势集和劣势集。函数 PartUnions 用来计算决策类向上联合和向下联合的子集。PartLAppr 和 PartUAppr 两个函数分别用来计算决策类向上联合和向下联合的子集关于相应子系统的下近似集和上近似集。算法 7.3.1 的第 5~7 步用来并行计算决策类向上联合和向下联合的子集关于相应子系统的下近似集和上近似集。第 8~19 步根据根据定理 7.1.4 和定理 7.1.5 得出近似集。

7.4 实验方案与性能分析

在这部分中介绍一些评估并行算法的实验。实验目的是验证采用并行算法计算优势关系粗糙集近似集方法能否提高计算效率。实验所运行的并行算法程序采用 MATLAB(R2010b) 编写。实验平台：Intel(R)Xeon(R)CPU E5620 2.40GHz（8 核 16 线程），内存 48GB，操作系统为 64 位 Windows（专业版）。实验采用的数据集 EEG Eye State 下载自 UCI[104]，包含 14980 个对象、15 个属性和 2 个分类。

首先，把数据集 EEG Eye State 包含的数据分成 10 等份，记为数据集 1，数据集 2，⋯，数据集 10。数据集 1 作为实验数据集 1，数据集 1 和 2 合并作为实验数据集 2，⋯，数据集 1~10 合并作为实验数据集 10。然后，对于实验数据集 1~10 分别采用单核的串行算法以及在 2 核，⋯，8 核下采用并行算法计算优势关系粗糙集近似集。为了均衡每个核上负载的计算量，在不同的核数的运算环境下，按照核数把论域划分为大致相同的几个子论域，具体的子论域个数见表 7-3。

表 7-3 不同运算环境下论域的划分表

核数	子论域数	核数	子论域数
1	1	5	5
2	2	6	6
3	3	7	7
4	2	8	4

单核环境下串行算法的运行时间和 2 核，⋯，8 核环境下并行算法的运行时间列在表 7-4 中，其中 t_1 表示采用串行算法的运行时间，t_2，⋯，t_8 分别表示在 2 核，⋯，8 核环境下并行算法的运行时间。

表 7-4 串行和并行算法的运行时间比较

对象数	t_1	t_2	t_3	t_4	t_5	t_6	t_7	t_8
1498	5.2915	3.0140	2.2947	2.1287	1.9017	1.5217	1.4600	1.4349
2996	12.9692	7.0296	4.9915	3.9149	3.4805	3.1262	3.0383	2.9405
4494	25.6166	13.4203	9.3078	7.1568	6.2303	5.6137	5.3204	4.8185
5992	42.4644	21.9638	16.0972	11.6866	9.7594	8.8031	7.9850	7.7203
7490	63.0405	32.4722	22.4753	17.1812	14.3662	12.6245	11.5866	10.4434
8988	88.6007	45.5488	31.2137	23.8798	19.6764	17.4432	15.8289	14.8131
10486	118.0680	60.5104	41.5749	31.9134	26.1754	23.1782	20.7651	19.8283
11984	156.3259	82.2001	56.6601	43.3076	36.1922	31.2945	28.4966	26.9449
13482	195.2052	102.2506	70.5394	54.3222	44.6829	38.9572	35.3462	32.7888
14980	238.2680	130.3852	85.0007	66.3397	54.4273	48.4099	44.3813	42.8852

从表 7-4 中可以看出，随着数据集包含的对象数增加，采用串行算法的运行时间及 2 核，⋯，8 核环境下并行算法的运行时间都增加。对于同样多对象数的数据集，不同核数下并行算法的运行时间都少于串行算法的运行时间，随着核数增加，并行算法的运行时间减少。

表 7-5 中列出了不同核数下并行算法的加速比，其中 $\alpha_2 = t_1/t_2$，⋯，$\alpha_8 = t_1/t_8$。从表 7-5 中可以看出，对于 10 个实验数据集，都存在 $\alpha_2 < \alpha_3 < \cdots < \alpha_8$。随着对象数的变化，相同核数下并行算法的加速比变化不明显。

结合上面的分析可以得出如下结论：多核下并行算法能够有效地节约计算优势关系粗糙集方法近似集的时间；数据集的对象数不影响并行算法的性能，算法的性能与核数密切相关，随着核数增加，并行算法的加速比增大。

表 7-5　并行算法的加速比

对象数	α_2	α_3	α_4	α_5	α_6	α_7	α_8
1498	1.7556	2.3060	2.4858	2.7825	3.4774	3.6243	3.6877
2996	1.8449	2.5983	3.3128	3.7262	4.1486	4.2686	4.4105
4494	1.9088	2.7522	3.5793	4.1116	4.5632	4.8148	5.3163
5992	1.9334	2.6380	3.6336	4.3511	4.8238	5.3180	5.5004
7490	1.9414	2.8049	3.6692	4.3881	4.9935	5.4408	6.0364
8988	1.9452	2.8385	3.7103	4.5029	5.0794	5.5974	5.9812
10486	1.9512	2.8399	3.6996	4.5106	5.0939	5.6859	5.9545
11984	1.9018	2.7590	3.6097	4.3193	4.9953	5.4858	5.8017
13482	1.9091	2.7673	3.5935	4.3687	5.0108	5.5227	5.9534
14980	1.8274	2.8031	3.5916	4.3777	4.9219	5.3687	5.5559

7.5　本章小结

CPU 的多核化是个人计算机发展的趋势。这一趋势使计算机的潜在计算能力大幅提高。但是，要发挥出多核计算机强大的计算能力，需要改变计算所涉及的程序的设计思想，用并行计算代替传统的串行计算。为了提高有序决策系统中知识发现的效率，在本章中介绍了一种多核下并行计算优势关系粗糙集近似集的方法及其算法。其主要原理为：首先，把整个论域划分成多个子论域；其次，计算优势关系的子集、知识粒的子集、决策类联合的子集和近似集的子集；最后，合并近似集的子集得到最终结果。在本章中通过算例验证了该并行计算方法的可行性，并且根据并行计算方法的原理设计了相关的并行算法。为了验证该算法的性能，采用 MATLAB 并行计算框架开发了并行计算程序。实验证明在 2 核，$\cdots$，8 核下并行算法都能提高计算优势关系粗糙集近似集的效率，节约了计算时间。对于同一数据集，随着计算涉及的 CPU 核数增加，节约的计算时间越多。本章的研究是基于粗糙集理论的知识发现的高效算法研究的基本内容之一。下一步的研究工作主要有：① 多核并行环境下，动态有序决策系统中的知识发现方法及算法；② 多个计算机并行环境下，有序决策系统中的知识发现方法及算法。

参 考 文 献

[1] 李天瑞, 罗川, 陈红梅, 等. 大数据挖掘的原理与方法：基于粒计算与粗糙集的视角 [M]. 北京：科学出版社, 2016.

[2] 杨明, 吴永芬. 一种基于水平分布的多决策表全局属性核求解算法 [J]. 控制与决策, 2008, 23 (2): 127-132.

[3] Yang Y, Chen Z, Liang Z, et al. Attribute reduction for massive data based on rough set theory and MapReduce [C]. Proceedings of the 5th International Conference on Rough Sets and Knowledge Technology, 2010: 672-678.

[4] Liu Y, Xu C, Pan Y. A parallel approximate rule extracting algorithm based on the improved discernibility matrix [C]. Rough Sets and Current Trends in Computing’04, 2004: 498-503.

[5] Zhang J B, Li T R, Pan Y. PLAR: parallel large-scale attribute reduction on cloud systems [C]. 2013 International Conference on Parallel and Distributed Computing, Applications and Technologies, Taibei, 2013: 184-191.

[6] Zhang J B, Li T R, Ruan D, et al. A parallel method for computing rough set approximations [J]. Information Sciences, 2012, 194: 209-223.

[7] Zhang J B, Wong J S, Li T R, et al. A comparison of parallel large-scale knowledge acquisition using rough set theory on different MapReduce runtime systems [J]. International Journal of Approximate Reasoning, 2014, 55(3): 896-907.

[8] 张钧波, 李天瑞, 潘毅, 等. 云平台下基于粗糙集的并行增量知识更新算法 [J]. 软件学报，2015，26（5）：1064-1078.

[9] Zhang J B, Wong J S, Pan Y, et al. A parallel matrix-based method for computing approximations in incomplete information systems [J]. IEEE Transactions on Knowledge and Data Engineering, 2015, 27(2): 326-339.

[10] 钱进, 苗夺谦, 张泽华. 云计算环境下知识约简算法 [J]. 计算机学报，2011，12: 2332-2343.

[11] 钱进, 苗夺谦, 张泽华, 等. MapReduce 框架下并行知识约简算法模型研究 [J]. 计算机科学与探索，2013，7(1)：35-45.

[12] Qian J, Lv P, Yue X D, et al. Hierarchical attribute reduction algorithms for big data using MapReduce [J]. Knowledge-Based Systems, 2015, 73: 18-31.

[13] Qian J, Miao D Q, Zhang Z H, et al. Parallel attribute reduction algorithms using MapReduce [J]. Information Sciences, 2014, 279: 671-690.

[14] 徐菲菲, 雷景生, 毕忠勤, 等. 大数据环境下多决策表的区间值全局近似约简 [J]. 软件学报，2014，25（9）：2119-2135.

[15] Li S Y, Li T R, Zhang Z X, et al. Parallel computing of approximations in dominance-based rough sets approach [J]. Knowledge-Based Systems, 2015, 87: 102-111.

[16] Zhang J B, Zhu Y, Pan Y, et al. Efficient parallel boolean matrix based algorithms

for computing composite rough set approximations [J]. Information Sciences, 2016, 329(1): 287-302.

[17] Huang C C, Tseng T L, Tang C Y. Feature extraction using rough set theory in service sector application from incremental perspective [J]. Computers & Industrial Engineering, 2016, 91: 30-41.

[18] Liang J Y, Wang F, Dang C Y, et al. Group incremental approach to feature selection applying rough set technique [J]. IEEE Transactions on Knowledge and Data Engineering, 2014, 26(2): 294-308.

[19] Wang F, Liang J Y, Qian Y H. Attribute reduction: A dimension incremental strategy[J]. Knowledge-Based Systems, 2013, 39: 95-108.

[20] Wang F, Liang J Y, Dang C Y. Attribute reduction for dynamic data sets [J]. Applied Soft Computing, 2013, 13(1): 676-689.

[21] Shu W H, Shen H. Incremental feature selection based on rough set in dynamic incomplete data [J]. Pattern Recognition, 2014, 47(12): 3890-3906.

[22] Shu W H, Qian W B. An incremental approach to attribute reduction from dynamic incomplete decision systems in rough set theory [J]. Data & Knowledge Engineering, 2015, 100(A): 116-132.

[23] Chen D G, Yang Y Y, Dong Z. An incremental algorithm for attribute reduction with variable precision rough sets [J]. Applied Soft Computing, 2016, 45: 129-149.

[24] Yang Y Y, Chen D G, Wang H, et al. Fuzzy rough set based incremental attribute reduction from dynamic data with sample arriving [J]. Fuzzy Sets and Systems, 2017, 312(1): 66-86.

[25] Sang Y L, Liang J Y, Qian Y H. Decision-theoretic rough sets under dynamic granulation [J]. Knowledge-Based Systems, 2016, 91: 84-92.

[26] Du W S, Hu B Q. Dominance-based rough fuzzy set approach and its application to rule induction [J]. European Journal of Operational Research, 2017, 261(2): 690-703.

[27] Zhang X X, Chen D G, Tsang E C C. Generalized dominance rough set models for the dominance intuitionistic fuzzy information systems [J]. Information Sciences, 2017, 378(1): 1-25.

[28] Raza M S, Qamar U. An incremental dependency calculation technique for feature selection using rough sets [J]. Information Sciences, 2016, s343-344: 41-65.

[29] Fan Y N, Tseng T-L B, Chern C C, et al. Rule induction based on an incremental rough set [J]. Expert Systems with Applications, 2009, 36(9): 11439-11450.

[30] Yao Y Y. Three-way decisions with probabilistic rough sets [J]. Information Sciences, 2010, 180: 341-353.

[31] Yao Y Y. The superiority of three-way decisions in probabilistic rough set models [J]. Information Sciences, 2011, 181: 1080-1096.

[32] Yang X P, Yao J T. Modelling multi-agent three-way decisions with decision-theoretic

rough sets [J]. Fundamenta Informaticae, 2012, 115(2-3): 157-171.

[33] Li H X, Zhou X Z. Risk decision making based on decision-theoretic rough set: A three-way view decision model [J]. International Journal of Computational Intelligence Systems, 2011, 4(1): 1-11.

[34] Savchenko A V. Fast multi-class recognition of piecewise regular objects based on sequential three-way decisions and granular computing [J]. Knowledge-Based Systems, 2016, 91: 252-262.

[35] Zhang H R, Min F, Shi B. Regression-based three-way recommendation [J]. Information Sciences, 2017, 378(1): 444-461.

[36] Qi J J, Qian T, Wei L. The connections between three-way and classical concept lattices [J]. Knowledge-Based Systems, 2016, 91: 143-151.

[37] Peters J F, Ramanna S. Proximal three-way decisions: Theory and applications in social networks [J]. Knowledge-Based Systems, 2016, 91: 4-15.

[38] Li W W, Huang Z Q, Li Q. Three-way decisions based software defect prediction [J]. Knowledge-Based Systems, 2016, 91: 263-274.

[39] Liang D C, Pedrycz W, Liu D, et al. Three-way decisions based on decision-theoretic rough sets under linguistic assessment with the aid of group decision making [J]. Applied Soft Computing, 2015, 29: 259-269.

[40] Dutta P, Das D, Schultmann F, et al. Designand planning of a closed-loop supply chain with three way recovery and buy-back offer [J]. Journal of Cleaner Production, 2016, 135(1): 604-619.

[41] Chen J, Zhang Y P, Zhao S. Multi-granular mining for boundary regions in three-way decision theory [J]. Knowledge-Based Systems, 2016, 91: 287-292.

[42] Yu H, Zhang C,Wang G Y. A tree-based incremental overlapping clustering method using the three-way decision theory [J]. Knowledge-Based Systems, 2016, 91: 189-203.

[43] Li J H, Huang C, Qi J, et al. Three-way cognitive concept learning via multi-granularity [J]. Information Sciences, 2017, 378(1): 244-263.

[44] Hu B Q. Three-way decisions space and three-way decisions [J]. Information Sciences, 2014, 281(10): 21-52.

[45] Hu B Q, Wong H, Yiu K F C. The aggregation of multiple three-way decision spaces[J]. Knowledge-Based Systems, 2016, 98(15): 241-249.

[46] Deng X F, Yao Y Y. Decision-theoretic three-way approximations of fuzzy sets [J]. Information Sciences, 2014, 279(20): 702-715.

[47] Zhao X R, Hu B Q. Fuzzy probabilistic rough sets and their corresponding three-way decisions [J]. Knowledge-Based Systems, 2016, 91: 126-142.

[48] Liang D C, Liu D. Deriving three-way decisions from intuitionistic fuzzy decision-theoretic rough sets [J]. Information Sciences, 2015, 300(10): 28-48.

[49] Chen Y M, Zeng Z Q, Zhu Q X, et al. Three-way decision reduction in neighborhood

systems [J]. Applied Soft Computing, 2016, 38: 942-954.

[50] Li M Z, Wang G Y. Approximate concept construction with three-way decisions and attribute reduction in incomplete contexts [J]. Knowledge-Based Systems, 2016, 91: 165-178.

[51] Chen H M, Li T R, Ruan D, et al. A rough-set-based incremental approach for updating approximations under dynamic maintenance environments [J]. IEEE Transactions on Knowledge and Data Engineering, 2013, 25(2): 274-284.

[52] Zhang J B, Li T R, Ruan D, et al. Neighborhood rough sets for dynamic data mining[J]. International Journal of Intelligent Systems, 2012, 27: 317-342.

[53] Luo C, Li T R, Chen H M, et al. An incremental approach for updating approximations based on set-valued ordered information systems [C]. The 8th International Conference on Rough Sets and Current Trends in Computing (RSCTC2012), Chengdu, 2012: 363-369.

[54] Liu D, Li T R, Ruan D, et al. An incremental approach for inducing knowledge from dynamic information systems [J]. Fundamenta Informaticae, 2009, 94: 245-260.

[55] Li T R, Ruan D, Geert W, et al. A rough sets based characteristic relation approach for dynamic attribute generalization in data mining [J]. Knowledge-Based Systems, 2007, 20(5): 485-494.

[56] Cheng Y. The incremental method for fast computing the rough fuzzy approximations[J]. Data & Knowledge Engineering, 2011, 70(1): 84-100.

[57] Zhang J B, Li T R, Ruan D, et al. Rough sets based matrix approaches with dynamic attribute variation in set-valued information systems [J]. International Journal of Approximate Reasoning, 2012, 53: 620-635.

[58] Li S Y, Li T R, Liu D. Incremental updating approximations in dominance-based rough sets approach under the variation of the attribute set [J]. Knowledge-Based Systems, 2013, 40: 17-26.

[59] Cui M Y. Rough set model under a limited asymmetric similarity relation and an approach for incremental updating approximations [C]. Physics Procedia, 2012, 24(Part A): 603-610.

[60] Luo C, Li T R, Chen H M, et al. Dynamic maintenance strategy for approximations in set-valued ordered information systems under the attribute generation [C]. The 2012 IEEE International Conference on Granular Computing (GrC2012), Hangzhou, 2012: 401-406.

[61] Chen H M, Li T R, Ruan D. Dynamic maintenance of approximations under a rough-set based variable precision limited tolerance relation [J]. Journal of Multiple-Valued Logic and Soft Computing, 2012, 18: 577-598.

[62] Chen H M, Li T R, Ruan D. Maintenance of approximations in incomplete ordered decision systems while attribute values coarsening or refining [J]. Knowledge-Based

Systems, 2012, 31: 140-161.

[63] Chen H M, Li T R, Qiao S J, et al. A rough set based dynamic maintenance approach for approximations in coarsening and refining attribute values [J]. International Journal of Intelligent Systems, 2010, 25: 1005-1026.

[64] 王磊. 信息系统动态知识更新的矩阵方法研究 [D]. 成都: 西南交通大学, 2012.

[65] Chakhar S, Ishizaka A, Labib A, et al. Dominance-based rough set approach for group decisions [J]. European Journal of Operational Research, 2016, 251(1): 206-224.

[66] Fan T F, Liau C J, Liu D R. Dominance-based fuzzy rough set analysis of uncertain and possibilistic data tables [J]. International Journal of Approximate Reasoning, 2011, 52(9): 1283-1297.

[67] Panoutsos G, Mahfouf M. A flexible semantic inference methodology to reason about user preferences in knowledge-based recommender systems [J]. Fuzzy Sets and Systems, 2010, 161: 2808-2830.

[68] Chen H Y, Zhou L G, Han B. On compatibility of uncertain additive linguistic preference relations and its application in the group decision making [J]. Knowledge-Based Systems, 2011, 24(6): 816-823.

[69] Greco S, Matarazzo B, Slowinski R. Rough approximation of a preference relation by dominance relations [J]. European Journal of Operational Research, 1999, 117(1): 63-83.

[70] Greco S, Matarazzo B, Slowinski R. A fuzzy extension of the rough set approach to multicriteria and multiattribute sorting preferences and decisions under incomplete information [M]//Janos F, Bernard D B, Patrice P. Preferences and Decisions Under Incomplete Information. Heidelberg: Physica-Verlag, 2000: 131-154.

[71] Inuiguchi M, Yoshioka Y, Kusunoki Y. Variable-precision dominance-based rough set approach and attribute reduction [J]. International Journal of Approximate Reasoning, 2009, 50(8): 1199-1214.

[72] Qian Y H, Liang J Y, Dang C Y. Interval ordered information systems [J]. Computers and Mathematics with Applications, 2008, 56(8): 1994-2009.

[73] Qian Y H, Dang C Y, Liang J Y, et al. Set-valued ordered information systems [J]. Information Sciences, 2009, 179: 2809-2832.

[74] Yang X B, Yang J Y, Wu C, et al. Dominance-based rough set approach and knowledge reductions in incomplete ordered information system [J]. Information Sciences, 2008, 78(4): 1219-1234.

[75] Yang X B, Yu D J, Yang J Y, et al. Dominance-based rough set approach to incomplete interval-valued information system [J]. Data & Knowledge Engineering, 2009, 68(11): 1331-1347.

[76] Hu Q H, Yu D R, Guo M Z. Fuzzy preference based rough sets [J]. Information Sciences, 2010, 180: 2003-2022.

[77] Kotlowski W, Dembczynski K, Greco S, et al. Stochastic dominance based rough set model for ordinal classification [J]. Information Sciences, 2008, 178(21): 4019-4037.

[78] Huang B. Graded dominance interval-based fuzzy objective information systems [J]. Knowledge-Based Systems, 2011, 24(7): 1004-1012.

[79] 骆公志, 杨晓江. 基于限制相似优势关系的粗糙决策分析模型 [J]. 系统工程理论与实践, 2009, 29(9): 134-140.

[80] Peters G, Poon S. Analyzing IT business values - A dominance based rough sets approach perspective [J]. Expert Systems with Applications, 2011, 38(9): 11120-11128.

[81] Chakhar S, Saad I. Dominance-based rough set approach for groups in multicriteria classification problems [J]. Decision Support Systems, 2012, 54(1): 372-380.

[82] Ko Y C, Fujita H, Tzeng G H. A fuzzy integral fusion approach in analyzing competitiveness patterns from WCY2010 [J]. Knowledge-Based Systems, 2013, 49: 1-9.

[83] Pawlak Z. Rough sets [J]. International Journal of Information and Computer Science, 1982, 11 (5): 341-356.

[84] Pawlak Z. Rough Sets: Theoretical Aspects of Reasoning about Data [M]. Amsterdam: Kluwer Academic Publishers, 1991.

[85] Greco S, Matarazzo B, Slowinski R. Rough sets methodology for sorting problems in presence of multiple attributes and criteria [J]. European Journal of Operational Research, 2002, 138: 247-259.

[86] Greco S, Matarazzo B, Slowinski R. Rough sets theory for multicriteria decision analysis [J]. European Journal of Operational Research, 2001, 129: 1-47.

[87] Slowinski R, Greco S, Matarazzo B. Axiomatization of utility, outranking and decision rule preference models for multiple-criteria classification problems under partial inconsistency with the dominance principle [J]. Control and Cybernetics, 2002, 31: 1005-1035.

[88] Guan Y Y, Wang H K. Set-valued information systems [J]. Information Sciences, 2006, 176: 2507-2525.

[89] Grzymala-Busse J W. Characteristic relations for incomplete data: A generalization of the indiscernibility relation [J]. Transactions on Rough Sets IV, 2005: 58-68.

[90] Kryszkiewicz M. Rough set approach to incomplete information system [J]. Information Sciences, 1998, 112: 39-49.

[91] 梁吉业, 李德玉. 信息系统中的不确定性与知识获取 [M]. 北京: 科学出版社, 2005.

[92] Liang J Y, Shi Z Z. The information entropy, rough entropy and knowledge granulation in rough set theory [J]. International Journal of Uncertainty, Fuzziness and Knowledge, 2004, 12(1): 37-46.

[93] Shan L, Ziarko W. Data-based acquisition and incremental modification of classification rules [J]. Computational Intelligence, 1995, 11: 357-370.

[94] Zheng Z, Wang G. RRIA: A rough set and rule tree based incremental knowledge

acquisition algorithm [J]. Fundamental Informaticae, 2004, 59: 299-313.

[95] Guo S, Wang Z Y, Wu Z C, et al. A novel dynamic incremental rules extraction algorithm based on rough set theory [C]. Proceedings of the Fourth International Conference on Machine Learning and Cybernetics, 2005: 1902-1907.

[96] 王利, 王国胤, 吴渝. 基于可变精度粗集模型的增量式规则获取算法 [J]. 重庆邮电学院学报, 2005, 17 (6): 709-713.

[97] Greco S, Slowinski R, Stefanowski J, et al. Incremental versus non-incremental rule induction for multicriteria classification [J]. Transactions on Rough Sets, 2004, 2: 33-53.

[98] Jia X, Shang L, Chen J. Incremental versus non-incremental: Data and algorithms based on ordering relations [J]. International Journal of Computational Intelligence Systems, 2011, 4: 112-122.

[99] Zhang J, Li T, Chen H. Composite rough sets for dynamic data mining [J]. Information Sciences, 2014, 257: 81-100.

[100] Luo C, Li T, Chen H, et al. Incremental approaches for updating approximations in set-valued ordered information systems [J]. Knowledge-Based Systems, 2013, 50: 218-233.

[101] 胡峰, 代劲, 王国胤. 一种决策表增量属性约简算法 [J]. 控制与决策，2007, 22(3): 268-271.

[102] 官礼和, 王国胤. 决策表属性约简集的增量式更新算法 [J]. 计算机科学与探索, 2010, 4(5): 436-444.

[103] 冯少荣, 张东站. 一种高效的增量式属性约简算法 [J]. 控制与决策, 2011, 26 (4): 495-500.

[104] Bache K, Lichman M. UCI machine learning repository[EB/OL]. http://archive.ics.uci.edu/ml. [2017-03-31].

[105] Wang L J, Manjeet R, Dong M. Low-rank kernel matrix factorication for large scale evolutionary clustering [J]. IEEE Transactions on Knowledge and Data Engineering, 2012, 23(6): 1036-1050.

[106] Skowron A, Swiniarski R, Synak P. Approximation spaces and information granulation[J]. Transactions on Rough Sets III, 2005, 3400: 175-189.

[107] Guan J W, Bell D A, Guan Z. Matrix computation for information systems [J]. Information Sciences, 2001, 131: 129-156.

[108] Xu W H, Li Y, Liao X W. Approaches to attribute reductions based on rough set and matrix computation in inconsistent ordered information systems [J]. Knowledge-Based Systems, 2013, 27: 78-91.

[109] Liu G L. The axiomatization of the rough set upper approximation operations [J]. Fundamental Informaticae, 2006, 69: 331-342.

[110] 王石平, 朱清新, 祝峰, 等. 邻域粗糙集的矩阵表示与公理化 [J]. 合肥工业大学学报,

2012, 35(12): 1624-1627.

[111] 杨明. 一种基于改进差别矩阵的属性约简增量式更新算法 [J]. 计算机学报, 2007, 30(5): 815-821.

[112] 王磊, 李天瑞, 刘清, 等. 对象集变化时近似集动态维护的矩阵方法 [J]. 计算机研究与发展, 2013, 50(9): 1992-2004.

[113] Hu Q H, Xie Z X, Yu D R. Hybrid attribute reduction based on a novel fuzzy-rough model and information granulation [J]. Pattern Recognition, 2007, 40: 3509-3521.

[114] Kryszkiewicz M. Rough set approach to incomplete [J]. Information Sciences, 1998, 112: 39-49.

[115] Slowinski R, Vanderpooten D. A generalized definition of rough approximations based on similarity [J]. IEEE Transactions on Knowledge and Data Engineering, 2000, 12: 331-336.

[116] 王国胤. Rough 集理论在不完备信息系统中的扩充 [J]. 计算机研究与发展, 2002, 39(10): 1238-1243.

[117] Stefanowski J, Tsoukias A. Incomplete information tables and rough classification [J]. Computational Intelligence, 2001, 17: 545-566.

[118] Stefanowski J, Tsoukias A. On the extension of rough sets under incomplete information [C]. Lecture Notes in Artificial Intelligence, 1999: 73-81.

[119] 黄兵. 基于粗糙集的不完备信息系统知识获取理论与方法 [D]. 南京: 南京理工大学, 2004.

[120] Li D Y, Zhang B. On knowledge reduction in inconsistent decision information systems[J]. International Journal of Uncertainty, Fuzziness and Knowledge-Based Systems, 2004, 12(5): 651-672.

[121] Cerri R, Barros R C, de Carvalho A C P L F. Hierarchical multi-label classification using local neural networks [J]. Journal of Computer and System Sciences, 2014, 80(1): 39-56.

[122] Herrera F, Herrera-Viedma E, Verdegay J L. A model of consensus in group decision making under linguistic assessments [J]. Fuzzy Sets and Systems, 1996, 78: 73-87.

[123] Chen Y L, Hua H W, Tang K. Constructing a decision tree from data with hierarchical class labels [J]. Expert Systems with Applications, 2009, 36: 4838-4847.

[124] Pomeranz I, Reddy S M. Equivalence, dominance, and similarity relations between fault pairs and a fault pair collapsing process for fault diagnosis [J]. IEEE Transactions on Computers, 2010, 59 (2): 150-158.

[125] Greco S, Matarazzo B, Slowinski R. Rough approximation by dominance relations [J]. International Journal of Intelligent Systems, 2002, 17: 153-171.

[126] An L, Tong L, Fan W. Mining decision rules based on in-sim-dominance relations [C]. Progress in Intelligence Computation and Applications, Wuhan, 2007: 448-452.

[127] 胡清华. 混合数据知识发现的粗糙计算模型和算法 [D]. 哈尔滨：哈尔滨工业大学, 2008.

[128] Abu-Donia H M. Multi knowledge based rough approximations and applications [J]. Knowledge-Based Systems, 2012, 26: 20-29.

[129] Zhang J B, Li T R, Chen H M. Composite rough sets [M]//Lei J, Wang F, Deng H, et al. Artificial Intelligence and Computational Intelligence. Berlin: Springer, 2012: 150-159.

[130] Zhang J B, Zhu Y, Pan Y, et al. A parallel implementation of computing composite rough set approximations on GPUs [C]. Proceedings of the 8th International Conference on Rough Sets and Knowledge Technology, 2013: 240-250.